EUL VERLAG

MARKETING UND MEDIEN

Herausgegeben von Prof. Dr. Thorsten Hennig-Thurau, Weimar

Band 1
Michael Paul
Theoriebildung im Marketing – Das Wiederkaufverhalten bei Dienstleistungen
Lohmar – Köln 2008 • 292 S. • € 59,- (D) • ISBN 978-3-89936-743-0

JOSEF EUL VERLAG

Reihe: Marketing und Medien · Band 1

Herausgegeben von Prof. Dr. Thorsten Hennig-Thurau, Weimar

Dr. Michael Paul

Theoriebildung im Marketing

Das Wiederkaufverhalten bei Dienstleistungen

Mit einem Geleitwort von Prof. Dr. Thorsten Hennig-Thurau, Universität Weimar

EUL VERLAG

Bibliographische Information der Deutschen Bibliothek

Die Deutsche Bibliothek verzeichnet diese Publikation in der Deutschen Nationalbibliothek; detaillierte bibliographische Daten sind im Internet über <http://dnb.ddb.de> abrufbar.

Dissertation, Bauhaus-Universität Weimar, Fakultät Medien, 2008

Erstgutachter: Prof. Dr. Thorsten Hennig-Thurau
Zweitgutachterin: Dr. Caroline Wiertz

Tag der Disputation: 07. Juli 2008

ISBN 978-3-89936-743-0
1. Auflage November 2008

JOSEF EUL VERLAG GmbH
Brandsberg 6
D-53797 Lohmar
Tel.: +49 (0) 22 05 / 90 10 6-6
Fax: +49 (0) 22 05 / 90 10 6-88
http://www.eul-verlag.de
info@eul-verlag.de

Bei der Herstellung unserer Bücher möchten wir die Umwelt schonen. Dieses Buch ist daher auf säurefreiem, 100% chlorfrei gebleichtem, alterungsbeständigem Papier nach DIN 6738 gedruckt.

Geleitwort

Die vorliegende Arbeit ist so außergewöhnlich in ihrer Konzeption wie hervorragend in ihrer Ausführung. Die Arbeit strebt danach, das Theoriedefizit der Marketingwissenschaft zu verringern und zugleich einen substantiellen Beitrag auf einem der gegenwärtig wichtigsten Felder des Marketings zu leisten, dem Relationship Marketing. Michael Paul gelingt es auf beeindruckende Weise, beide Ziele zu erreichen. Die Arbeit leistet damit einen substantiellen Beitrag sowohl zur Theorieentwicklung im Marketing als auch zum Verständnis des Wiederkaufverhaltens von Konsumenten – eine Leistung, die gar nicht hoch genug einzuschätzen ist, zumal in einem Wissenschaftszeitalter, das nicht nur im Marketing durch akademische Kleinstaaterei und Fragmentierung gekennzeichnet ist.

Marketing ist eine junge Wissenschaftsdisziplin. Die fehlende Tradition der Disziplin in Kombination mit ihrer realwissenschaftlichen Ausrichtung lassen sowohl innerhalb als auch außerhalb des Marketings regelmäßig die Frage nach der Wissenschaftlichkeit unserer Disziplin aufkommen. Ein wesentliches Element von Wissenschaftsdisziplinen ist dabei das Vorhandensein von Theorien, die spezifisch den Erkenntnisbereich der jeweiligen Disziplin abbilden und festigen und von anderen Wissenschaftlern als Grundlage für ihre eigene Forschungsarbeit genommen werden. Michael Paul stellt in seiner Arbeit vollkommen zu Recht fest, dass es im Marketing solchen spezifischen Theorien („homegrown theories“) bisher mangelt. Er nimmt dies zum einen zum Anlass für die Entwicklung einer eigenen Theorie des Wiederkaufverhaltens von Konsumenten. Zum anderen nimmt er die eigene Theorieentwicklung zum Anlass, eigene Handlungsempfehlungen für eine ebensolche allgemeine Theorieentwicklung im Marketing zu formulieren. Seine Arbeit leistet daher einen Beitrag nicht nur für Forscher auf dem Gebiet des Relationship Marketing, sondern ist von vitalem Interesse für Forscher auf sämtlichen Gebieten des Marketings.

Michael Paul vollbringt seine Leistung in einem Umfeld, in dem Wissenschaftsfortschritt sich in erster Linie inkrementell und in kleinen Stücken vollzieht. Er, der selbst bereits in höchstrenommierten Journalen publiziert hat, so u.a. im *Journal of Marketing*, einer weltweit führenden betriebswirtschaftlichen Zeitschrift, entzieht sich mit seiner Arbeit dabei nicht den Anforderungen der methodischen und argumentativen Rigorosität, die für derartige Publikationen essentiell sind, sondern erfüllt diese Kriterien in hohem Maße, in dem er eine so umfangreiche wie anspruchsvolle empirische Studie zum Wiederkaufverhalten durchführt. Dabei bettet er seine Arbeit und die damit verbundene Rigorosität stets in einen größeren Kontext – und beschert damit der Marketingdisziplin als Ganzer einen großen Nutzen, der im Rahmen von Journal-Publikationen auf Grund des spezifischen, restriktiven Formats dieser Publikationen gar nicht zu leisten ist.

Lassen Sie mich zusammenfassen: Es könnte keine bessere Arbeit geben, um diese neue Buchreihe zu „Marketing und Medien" zu eröffnen. Ich hoffe, dass Sie als Leser einen ähnlich großen Nutzen aus der Arbeit ziehen wie ich es getan habe. Ich wünsche der Arbeit den verdienten Markterfolg – und eine Aufnahme sowohl bei Wissenschaftler und Managern aus dem Bereich Customer Relationship Marketing als auch bei jenen unter uns, die das große Ziel einer allgemeinen Marketingtheorie noch nicht gänzlich aus den Augen verloren haben.

Weimar/London, im Oktober 2008 Prof. Dr. Thorsten Hennig-Thurau

Vorwort

Die vorliegende Arbeit wurde im Juni 2008 von der Fakultät Medien der Bauhaus-Universität Weimar als Dissertation angenommen. Einen erheblichen Verdienst bei der Erreichung dieses Ziels hat mein Doktorvater Prof. Dr. Thorsten Hennig-Thurau, dem ich für seine intensive Betreuung und die hervorragende mir zuteil gewordene wissenschaftliche Ausbildung sehr herzlich danken möchte. Mein Dank gilt auch Dr. Caroline Wiertz für die äußerst zügige Zweitbegutachtung der Arbeit und wertvolle Unterstützung bei der Auswertung der deutschen Ladderinginterviews. Ebenso möchte ich mich bei Prof. Dr. Dwayne D. Gremler und Prof. Dr. Kevin P. Gwinner für die zahlreichen guten Kommentare und die Unterstützung bei der Auswertung der US-amerikanischen Ladderinginterviews bedanken.

Darüber hinaus möchte ich all den Personen, die auf unterschiedliche Weise ganz selbstlos zum Entstehen dieser Arbeit beigetragen haben, meinen Dank aussprechen: Die vielen offenherzigen Menschen in Manhattan (KS, USA), die mir bei der Durchführung der Ladderinginterviews geholfen haben, 53 (Junior-)Professoren und Doktoranden aus sieben Ländern, die sich für die Expertenbefragung zur Verfügung gestellt haben, der Geschäftsführung und der Belegschaft des Café und Restaurant FRAUENTOR in Weimar für die Möglichkeit, über Wochen Ladderinginterviews in ihren Räumlichkeiten zu führen und Barbara Thiele, für das sorgfältige Korrekturlesen dieser Arbeit.

Schließlich danke ich meiner Familie, insbesondere meiner Mutter Pirkko Paul und meinem Bruder Robert Paul, die mich auf meinem Weg stets unterstützt und bekräftigt haben. Ein ganz besonders herzlicher Dank geht an meine langjährige Lebenspartnerin, Cornelia Thiele, deren liebevoller und grenzenloser Rückhalt mich vom ersten bis zum letzten Tag meiner Promotionszeit getragen hat. Widmen möchte ich diese Arbeit meinem Vater, Günter Paul, der mich viel zu früh verlassen hat.

Berlin, im Oktober 2008 Michael Paul

Inhaltsverzeichnis

Abkürzungsverzeichnis ... XV

Abbildungsverzeichnis ... XVII

Tabellenverzeichnis ... XIX

A. Einleitung ... 1

I. Problemstellung ... 1

II. Ziele der Untersuchung ... 7

1. Formulierung von Handlungsempfehlungen für die Entwicklung von marketingeigenen Theorien ... 7

2. Entwicklung einer Theorie der Determinanten des Wiederkaufverhaltens bei Dienstleistungsunternehmen ... 7

III. Gang der Untersuchung ... 9

B. Theoriebildung im Marketing: Grundlagen und Status quo ... 13

I. Theorie und Theoriebildung: Definition und Erörterung der Begriffe ... 13

1. Definition und Erörterung des Theoriebegriffs ... 13

a) Zum Begriff der Theorie ... 13

b) Kennzeichen einer Theorie ... 13

ba) Systematisch zueinander in Beziehung stehende Aussagen ... 13

bb) Gesetzmäßige Verallgemeinerungen ... 14

bc) Empirische Überprüfbarkeit ... 15

c) Allgemeinheitsgrad, Überprüfbarkeit und Nützlichkeit ... 16

2. Definition und Erörterung des Theoriebildungsbegriffs ... 18

a) Zum Begriff der Theoriebildung ... 18

b) Theoriebildung im Entdeckungs- und Begründungszusammenhang ... 19

ba) Entdeckungszusammenhang ... 21

bb) Begründungszusammenhang ... 23

II. Prämissen der Theoriebildung ... 25

1. Definition und Bedeutung von Prämissen ... 25

2. Selbstverständnis einer Disziplin ... 26

3. Wissenschaftstheoretische Grundkonzeptionen 27
4. Forschungsprogramme 30

III. Theoriebildung im Marketing 32
1. Bedeutung von Theorien im Marketing 32
2. Prämissen der Theoriebildung im Marketing 33
a) Selbstverständnis des Marketings 33
b) Wissenschaftstheoretische Grundkonzeptionen im Marketing 35
c) Forschungsprogramme im Marketing 36
3. Prämissen als Ursache für den Mangel an marketingeigenen Theorien 37

C. Handlungsempfehlungen für Theoriebildung im Marketing 41

I. Vorüberlegungen 41

II. Kriterien zur Bewertung von Theorien 41

III. Prozessmodell zur Entwicklung von Theorien 45
1. Überblick 45
2. Konzeptuelle Entwicklung einer Theorie 47
a) Explizitmachung der Prämissen 47
b) Inhaltliche Positionsbestimmung 48
c) Entwicklung eines Bezugsrahmens 52
3. Empirische Entwicklung einer Theorie 57
4. Reflexion der Theorieentwicklung 61

D. Konzeptuelle Entwicklung einer Theorie der Determinanten des Wiederkaufverhaltens bei Dienstleistungsunternehmen 63

I. Explizitmachung der Prämissen der Theoriebildung 63

II. Inhaltliche Positionsbestimmung 64
1. Definition und Abgrenzung des Phänomenbereichs 64
a) Determinanten und Wiederkaufverhalten 64
b) Abgrenzung des Gültigkeitsbereichs der Theorie 67
ba) Dienstleistungen vs. Sachgüter 67
bb) Direkter vs. indirekter Kontakt 68
bc) Endkunden vs. Geschäftskunden 68

bd) Ohne vs. mit formaler Mitgliedschaft ... 69
2. Literaturdurchsicht ... 70
3. Nomologische Verortung in der Means-End-Theorie ... 74
a) Means-End-Theorie: Grundgedanke, Bewertung und Fundierung ... 74
aa) Grundgedanke und Bewertung ... 75
ab) Kognitionstheoretische Fundierung ... 78
ac) Motivationstheoretische Fundierung ... 81
b) Inhalt und Struktur einer Means-End-Kette ... 82
ba) Inhalt einer Means-End-Kette ... 82
baa) Attribute ... 82
bab) Nutzen ... 83
bac) Werte ... 85
bb) Struktur einer Means-End-Kette ... 86
III. Bestimmung der allgemeinen Konzepte eines Bezugsrahmens der Determinanten des Wiederkaufverhaltens ... 88
1. Überblick über den Bezugsrahmen ... 88
2. Kategorien der Determinanten des Wiederkaufverhaltens ... 89
a) Allgemeine Determinantenkategorien ... 89
b) Primäre und sekundäre Determinantenkategorien ... 90
3. Moderatoren ... 91
a) Anbieterbezogen ... 91
b) Kundenbezogen ... 92
c) Beziehungsbezogen ... 94
IV. Identifikation primärer und sekundärer Determinanten des Wiederkaufverhaltens durch qualitative Studien ... 95
1. Ladderingmethode ... 95
2. Interviewdurchführung, Beschreibung der Stichproben und Identifikation sekundärer Determinanten ... 96
3. Identifikation primärer Determinanten und Validierung durch eine Expertenbefragung ... 103
4. Ergebnisse ... 107

V. Diskussion des Beitrags zu einer Theorie der Determinanten des Wiederkaufverhaltens bei Dienstleistungsunternehmen ... 118
1. Integration bestehender und neuer Determinanten ... 118
2. Güte des Bezugsrahmens ... 122

E. Empirische Entwicklung einer Theorie der Determinanten des Wiederkaufverhaltens bei Dienstleistungsunternehmen ... 125
I. Beschreibung der Vorgehensweise ... 125
1. Bedeutung des Bezugsrahmens ... 125
2. Methodik, Stichprobe und Messung der Konzepte ... 126
a) Methodik und Stichprobe ... 126
b) Messung der Konzepte ... 133
II. Wichtigkeit der Determinanten des Wiederkaufverhaltens ... 138
1. Ergebnisse auf der Ebene der primären Determinanten ... 138
2. Ergebnisse auf der Ebene der sekundären Determinanten ... 139
3. Einfluss von Moderatoren ... 141
a) Anbieterbezogen ... 141
b) Kundenbezogen ... 143
c) Beziehungsbezogen ... 144
4. Diskussion der Ergebnisse und Implikationen ... 145
a) Wichtigkeit der Determinanten ... 145
b) Moderatoren ... 148
III. Stärke der Beziehungen zwischen den Determinanten des Wiederkaufverhaltens ... 151
1. Ergebnisse auf der Ebene der primären Determinanten ... 151
2. Ergebnisse auf der Ebene der sekundären Determinanten ... 154
3. Einfluss von Moderatoren ... 158
a) Anbieterbezogen ... 159
b) Kundenbezogen ... 160
c) Beziehungsbezogen ... 163
4. Diskussion der Ergebnisse und Implikationen ... 163
a) Stärke der Beziehungen zwischen den Determinanten ... 163
b) Moderatoren ... 165

IV. Wichtigkeit der Determinanten des Wiederkaufverhaltens für Beziehungseinstellungen ... 167
1. Entwicklung eines Strukturmodells ... 167
2. Operationalisierung der Konstrukte und Vorgehensweise bei der Modellschätzung mit Partial Least Squares ... 170
3. Beurteilung der Messung und Ergebnisse der Modellschätzung ... 173
4. Einfluss von Moderatoren ... 176
a) Anbieterbezogen ... 176
b) Kundenbezogen und beziehungsbezogen ... 179
5. Diskussion der Ergebnisse und Implikationen ... 181
a) Wichtigkeit der Determinanten für Beziehungseinstellungen ... 181
b) Moderatoren ... 183
V. Diskussion des Beitrags zu einer Theorie der Determinanten des Wiederkaufverhaltens bei Dienstleistungsunternehmen ... 184
1. Güte der Theorie ... 184
2. Limitationen und Ausblick auf eine Weiterentwicklung der Theorie ... 187

F. Erkenntnisse für die Theoriebildung im Marketing und Fazit ... 193
I. Erkenntnisse für die Theoriebildung ... 193
II. Fazit ... 202

Literaturverzeichnis ... 203
Anhangsverzeichnis ... 251
Anhang ... 253

Abkürzungsverzeichnis

AACSB	The Association to Advance Collegiate Schools of Business
AMA	American Marketing Association
BVM	Berufsverband Deutscher Markt- und Sozialforscher e.V.
CATI	Computer-Assisted Telephone Interviewing
CI	Condition Indices
DEV	Durchschnittliche erfasste Varianz
FR	Faktorreliabilität
MIMIC	Multiple Indicators and Multiple Causes
MSI	Marketing Science Institute
MW	Mittelwert
PLS	Partial Least Squares
PRL	Proportional Reduction of Loss
SSCI	Social Sciences Citation Index
VHB	Verband der Hochschullehrer für Betriebswirtschaft e.V.
VIF	Variance Inflation Factor

Abbildungsverzeichnis

Abb. 1: Begriffe des theoretischen Denkens im Entdeckungs- und Begründungszusammenhang ... 20

Abb. 2: Prozessmodell der Theoriebildung im Entdeckungszusammenhang ... 46

Abb. 3: Zentrale Aussagen der Means-End-Theorie ... 75

Abb. 4: Bezugsrahmen der Determinanten des Wiederkaufverhaltens bei Dienstleistungsunternehmen ... 88

Abb. 5: Stärke der Beziehungen zwischen primären Determinanten des Wiederkaufverhaltens ... 152

Abb. 6: Strukturmodell zur Bestimmung der Wichtigkeit der Determinanten des Wiederkaufverhaltens für Beziehungseinstellungen ... 169

Tabellenverzeichnis

Tab. 1: Positivistisch-empiristische und relativistisch-konstruktivistische Grundkonzeption ... 28
Tab. 2: Kriterien zur Bewertung von Theorien ... 42
Tab. 3: Bewertung bestehender Bezugsrahmen der Determinanten des Wiederkaufverhaltens ... 72
Tab. 4: Dienstleistungstypen nach Bowen (1990) ... 92
Tab. 5: Gewählte Dienstleistungen in den Ladderingstudien in Prozent ... 96
Tab. 6: Demografika der Ladderingstichproben in Prozent ... 99
Tab. 7: Gütemaße und Binomialtests der Expertenbefragung ... 104
Tab. 8: Primäre und sekundäre Determinanten des Wiederkaufverhaltens ... 108
Tab. 9: Stichprobenplan und Erfüllung (Hessen) ... 127
Tab. 10: Stichprobenplan und Erfüllung (Thüringen) ... 128
Tab. 11: Ausschöpfungsquote der Telefonbefragung ... 129
Tab. 12: Demografika der Telefonstichprobe in Prozent ... 130
Tab. 13: Verwendete Items zur Messung sekundärer Determinanten ... 134
Tab. 14: Relative Wichtigkeit primärer Determinanten des Wiederkaufverhaltens ... 138
Tab. 15: Relative Wichtigkeit sekundärer Determinanten des Wiederkaufverhaltens ... 139
Tab. 16: Stärke der Beziehungen zwischen sekundären Determinanten des Wiederkaufverhaltens ... 154
Tab. 17: Verwendete Items zur Messung der Beziehungseinstellungen ... 171
Tab. 18: Pfadkoeffizienten des finalen PLS-Modells ... 175
Tab. 19: Moderierende Wirkung des Dienstleistungstypus ... 177
Tab. 20: Moderierende Wirkung von Beziehungsneigung, Involvement und Beziehungsdauer ... 179

A. Einleitung

I. Problemstellung

Theorien sind von außerordentlicher Bedeutung für jede wissenschaftliche Disziplin. In den Theorien einer Disziplin sind die Erkenntnisse gespeichert, die von Wissenschaftlern über oftmals viele Jahrzehnte gesammelt wurden und sich wiederholt bewährt haben. Durch Theorien werden Wissenschaftler in die Lage versetzt, die Komplexität der empirischen Welt zu bändigen und die sie interessierenden Phänomene zu erklären und zu prognostizieren. Da die Fähigkeit einer Disziplin, möglichst gute Theorien zu entwickeln, letzten Endes sogar über ihre Existenz entscheiden kann, werden Theorien wohl zu Recht als ein konstitutives Merkmal von Wissenschaft und Theoriebildung als wahrscheinlich wichtigste Aufgabe eines Wissenschaftlers angesehen (Abel 1979; Hunt 2002; Popper 2005)[1].

Die Wissenschaftler jeder Disziplin haben zwei Möglichkeiten, um zu Theorien zu gelangen: Entweder sie leihen sich bestehende Theorien aus anderen Disziplinen aus und versuchen diese auf die Phänomene ihrer Disziplin anzuwenden, oder sie entwickeln ihre eigenen Theorien. Eigene Theorien zeichnen sich dadurch aus, dass sie ausschließlich auf Basis der spezifischen Fragestellungen der eigenen Disziplin entwickelt werden und keinen Beitrag zu einer anderen Disziplin leisten müssen. Aus den folgenden beiden Gründen sind eigene Theorien ein wichtiger Erfolgsfaktor jeder wissenschaftlichen Disziplin:

Zum Ersten sind eigene Theorien oftmals besser, weil sie die Phänomene einer Disziplin (a) vollständiger und (b) kohärenter beschreiben, erklären und prognostizieren als Theorien, die aus anderen Disziplinen ausgeliehen werden (Agarwal und Hoetker 2007; Colquitt und Zapato-Phelan 2007; Kubicek 1977; Pfeffer und Fong 2005; Varadarajan 2003). Eine Theorie aus einer fremden Disziplin kann unabhängig davon, wie gut oder allgemein sie sein mag, niemals alle zur Erklärung jedes denkbaren Phänomens erforderlichen konkreten Annahmen und Konzepte beinhalten (Lincoln und Guba 1985). Ein logischer Grund hierfür liegt darin, dass jede eigenständige wissenschaftliche Disziplin per Definition einen einzigartigen Gegenstandsbereich mit entsprechend spezifischen Phänomenen aufweist (Hunt 2002), der von Vertretern anderer Disziplinen bei der Theoriebildung weder mitgedacht werden kann noch muss. Eine naheliegende Lösung dieses Problems scheint zu sein, mehrere Konzepte oder Theorien aus unterschiedlichen Disziplinen zur Erklärung ein und desselben

[1] Die Begriffe der Theoriebildung und der Theorieentwicklung werden nachfolgend synonym verwandt.

Phänomens zu nutzen. Dies führt jedoch oftmals zur Fragmentierung des betroffenen Forschungsbereichs, d.h. die einzelnen Konzepte zur Erklärung eines bestimmten Phänomens lassen sich nicht zu einem ganzheitlichen Ansatz zusammenfügen: Es können zum einen inhaltliche Überschneidungen zwischen Konzepten auftreten, da für jeden Phänomenbereich ungeachtet anderer Phänomene spezifische Merkmale zur Konzeptabgrenzung zu Grunde gelegt werden. Wenn Konzepte aus ihrem ursprünglichen Phänomenbereich entfernt und in einen neuen Zusammenhang gebracht werden, können manche Merkmale bezeichnend für mehrere Konzepte sein und somit eine überschneidungsfreie Abgrenzung unmöglich machen. Zu Kohärenzproblemen kommt es darüber hinaus, wenn einzelne Merkmale eines ausgeliehenen Konzeptes nicht zum zu erklärenden Phänomen oder zu den grundlegenden Annahmen und Zielen der ausleihenden Disziplin passen (Anderson 1983b; Hansen und Bode 1997; Murray und Evers 1989). Osigweh (1989, S. 583) warnt zum Beispiel, „[…] with such borrowings, care must be exercised to be sure that all meanings attached to the concept actually apply.“

Zum Zweiten sind eigene Theorien ein Erfolgsfaktor jeder Disziplin, weil sie zu ihrer Reife und somit auch Wettbewerbsfähigkeit beitragen (Agarwal und Hoetker 2007; Lenski 1988; McGrath 2007; Rust 2006). In der Wissenschaftsforschung ist die Überlegung, dass sich Disziplinen in ihrer Reife (d.h. dem Entwicklungsstand ihrer Institutionen und Erkenntnisse) unterscheiden, weit verbreitet (Cole 1983; Comte und Martineau 2003; Zuckerman und Merton 1973). Für die Reife einer Disziplin spielen eigene Theorien eine wichtige Rolle, da sie weniger fragmentarisch sind und sie somit validere Erkenntnisse für Wissenschaftler und interessierte Anwender bereithalten und dazu beitragen, dass diese Erkenntnisse weitervermittelt und langfristig bewahrt werden (Varadarajan 2003; Wilkie and Moore 2003). McAlister, Bolton und Rizley (2006, S. 1) stellen mit Blick auf fragmentarische Forschungsbereiche zum Beispiel fest, „[…] the cost of that fragmentation is that knowledge is being lost.” Wie zahlreiche Untersuchungen der Wissenschaftsforschung zeigen, verbessert die Reife einer Disziplin ihre Erfolgsaussichten im Wettbewerb mit anderen Disziplinen um knappe öffentliche, private und inneruniversitäre Ressourcen, wohingegen ein Mangel an Reife früher oder später zum Verschwinden derselben führen kann (Cole 1983; Lodahl und Gordon 1972; 1973a; 1973b; McKinley, Mone und Moon 1999; Pfeffer 1993; Whitley 1982; 1984; Zammuto und Connolly 1984).

Im Marketing ist ein erheblicher Mangel an eigenen Theorien zu konstatieren: Statt eigene Theorien zu entwickeln, werden im Marketing—wie Vertreter der Disziplin unisono kritisieren—meist Theorien aus Nachbardisziplinen wie der Psychologie und der Ökonomie ausgeliehen (Peter und Olson 1983; Sheth, Gardner und Garrett 1988; Stewart und Zinkhan 2006; Summers 2001). Obwohl mit den Arbeiten von Shugan und Xie (2000) und von Vargo und Lusch (2004) einzelne Beispiele gelungener marketingeigener Theorien vorliegen (Rust 2006), lassen sich dem weitaus mehr Forschungsbereiche im Marketing gegenüberstellen, die aufgrund eines übermäßigen Bezugs auf Theorien aus Nachbardisziplinen als fragmentarisch zu bezeichnen sind: Mazumdar, Raj und Sinha (2005, S. 84) meinen mit Blick auf die Referenzpreisforschung, „[…] [d]espite the wealth of available findings […], there is no cohesive framework", Meyers-Levy und Malaviya (1999, S. 45) schreiben zur Werbewirkungsforschung „[…] [a] vast body of work has explored this question from various perspectives […] [y]et, to date, no single theory or framework […] has been able to account for all the varied and sometimes conflicting persuasion findings" und Cavusgil und Zou (1994, S. 2–3) kritisieren, dass der Zusammenhang zwischen Exportmarketingstrategien und Unternehmenserfolg „[…] [was] conceptualized and operationalized in many different ways by different researchers […] [a]s a result, confusing and even contradictory findings have surfaced in the literature [which] hinder not only practice, but also theory development." Schließlich erkennen Homburg, Workman und Jensen (2002, S. 38) im Bereich des Key Account Managements, „[…] research has been fragmented and has not consolidated specific […] aspects […] into a coherent framework."

Es ist der Marketingdisziplin unbedingt zu Gute zu halten, dass sie eine sehr junge wissenschaftliche Disziplin ist (Hansen und Bode 1999). Wierenga (2008, S. 43) konstatiert in diesem Zusammenhang beispielsweise, „[…] [s]till, compared to the many centuries of research in physics, we are only at the beginning of our understanding of marketing phenomena." Vor diesem Hintergrund mag das Ausleihen von Theorien aus anderen Disziplinen in den ersten Jahrzehnten ihrer Existenz durchaus angemessen und zielführend gewesen sein, mit zunehmender Reife der Marketingdisziplin sollte dies jedoch obsolet und eigene Theorien entwickelt werden (Agarwal und Hoetker 2007; Zinkhan, Roth und Saxton 1992). Es existiert eine Reihe von Hinweisen, dass das Marketing abgesehen vom Mangel an eigenen Theorien mit Blick auf seine Reife zumindest auf einem guten Weg ist: Baumgartner und Pieters (2003) zählen zum Beispiel 59 wissenschaftliche Zeitschriften, die das Wort *Marketing* im Titel tragen und 41 weitere Zeitschriften, die sich mit marketingbezogenen Themen befassen. Bei führenden betriebswirtschaftlichen Verbänden und Agenturen zur Akkreditierung betriebswirtschaftlicher Studiengänge wird das Marketing stets als eigenständige Disziplin aufgeführt (vgl. z.B. AACSB 2008; VHB 2008). Des Weiteren stellen mehrere Zitationsanalysen übereinstimmend fest, dass sich Marketingzeitschriften in den letzten Jahrzehnten zunehmend selbst statt Zeitschriften aus Nachbardisziplinen zitieren, was auf einen zunehmenden Wissensbestand im Marketing hinweist (Cote, Leong und Cote 1991; Goldman 1979; Leong 1989; Zinkhan, Roth und Saxton 1992)[2]. Schließlich zeigt sich die Reife der Marketingdisziplin in ihrer mittlerweile enormen inhaltlichen und methodischen Breite und Tiefe (Roth und Gmür 2004) und den zahlreichen wichtigen Beiträgen, die sie zum Wohl der gesamten Gesellschaft leistet (Wilkie und Moore 1999). Um sich dauerhaft als voll ausgereifte Disziplin zu etablieren und die Fragmentierung vieler seiner Forschungsbereiche zu überwinden, sollte sich das Marketing nun auch verstärkt der Entwicklung eigener Theorien widmen. Mit Stewart und Zinkhan (2006, S. 480) lässt sich resümieren, „[…] we believe that marketing theorists have made significant progress over the past 50 years, but, if the discipline is to play an important role in the social sciences and influence management practice, it must accelerate its efforts to create its own unique theories of markets and marketing phenomena.“

Um das Ziel eigener Theorien zu erreichen, sieht sich das Marketing mit zwei wesentlichen Herausforderungen konfrontiert: Zum einen muss sich die Einsicht in die Bedeutung und aktuelle Dringlichkeit eigener Theorien über die Kritik einzelner Autoren hinaus flächendeckend in der Disziplin verbreiten. Hier ist sicherlich noch ein enormer Nachholbedarf zu konstatieren. Summers (2001, S. 413) meint beispielsweise, […] [m]arketing researchers have devoted little attention to theory-building research“ und Rust (2006, S. 2) fordert, „[…] [i]n marketing, there must be more acceptance of homegrown theory.“ Zum anderen reicht diese Einsicht allein nicht aus, um diese überaus schwierige Aufgabe tatsächlich zu meistern: Vielmehr benötigen Marketingwissenschaftler konkrete Handlungsempfehlungen, die ihnen dabei helfen, in einer zielorientierten Weise möglichst gute Theorien zu generieren. Von besonderer Bedeutung sind in diesem Zusammenhang zwei Arten von Handlungsempfehlungen: (1) *Kriterien zur Bewertung von Theorien*, um gute von schlechten Theorien zu unterscheiden und (2) ein *Prozessmodell zur Entwicklung neuer Theorien*, das Schritt für Schritt aufzeigt, welche Aufgaben in welcher Reihenfolge von einem Wissenschaftler zu bewältigen sind (Weick

[2] Pieters und Baumgartner (2002) finden beispielsweise heraus, dass sich die Gruppe der führenden Marketingzeitschriften zu 80 % selbst und nur zu 20 % marketingfremde Zeitschriften zitiert. Als führend wurden auf Basis des SSCI-Impact-Faktors des Jahres 1996 die Zeitschriften *Journal of Consumer Research*, *Journal of Marketing*, *Journal of Marketing Research*, *Journal of Retailing* und *Marketing Science* identifiziert.

1995). Solche Handlungsempfehlungen sollten so konkret wie möglich sein, damit sie ein Marketingwissenschaftler bei der Theoriebildung unmittelbar anwenden kann, und sie sollten idealerweise anhand von Beispielen illustriert und auf ihre Tauglichkeit hin getestet werden.

Leider liegen im Marketing für beide Arten von Handlungsempfehlungen fast keine Arbeiten vor. Einer der wenigen umfassenden Beiträge zur Theoriebildung im Marketing stammt von Zaltman, Lemasters und Heffring (1982, S. 5), die konstatieren, „[...] little guidance is available to the marketing student about creating theories.“ Bagozzi (1984, S. 12) meint sogar, „[...] well-developed theories of the process [of theory construction] are generally lacking.“ In den sozialwissenschaftlichen Nachbardisziplinen des Marketings ist die Situation kaum besser (Cronbach 1982; Glaser und Strauss 1967; Hage 1994; Lincoln und Guba 1985): Hier liegen zwar einige frühe Ansätze aus den 1960ern und 1970ern (vgl. z.B. Blalock 1969; Dubin 1978; Kaplan 1964; Merton 1967) und Sonderausgaben der Zeitschriften *Academy of Management Review* (1989; 1999) und *Administrative Science Quarterly* (1995) zu diesem Thema vor, Nifadkar und Tsui (2007, S. 298) resümieren jedoch, „[...] we still know very little about [...] [the] elements of the theory development process.“ Wie gering die Anzahl dieser Beiträge tatsächlich ist, wird deutlich, wenn man sich im Gegenzug die enorme Anzahl an Methodenhandbüchern (vgl. z.B. Churchill und Iacobucci 2005; Franses und Paap 2001; Rossi, Allenby und McCulloch 2006) und die unzähligen Beiträge in hochrangigen Zeitschriften vor Augen führt, die sich mit Fragestellungen der empirischen Überprüfung bestehender Theorien oder der ökonometrischen Modellierung von Phänomenen beschäftigen (vgl. z.B. *Journal of Marketing Research* oder *Marketing Science*).

Die geringe Anzahl an Beiträgen zur Entwicklung neuer Theorien in und außerhalb des Marketings wäre unproblematisch, wenn die vorliegenden Arbeiten gemeinsam eindeutige Handlungsempfehlungen für eine zielorientierte Entwicklung von neuen Theorien geben würden. Bei einer Durchsicht der bestehenden Beiträge wird jedoch schnell deutlich, dass zwischen ihnen kaum Einigkeit besteht. Mit Blick auf die *Kriterien zur Bewertung von Theorien* stellen beispielsweise Sutton und Staw (1995, S. 371) fest, „[...] there is little agreement about what constitutes strong versus weak theory.“ Manche Wissenschaftler verzichten aufgrund dieser Schwierigkeiten von vornherein auf die Formulierung konkreter Kriterien und diskutieren vielmehr, was eine Theorie *nicht* ist (DiMaggio 1995; Weick 1995; Whetten 1995). Andere Autoren nennen konkrete Bewertungskriterien, verwenden aber jeweils andere Begriffe, sodass unklar bleibt, ob es sich um Synonyme oder substantielle Unterschiede handelt, und ob der jeweilige Kriterienkatalog vollständig ist (Bacharach 1989; Halbert 1965; Kaplan 1964; Schanz 1975; Zaltman, Lemaster und Heffring 1982).

Die bestehenden Arbeiten zum *Prozess der Entwicklung neuer Theorien* stellen sich sogar noch fragmentarischer dar. Freese (1980, S. 189) sieht die Ursache hierfür darin, „[…] that the language, conceptions, proposals, interpretations, and results of formal theorizing are so thoroughly babelized." Verschafft man sich einen Überblick über die bestehende Literatur zum Prozess der Theoriebildung, so ist dieser Einschätzung von Freese nur zuzustimmen: Manche Autoren diskutieren beispielsweise die Eignung grundlegender Denkstrategien zur Entwicklung von Theorien, ohne dabei im Einzelnen auf die Aufgaben, die bei der Entwicklung einer Theorie zu bewältigen sind, und deren Abfolge einzugehen (Bourgeois 1979; Cornelissen 2006; Kubicek 1977; Schanz 1975; Weick 1989; 1999). Andere Beiträge behandeln zwar einzelne Aufgaben, treffen jedoch keine Aussagen darüber, in welcher Abfolge diese kombiniert werden sollten (Blalock 1969; Dubin 1978; Kaplan 1964; Whetten 1989). Einige wenige Aufsätze befassen sich mit Theoriebildung auf Basis unterschiedlicher wissenschaftstheoretischer Grundkonzeptionen, was jedoch letztlich ein spezielles Problem äußerst heterogener Disziplinen darstellt (Gioia und Pitre 1990; Lewis und Grimes 1999). Schließlich stellen manche Beiträge zwar sehr konkrete Prozessmodelle zur Entwicklung von Theorien vor, sind jedoch auf die Nutzung spezieller empirischer Methoden wie beispielsweise Fallstudien (Eisenhardt 1989), Ethnographie (Lincoln und Guba 1985) und qualitative Interviews (Glaser und Strauss 1967; Miles und Huberman 1994) zugeschnitten und somit nicht verallgemeinerbar.

Zusammenfassend ist somit zu konstatieren, dass (1) mehr marketingeigene Theorien wünschenswert wären, (2) sich im Marketing die Einsicht in die Notwendigkeit eigener Theorien noch nicht flächendeckend durchgesetzt hat und (3) sich die bestehende Literatur zur Theoriebildung als zu dürftig und unstrukturiert darstellt, um Marketingwissenschaftler bei einer zielorientierten Entwicklung möglichst guter, eigener Theorien im ausreichenden Maße zu unterstützen: Erstens ist bei den vorliegenden *Kriterien zur Bewertung von Theorien* unklar, in welchem Verhältnis sie zueinander stehen und ob sie vollständig sind. Zweitens existiert trotz einer Reihe einzelner Diskussionsbeiträge letztlich kein verallgemeinerbares *Prozessmodell zur Entwicklung neuer Theorien*, das Schritt für Schritt aufzeigt, welche Aufgaben ein Wissenschaftler zu bewältigen hat. Vor dem Hintergrund der Bedeutung eigener Theorien für die Marketingdisziplin bedarf es an diesen Stellen offenbar dringlicher Abhilfe.

II. Ziele der Untersuchung

1. Formulierung von Handlungsempfehlungen für die Entwicklung von marketingeigenen Theorien

Das erste Ziel dieser Arbeit ist die Formulierung von Handlungsempfehlungen für die Entwicklung von neuen Marketingtheorien. Der Anlass für dieses Vorhaben ergibt sich aus der diskutierten Problemstellung, dass trotz der zentralen Bedeutung von Theorien kaum systematisch ausgearbeitete Handlungsempfehlungen zur Theoriebildung in der Marketingliteratur vorliegen. Um dieses Ziel zu erreichen, werden unter anderem Handlungsempfehlungen aus anderen Disziplinen berücksichtigt, von denen manche erstmals für das Marketing aufgegriffen werden. Diese Handlungsempfehlungen müssen zum Teil angepasst werden, da sie sich nicht immer eins zu eins auf das Marketing übertragen lassen. Zum einen sollen *Kriterien zur Bewertung von Theorien* formuliert werden, die möglichst vollständig sind. Zum anderen soll ein *Prozessmodell zur Entwicklung neuer Theorien* erarbeitet werden, das die Aufgaben eines Wissenschaftlers und deren Abfolge im Prozess der Theoriebildung in detaillierter Weise darstellt. Dabei soll das Prozessmodell mit den Kriterien zur Bewertung von Theorien verknüpft werden, sodass deutlich wird, wie jeder einzelne Schritt zur Erfüllung der Kriterien beitragen kann. Mit beiden Handlungsempfehlungen wird ein Beitrag zum Methodenwissen des Marketings geleistet, der, wie oben ausführlich dargelegt wurde, von grundlegendem Interesse für die gesamte Disziplin ist.

2. Entwicklung einer Theorie der Determinanten des Wiederkaufverhaltens bei Dienstleistungsunternehmen

Das zweite Ziel dieser Arbeit ist die Entwicklung einer Theorie der Determinanten des Wiederkaufverhaltens bei Dienstleistungsunternehmen als ein *Beispiel für eine marketingeigene Theorie*. Ein solches konkretes Beispiel ist sowohl wichtig, um die Handlungsempfehlungen zur Theoriebildung zu illustrieren, was einen erheblichen Beitrag zu ihrem Verständnis und hoffentlich ihrer Verwendung durch andere Wissenschaftler leistet, als auch um deren Tauglichkeit zu demonstrieren. Der Mangel solcher Beispiele ist möglicherweise ein Grund dafür, warum die bestehenden Ansätze zur Theoriebildung nur wenig Anklang finden. Darüber hinaus sollte ein gelungenes Beispiel zu der Einsicht beitragen, dass die Entwicklung eigener Theorien eine wichtige und lösbare Aufgabe für das Marketing darstellt.

Die Frage nach den Determinanten des Wiederkaufverhaltens, d.h. den Gründen, warum ein Kunde wiederholt bei ein und demselben Anbieter kauft, bietet sich als ein Beispiel an, da sich in diesem Forschungsbereich erstens die negativen Auswirkungen des Mangels einer marketingeigenen Theorie in Form eines sehr fragmentarischen Forschungsstandes besonders deutlich zeigen (Verhoef, Van Doorn und Dorotic 2007). Zweitens ist dieser Forschungsbereich von zentraler Bedeutung für das Marketing: Die Bedeutung der Determinanten des Wiederkaufverhaltens zeigt sich beispielsweise in einer immensen Anzahl an Artikeln in Fachzeitschriften, Monographien und Konferenzbeiträgen, die sich dieser Frage gewidmet haben (Palmatier et al. 2006; Pan und Zinkhan 2006). Die Determinanten des Wiederkaufverhaltens sind auch für Unternehmen von großer Bedeutung, da sie sich vom Wiederkaufverhalten ihrer Kunden beispielsweise eine erhöhte langfristige Profitabilität (Anderson und Mittal 2000; Gupta und Zeithaml 2006; Reichheld und Sasser 1990; Reichheld und Teal 1996) und die Steigerung ihres Unternehmenswertes versprechen (Gupta, Lehmann und Stuart 2004). Viele Unternehmen investieren daher große Teile ihres Marketingbudgets in Instrumente zur Steigerung des Wiederkaufverhaltens wie Bonusprogramme und Kundenkarten (Glusac und Hinterhuber 2005; Horizont 2006; Roland Berger 2003).

Im Ergebnis liegt mit dieser Theorie jedoch nicht nur ein Beispiel für eine marketingeigene Theorie vor: Vielmehr wird mit der Entwicklung einer Theorie der Determinanten des Wiederkaufverhaltens bei Dienstleistungsunternehmen ein *substantieller Beitrag zum Forschungsbereich der Determinanten des Wiederkaufverhaltens* geleistet. In einem produktionstheoretischen Sinne könnte man sagen, dass diese Theorie ein Kuppelprodukt darstellt, das durch die Ausarbeitung des Beispiels einer marketingeigenen Theorie notwendigerweise entsteht. Der Vergleich mit einem Kuppelprodukt soll verdeutlichen, dass die Ausarbeitung eines Beispiels für eine marketingeigene Theorie und die Entwicklung einer Theorie der Determinanten des Wiederkaufverhaltens zwei grundsätzlich voneinander trennbare Beiträge dieser Arbeit darstellen, die jedoch durch ein und denselben Vorgang entstehen.

Der Beitrag, der mit der Entwicklung einer Theorie der Determinanten des Wiederkaufverhaltens geleistet wird, liegt in der Entwicklung einer Theorie für diesen Bereich, welche den fragmentarischen Forschungsstand überwindet und erstmals eine valide empirische Quantifizierung der Wichtigkeit unterschiedlicher Determinanten des Wiederkaufverhaltens ermöglicht. Mit Hilfe der Means-End-Theorie, qualitativer Studien in zwei Ländern und einer Durchsicht der bestehenden Literatur aus diesem Forschungsbereich wird ein neuer Bezugsrahmen entwickelt, der Antworten darauf gibt, *was* die Determinanten des Wiederkaufverhaltens sind, und *wie*, *warum* und *unter welchen Bedingungen* Beziehungen einerseits zwischen den Determinanten selbst und andererseits zwischen den Determinanten und dem Wiederkaufverhalten von Kunden bestehen. Der Bezugsrahmen organisiert sowohl bekannte als auch neu identifizierte Determinanten des Wiederkaufverhaltens in erschöpfender und überschneidungsfreier Weise auf unterschiedlichen hierarchischen Ebenen. Im Rahmen der empirischen Theoriebildung werden die Wichtigkeit der Determinanten, die Stärke der Beziehungen zwischen den Determinanten und der Einfluss von Moderatoren empirisch quantifiziert, was aufgrund des fragmentarischen Forschungsstandes bislang unmöglich war (MacKenzie 2003; Zeithaml 2000). Da eine Reihe von Autoren betont, dass eine stabile langfristige Beziehung auch eine positive Einstellung des Kunden gegenüber seiner Beziehung zum Unternehmen erfordert, wird als weiterer Teil der empirischen Theoriebildung betrachtet, welche Determinanten des Wiederkaufverhaltens einen Einfluss auf die Beziehungseinstellung von Kunden haben (Dick und Basu 1994; Oliver 1999).

Um die Erklärungskraft der Theorie der Determinanten des Wiederkaufverhaltens nicht übermäßig zu strapazieren, ist eine Abgrenzung des Gültigkeitsbereichs der Theorie erforderlich, die sich an etablierten Einteilungen der Marketingforschung orientiert (Homburg und Krohmer 2006; Kotler, Keller und Bliemel 2007): Die vorliegende Arbeit konzentriert sich auf Dienstleistungen (statt Sachgüter), die sich an Endkunden (statt Geschäftskunden) richten, die keine formale Mitgliedschaft des Kunden erfordern (also z.B. keine Fitnessclubs) und bei denen ein direkter Kontakt zwischen Dienstleistungspersonal und Kunden besteht (also z.B. keine reinen Internetanbieter).

III. Gang der Untersuchung

Die Arbeit gliedert sich inklusive der Einleitung in sechs Hauptkapitel. Im Hauptkapitel B geht es um die Grundlagen und den Status quo der Entwicklung von marketingeigenen Theorien. Dies umfasst zunächst eine Definition und Erörterung der Begriffe Theorie und Theoriebildung sowie die Darstellung von Prämissen der Theoriebildung. Bei der Erörterung des Theoriebildungsbegriffs wird die wissenschaftstheoretische Unterscheidung zwischen dem

Entdeckungs- und Begründungszusammenhang eingeführt und verdeutlicht, dass sich die vorliegende Arbeit mit der Entwicklung von Theorien im Entdeckungszusammenhang beschäftigt. Mit Prämissen sind hier alle grundlegenden Annahmen gemeint, die, ob implizit oder explizit, stets in die Entwicklung einer Theorie eingehen, jedoch im Rahmen einer spezifischen Theorie nicht begründet werden. Solche Prämissen ergeben sich aus dem Selbstverständnis einer Disziplin, wissenschaftstheoretischen Grundkonzeptionen und Forschungsprogrammen. Es wird gezeigt, welche Prämissen Marketingwissenschaftler bei der Entwicklung von Theorien zu Grunde legen, und dass sich hieraus mögliche Ursachen für den Mangel an marketingeigenen Theorien ergeben.

Hierauf aufbauend werden im Hauptkapitel C Handlungsempfehlungen für die Entwicklung neuer Marketingtheorien formuliert. Es wird damit das erste Ziel dieser Arbeit unmittelbar in Angriff genommen. Nach einigen Vorüberlegungen wird als Erstes ein vollständiger Kriterienkatalog zur Bewertung von Theorien ausgearbeitet. Dann wird ein Prozessmodell zur Entwicklung neuer Theorien vorgestellt, das die Aufgaben eines Wissenschaftlers und deren Abfolge im Prozess der Theoriebildung im Entdeckungszusammenhang in detaillierter Weise darstellt. Bei der Erörterung des Prozessmodells wird fortwährend aufgezeigt, wie ein Beitrag zur Erfüllung der Kriterien einer guten Theorie geleistet werden kann.

In den Hauptkapiteln D und E wird eine Theorie der Determinanten des Wiederkaufverhaltens bei Dienstleistungsunternehmen entwickelt, wodurch das zweite Ziel dieser Arbeit angegangen wird. Bei der Entwicklung der Theorie werden die im Kapitel C formulierten Handlungsempfehlungen für die Theoriebildung angewandt und illustriert. Gleichzeitig wird mit der Entwicklung einer Theorie der Determinanten des Wiederkaufverhaltens ein substantieller Beitrag in diesem Forschungsbereich geleistet. Im Hauptkapitel D wird die Theorie der Determinanten des Wiederkaufverhaltens zunächst konzeptuell entwickelt. Dies umfasst eine Explizitmachung der Prämissen der Theoriebildung, eine inhaltliche Positionsbestimmung und die Entwicklung eines Bezugsrahmens. Die inhaltliche Positionsbestimmung beinhaltet neben einer Definition und Abgrenzung des Phänomenbereichs, eine Durchsicht der bestehenden Literatur zu den Determinanten des Wiederkaufverhaltens und eine nomologische Verortung der zu entwickelnden Theorie in der Means-End-Theorie. Die Entwicklung eines Bezugsrahmens umfasst die Identifikation und Definition aller relevanten Konzepte der Theorie der Determinanten des Wiederkaufverhaltens und ihrer Beziehungen zueinander, was im Rahmen dieser Arbeit mit Hilfe der Means-End-Theorie und qualitativer Studien geschieht.

Abschließend wird die Integration bestehender und neuer Determinanten durch den Bezugsrahmen diskutiert und die Güte des Bezugsrahmens bewertet.

Im Hauptkapitel E erfolgt eine empirische Entwicklung der Theorie der Determinanten des Wiederkaufverhaltens. Durch die Generierung von Indikatoren zur Messung der Determinanten des Wiederkaufverhaltens wird zunächst die empirische Überprüfbarkeit der Theorie sichergestellt. Auf Basis einer computergestützten Telefonbefragung mit einer für Deutschland repräsentativen Zufallsstichprobe werden dann die Wichtigkeit der Determinanten des Wiederkaufverhaltens, die Stärke der Beziehungen zwischen den Determinanten und der Einfluss von Moderatoren quantifiziert. Zur Untersuchung der Wichtigkeit der Determinanten des Wiederkaufverhaltens für die Beziehungseinstellung von Kunden wird ein Strukturmodell entwickelt, dessen Parameter mit dem Partial Least Squares-Verfahren geschätzt werden. Das Hauptkapitel E endet mit einer Reflexion der Limitationen der Theorie der Determinanten des Wiederkaufverhaltens und einem Ausblick auf ihre Weiterentwicklung.

Im Hauptkapitel F wird diskutiert, welche allgemeinen Erkenntnisse aus den Handlungsempfehlungen für die Entwicklung von Theorien und dem Beispiel einer Theorie der Determinanten des Wiederkaufverhaltens für die Marketingdisziplin gewonnen werden können, inwieweit die Handlungsempfehlungen mit Limitationen behaftet sind, und welche Maßnahmen darüber hinaus zu einer verstärkten Entwicklung marketingeigener Theorien beitragen können. Zum Abschluss wird ein Fazit gezogen.

B. Theoriebildung im Marketing: Grundlagen und Status quo

I. Theorie und Theoriebildung: Definition und Erörterung der Begriffe

1. Definition und Erörterung des Theoriebegriffs

a) Zum Begriff der Theorie

Eine Durchsicht bestehender Definitionen des Theoriebegriffs macht schnell deutlich, dass diese vielfältig und teils widersprüchlich sind (Eichhorn 1979; Merton 1967). Es lassen sich dennoch bestimmte Theoriekennzeichen benennen, die in der Literatur wiederholt besprochen werden. Für die vorliegende Arbeit wird die Definition des Theoriebegriffs von Rudner (1966, S. 10) gewählt, welche, wie nachfolgend aufgezeigt wird, viele der in der Literatur genannten Kennzeichen einer Theorie sehr treffend zusammenfasst und wie folgt lautet: „A theory is a systematically related set of statements, including some lawlike generalizations, that is empirically testable.“ Rudner nennt mit seiner Definition demnach drei Kennzeichen einer Theorie: Eine Theorie (a) ist gekennzeichnet durch *systematisch zueinander in Beziehung stehende Aussagen*, (b) enthält *gesetzmäßige Verallgemeinerungen* und (c) ist *empirisch überprüfbar*. Diese Kennzeichen werden nun nachfolgend im Einzelnen erörtert.

b) Kennzeichen einer Theorie

ba) Systematisch zueinander in Beziehung stehende Aussagen

Systematisch zueinander in Beziehung stehende Aussagen sind wahrscheinlich das am häufigsten in der Literatur genannte Kennzeichen einer Theorie (Dubin 1978; Hunt 2002; Kaplan 1964; Zaltman, Pinson und Angelmar 1973). Weick (1989, S. 517) bezeichnet eine Theorie als „ordered set of assertions“, Eichhorn (1979, S. 80) spricht von einem „System von Aussagen“ und sieht die „[...] Widerspruchsfreiheit eines Annahmensystems bzw. einer Theorie [als] conditio sine qua non in jeder Wissenschaft“ (S. 83). Ulrich und Hill (1979, S. 176) verstehen unter einer Theorie „[…] ein System von deduktiv kombinierbaren, untereinander konsistenten und verifizierten Hypothesen.“ Ebenso Merton (1967, S. 39), der Theorien als „[…] logically interconnected sets of propositions“ bezeichnet. Auch Marketingwissenschaftler betrachten systematisch zueinander in Beziehung stehende Aussagen als elementaren Bestandteil einer Theorie (Sheth, Gardner und Garrett 1988). Alderson (1957, S. 5) kennzeichnet eine Theorie beispielsweise als „[...] a set of propositions which are consistent among themselves.“

Eine Theorie liegt demnach dann vor, wenn ihre Aussagen ein hohes Maß an Kohärenz aufweisen, was wiederum dann der Fall ist, wenn alle Konzepte einer Aussage klar definiert und voneinander abgegrenzt sind, und die Beziehungen zwischen den Konzepten und Aussagen konsistent und vollständig erfasst sind. Im Extremfall ist eine Theorie vollständig formalisiert (Teas und Palan 1997). Eine vollständig formalisierte Theorie beinhaltet ein formales Sprachsystem, das axiomatisiert wurde, und entsprechende Interpretationsregeln, d.h. es liegt eine komplette, rigorose Ausformulierung der syntaktischen und semantischen Struktur einer Theorie vor. Um das Kennzeichen „systematisch zueinander in Beziehung stehender Aussagen“ zu erfüllen, genügt es jedoch, wenn ein Aussagensystem zumindest für eine vollständige Formalisierung zugänglich ist (Hunt 2002). Darüber hinaus ist mit dem Kennzeichen „systematisch zueinander in Beziehung stehender Aussagen“ gemeint, dass einzelne Aussagen nicht isoliert eingesetzt werden sollten, um ein Phänomen zu erklären oder vorherzusagen, sondern aufgezeigt werden sollte, wie eine Aussage in das gesamte wissenschaftliche Wissen zu einem Phänomen integriert werden kann (Hunt 2002).

bb) Gesetzmäßige Verallgemeinerungen

Als zweites Kennzeichen einer Theorie nennt Rudner (1966) gesetzmäßige Verallgemeinerungen. Eine gesetzmäßige Verallgemeinerung weist die Form eines allgemeinen Konditionalsatzes („Falls X auftritt, dann wird Y auftreten“) auf, der (a) empirischen Inhalt hat, (b) nomologische Notwendigkeit besitzt und (c) systematisch in den Bestand wissenschaftlichen Wissens integriert ist (Hunt 2002; Schanz 1975). Empirischer Inhalt bedeutet, dass die Konzepte einer gesetzmäßigen Verallgemeinerung in der Realität beobachtbar sein müssen, wodurch rein analytische Begriffe und tautologische Aussagen ausgeschlossen werden. Durch das Erfordernis der nomologischen Notwendigkeit wird festgelegt, dass der Zusammenhang zwischen zwei Phänomenen zwingend sein muss und nicht nur zufällig auftreten darf. Schließlich beinhaltet die systematische Integration in den Bestand wissenschaftlichen Wissens, dass für einen Zusammenhang stets auch eine Erklärung vorliegen muss, d.h. eine Antwort auf die Frage nach dem *Warum*. Neben Rudner (1966) verweisen viele andere Autoren auf gesetzmäßige Verallgemeinerungen als Kennzeichen einer Theorie: Eichhorn (1979, S.

86) schreibt, dass „[…] zumindest einer der Sätze einer empirischen Theorie eine raumzeitlich invariante nomologische Hypothese, d.h. ein ‚Gesetz'" sein sollte. Popper (2005, S. 36) stellt fest, „[…] wissenschaftliche Theorien sind allgemeine Sätze", Kaplan (1964, S. 297) kennzeichnet Theorien als ein „system of laws" und auch Schanz (1975, S. 42) spricht von einem „System von Gesetzmäßigkeiten." Blalock (1969, S. 2) konstatiert, dass eine Theorie „lawlike propositions" beinhaltet.

Gesetzmäßige Verallgemeinerungen sind von sogenannten empirischen Verallgemeinerungen zu unterscheiden. Empirische Verallgemeinerungen werden von Bass (1995, S. G6) definiert als „[…] pattern of regularity that repeats over different circumstances and that can be described simply by mathematical, graphic, or symbolic methods." Eine empirische Verallgemeinerung ist demnach die empirische Beobachtung eines Zusammenhangs, der sich in einer Reihe von Datensätzen wiederholt bestätigt hat, ohne dass dafür eine theoretische Erklärung bzw. Begründung vorliegt (Bartels 1951; Baumol 1957). Eine empirische Verallgemeinerung reicht als Kennzeichen einer Theorie nicht aus, da es ihr an dem oben genannten Kriterium der systematischen Integration in den Bestand wissenschaftlichen Wissens mangelt (Hunt 2002). Eine empirische Verallgemeinerung wird also erst dann zu einer gesetzmäßigen Verallgemeinerung, wenn verdeutlicht werden kann, dass sie sich kohärent in das bestehende Wissen einer Disziplin einfügt.

bc) Empirische Überprüfbarkeit

Das dritte Kennzeichen einer Theorie besagt, dass eine Theorie empirisch überprüfbar ist. Rudner (1966) stellt heraus, dass empirische Überprüfbarkeit wichtig ist, da nur so (1) unterschiedliche Wissenschaftler den Wahrheitsgehalt einer Theorie intersubjektiv feststellen können, (2) eine Theorie ihren Zweck der Erklärung und Vorhersage von Phänomenen erfüllen kann und (3) eine Theorie von rein analytischen Schemata unterschieden werden kann. Auch Eichhorn (1979) betont die Bedeutung des Realitätsbezugs von Theorien. Sheth, Gardner und Garrett (1988) sprechen von der Semantik einer Theorie und unterscheiden zwischen den beiden Kennzeichen der Überprüfbarkeit und der bestehenden empirischen Unterstützung für eine Theorie (vgl. hierzu auch Zaltman, Pinson und Angelmar 1973). Weit verbreitet ist in diesem Zusammenhang das Kriterium der Falsifizierbarkeit, d.h. dass aus einer Theorie abgeleitete Hypothesen empirisch widerlegt werden können (Bacharach 1989; Schanz 1975;

Zaltman, Lemasters und Heffring 1982). Das Kennzeichen der empirischen Überprüfbarkeit beinhaltet nicht, dass jeder einzelne Begriff einer Theorie direkt empirisch beobachtbar sein muss. Eine Theorie sollte es nur grundsätzlich ermöglichen, Aussagen zu generieren, deren Begriffe einen empirischen Bezug haben, sodass sie mit Beobachtungsdaten konfrontiert werden können (Hunt 2002).

c) Allgemeinheitsgrad, Überprüfbarkeit und Nützlichkeit

Theorien unterscheiden sich in ihrem Allgemeinheitsgrad, d.h. sie bewegen sich mit ihrem jeweiligen Gültigkeitsbereich auf einem Kontinuum zwischen allgemein und spezifisch (Dubin 1978; Popper 2005; Whetten 1989). Eine Theorie, die Gültigkeit für das Verhalten aller Marktteilnehmer hat, ist beispielsweise allgemeiner als eine Theorie, die sich nur auf Konsumenten bezieht. Seinen Ausdruck findet der Allgemeinheitsgrad einer Theorie in ihren gesetzmäßigen Verallgemeinerungen, welche sich auf Objektklassen unterschiedlicher Reichweite beziehen können. Eine Aussage muss ein gewisses Maß an Allgemeinheit aufweisen, um überhaupt als gesetzmäßige Verallgemeinerung zu gelten, wobei ein Mindestmaß nicht festgelegt ist (Hunt 1983; 2002). Weick (1989) schlägt daher vor, den gesamten Theoriebegriff nicht als Entweder-Oder-Kategorie, sondern vielmehr als kontinuierliches Merkmal zu verstehen, d.h. je allgemeiner bestimmte Aussagen sind, desto eher verdienen sie es, als Theorie bezeichnet zu werden.

In den empirischen Sozialwissenschaften geht es meist um ein optimales statt maximales Ausmaß des Allgemeinheitsgrades einer Theorie (Dubin 1978). In den Sozialwissenschaften ist beim jetzigen Stand ihrer Erkenntnisse im Gegensatz zu den Naturwissenschaften ungewiss, ob sie überhaupt ein vergleichbares Niveau an Verallgemeinerbarkeit erreichen können: Soziale Phänomene erscheinen oftmals komplexer und kontextbezogener als naturwissenschaftliche (Lincoln und Guba 1985; Raffée und Abel 1979). Des Weiteren ist ein maximaler Allgemeinheitsgrad einer Theorie aufgrund eines negativen Zusammenhangs mit ihrer empirischen Überprüfbarkeit nicht erstrebenswert (Bartels 1970; Baumol 1957; Sheth, Gardner und Garrett 1988): Eine Steigerung der Verallgemeinerbarkeit einer Theorie und somit auch ihres Abstraktionsgrades bedeutet oftmals einen Verlust an Präzision in ihren Aussagen und Konzepten, da der Bezug zur konkreten, unmittelbar erfahrbaren Realität verloren geht (Osigweh 1989). Hypothesen werden daher mit einer bestimmten statistischen Wahrscheinlichkeit angenommen oder abgelehnt, da sie im Einzelfall wegen unbekannter Störgrößen nicht zutreffen können (Ulrich und Hill 1979; Witte 1981). Solche Störgrößen können zwar post hoc als zusätzliche Einflussgrößen in Form von Bedingungen in eine Hypothese aufgenommen werden, was zu einer Präzisierung der Hypothese führt, aber gleichzeitig deren Allgemeinheit verringert.

Eine ambivalente Beziehung besteht zudem zwischen dem Allgemeinheitsgrad einer Theorie und ihrer Nützlichkeit (Bacharach 1989; Bartels 1970; Baumol 1957; Sheth, Gardner und Garrett 1988). Während allgemeine Theorien für Wissenschaftler abgesehen von den Schwierigkeiten ihrer empirischen Überprüfung durchaus attraktiv sind, da sie auf eine größere Anzahl an Phänomenen anwendbar sind, stellt sich dieser Zusammenhang für nicht-wissenschaftliche Anwender meist anders dar. Jede Disziplin hat bestimmte externe Anspruchsgruppen, welche Interesse an ihren Theorien haben (Shugan 2003). Im Fall der Marketingdisziplin sind dies zum Beispiel Manager, Konsumenten oder Politiker. Für diese Personengruppen ist eine Theorie nützlich, wenn sie ihnen hilft, ein ganz spezifisches Problem zu lösen oder einen bestimmten Sachverhalt besser zu verstehen. Da die relevanten Probleme und Sachverhalte sehr unterschiedlich sein können, sind sehr allgemeine Theorien für diese Gruppen eher unattraktiv, weil es ihnen meist an der möglichst genauen Erfassung der jeweiligen Situation mangelt. Eine Möglichkeit dieser Herausforderung zu begegnen, besteht darin, die jeweiligen Besonderheiten als Randbedingungen einer Theorie zu berücksichtigen, was jedoch ihre Verallgemeinerbarkeit reduziert.

Besondere Schwierigkeiten können auftreten, wenn sehr allgemeine Theorien aus anderen Disziplinen ausgeliehen werden, um sie auf die Phänomene der eigenen Disziplin anzuwenden. Das Ausleihen einer sehr allgemeinen disziplinfremden Theorie bedeutet, dass eventuell unpassende Bedeutungen importiert werden oder dass die ursprünglichen Konzepte durch eine zu starke Ausweitung sinnentleert werden (Osigweh 1989). Unpassende oder sinnentleerte Konzepte lassen sich weder empirisch messen, noch sind sie nützlich für die Anspruchsgruppen der eigenen Disziplin. Vor diesem Hintergrund erklärt sich die Bedeutung von sogenannten Theorien mittlerer Reichweite, die ein ausgewogenes Maß an Allgemeinheit und Überprüfbarkeit bzw. Anwendbarkeit anstreben (Bourgeois 1979; Merton 1967). Derartige Theorien ermöglichen es, ein spezifisches Phänomen möglichst genau zu erklären, gleichzeitig erreichen sie eine gewisse Verallgemeinerbarkeit. Marketingeigene Theorien lassen sich im Vergleich zu allgemeinen sozialwissenschaftlichen Verhaltenstheorien (wie z.B.

der Austauschtheorie) einem solch mittleren Allgemeinheitsgrad zuordnen. Bei der Nutzung sehr allgemeiner disziplinfremder Theorien ist daher stets abzuwägen, ob der Vorteil eines höheren Allgemeinheitsgrades mögliche Nachteile bei der empirischen Überprüfbarkeit und Nützlichkeit aufwiegt und alle Bedeutungsinhalte der allgemeinen Theorie auf die Sachverhalte der eigenen Disziplin zutreffen.

2. Definition und Erörterung des Theoriebildungsbegriffs

a) Zum Begriff der Theoriebildung

In der vorliegenden Arbeit wird Theoriebildung wie folgt definiert (Gioia und Pitre 1990, S. 587): „Theory building refers to the process or cycle by which [theories] are generated, tested, and refined." Die Entwicklung einer Theorie lässt sich demnach als ein Prozess verstehen, bei dem bestimmte Schritte in einer bestimmten Abfolge durchlaufen werden. Dieser Prozess kann wie ein Kreislauf iterative Rückbezüge beinhalten, d.h. dieselben Schritte werden möglicherweise mehrmals durchlaufen bis eine neue oder bessere Theorie vorliegt. Die Entwicklung einer bestimmten Theorie kann sowohl das Ergebnis der Arbeit eines einzelnen Wissenschaftlers als auch der kollektiven Arbeit mehrerer Wissenschaftler eines Forschungsbereichs sein. In den meisten Fällen ist eine Vielzahl an Wissenschaftlern über einen längeren Zeitraum an der Entwicklung einer bestimmten Theorie beteiligt (Varadarajan 2003).

Die Definition von Gioia und Pitre benennt die unterschiedlichen Bereiche der Theoriebildung: Je nach Erkenntnisstand zu einer Forschungsfrage geht es entweder um die Entwicklung einer neuen Theorie („generated") oder um die Überprüfung („tested") und Weiterentwicklung („refined") einer bestehenden Theorie. Aus einer wissenschaftstheoretischen Sicht bezieht sich die Entwicklung einer neuen Theorie auf den sogenannten Entdeckungszusammenhang und die Überprüfung und Weiterentwicklung von bereits bestehenden Theorien auf den sogenannten Begründungszusammenhang (Abel 1979; Hunt 2002). Für Theoriebildung im Begründungszusammenhang muss also bereits eine Theorie vorliegen, die weiterentwickelt bzw. überprüft werden kann. Wenn keine Theorie zur Erklärung eines Phänomens vorliegt bzw. mögliche Kandidaten als nicht geeignet erscheinen, kommt ausschließlich eine Theoriebildung im Entdeckungszusammenhang in Frage. Die begriffliche Unterscheidung zwischen Entdeckungs- und Begründungszusammenhang hat ihren Ursprung in der wissenschaftstheoretischen Überlegung, dass es für die Entdeckung von Theorien keine logisch oder empirisch richtige, sondern nur eine zweckmäßige Vorgehensweise gibt. Bei der Begründung einer Theorie gilt hingegen das Wahrheitskriterium, d.h. entweder ist eine Aussage wahr oder nicht (Popper 2005; Reichenbach 1938; Ulrich und Hill 1979). Wenngleich es demnach keine richtige Methode der Entdeckung von Theorien geben kann, bleibt dies eine unumgängliche Aufgabe für Wissenschaftler, und es kann zumindest zwischen mehr oder weniger zweckmäßigen Vorgehensweisen unterschieden werden, die es in dieser Arbeit zu identifizieren gilt[3].

Festzuhalten ist, dass Theorien sowohl im Entdeckungszusammenhang als auch im Begründungszusammenhang entwickelt werden müssen. Der beschriebene Mangel an marketingeigenen Theorien entspringt einer Vernachlässigung der Theoriebildung im Entdeckungszusammenhang, wohingegen das Ausleihen von bestehenden Theorien aus Nachbardisziplinen und Anwenden auf Marketingphänomene Theoriebildung im Begründungszusammenhang darstellt. Entsprechend geht es in dieser Arbeit darum, möglichst zweckmäßige Handlungsempfehlungen für die Theoriebildung im Entdeckungszusammenhang zu formulieren, welche dann anhand des Beispiels der Entwicklung einer neuen Theorie der Determinanten des Wiederkaufverhaltens bei Dienstleistungsunternehmen illustriert werden.

b) Theoriebildung im Entdeckungs- und Begründungszusammenhang

Abb. 1 gibt einen Überblick über allgemeine Begriffe des theoretischen Denkens im Entdeckungs- und Begründungszusammenhang. Diese Begriffe repräsentieren das notwendige Instrumentarium, um gehaltvoll über Theoriebildung sprechen und einen Beitrag zu diesem Thema leisten zu können. Obgleich es in dieser Arbeit in erster Linie um Theoriebildung im Entdeckungszusammenhang geht (d.h. die Entwicklung neuer Theorien statt der Weiterentwicklung bestehender Theorien), werden der Klarheit halber auch die Begriffe des Begründungszusammenhangs erörtert.

---

[3] Es sei erwähnt, dass sich eine Reihe von Wissenschaftstheoretikern mit der Frage beschäftigt, ob es eine optimale Methode der Entdeckung von Theorien gibt (Aliseda 2004; Gigerenzer 1991; Hanson 1971; Laudan 1980; Nickles 1985; Simon 1973). Um eine solche optimale Methode der Entdeckung aufzuspüren, werden unter anderem historische Fallbeispiele besonders erfolgreicher Wissenschaftler untersucht, Wissenschaftler bei ihrer Arbeit beobachtet und computergestützte Simulationsmodelle des Entdeckungsprozesses von Theorien entwickelt (Klahr und Simon 1999). Bisher haben diese Forschungsbemühungen jedoch noch nicht zu einer allgemein anerkannten „Logik der Entdeckung" geführt, weswegen sie hier nicht berücksichtigt werden.

Abb. 1: Begriffe des theoretischen Denkens im Entdeckungs- und Begründungszusammenhang

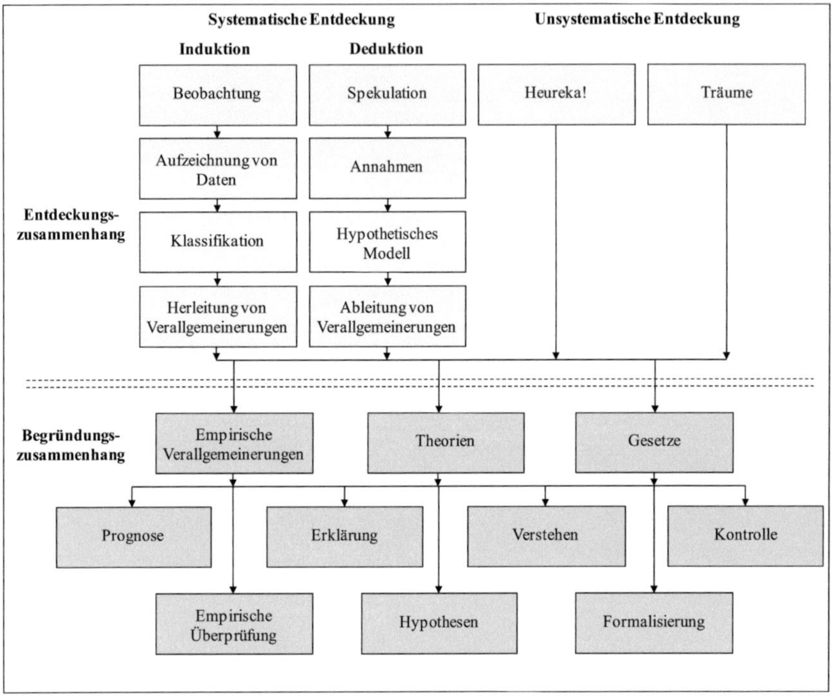

Quelle: In Anlehnung an Hunt (2002, S. 27)

Ein besonderes Augenmerk gilt den Begriffen Induktion und Deduktion, zwei formallogischen Ansätzen des schlussfolgernden Denkens (Hunt 2002). In der Literatur zur Theoriebildung im Entdeckungszusammenhang, die sich mit grundlegenden Denkstrategien zur Entwicklung von Theorien beschäftigt, ist allgemeiner Tenor, dass diese beiden Ansätze zwar wichtig, aber in ihrer Reinform nicht geeignet sind, um neue Theorien zu entwickeln, sondern vielmehr wechselseitig kombiniert werden müssen (Bourgeois 1979; Cornelissen 2006; Schanz 1975; Weick 1989; 1999; Zaltman, Lemasters und Heffring 1982). Diese Überlegung wird nachfolgend genauer erläutert, da sie ein zentrales Element der zu formulierenden Handlungsempfehlungen darstellt.

ba) Entdeckungszusammenhang

Abb. 1 zeigt, dass es zwei systematische Wege der Theoriebildung im Entdeckungszusammenhang gibt. Der erste Weg stellt die idealtypische Vorgehensweise der Induktion dar. Induktion beginnt mit der Beobachtung eines Phänomens und der Aufzeichnung von Beobachtungsdaten. Die Beobachtungsdaten werden verglichen und klassifiziert, woraus schließlich vorläufige Verallgemeinerungen hergeleitet werden[4]. Der zweite Weg im Entdeckungszusammenhang in Abb. 1 stellt die idealtypische Vorgehensweise der Deduktion dar, die im „[...] Frühstadium der theoretischen Arbeit [...] in der Regel durch weitgehend unbegründete und ungeprüfte Spekulationen gekennzeichnet" ist, d.h. dass „[...] die Beziehung zum bisherigen Wissen nicht ganz klar angegeben werden kann, und dass sich vorerst keine Prüfinstanzen abzeichnen" (Schanz 1975, S. 45). Mit dem Ziel, nach und nach unnütze Spekulationen auszuschließen, werden bei der deduktiven Vorgehensweise im nächsten Schritt einige Annahmen a priori gesetzt und erste Hypothesen und Verallgemeinerungen formuliert (Zaltman, Lemasters und Heffring 1982).

Abb. 1 deutet darüber hinaus an, dass neben diesen beiden systematischen Ansätzen Theorien auch auf gänzlich unsystematische Weise, wie durch einen plötzlichen Einfall („Heureka!") oder einen Traum entdeckt werden können. Hunt (2002, S. 27) meint sogar, dass „[...] many, if not most, major scientific discoveries are flashes of perceptual insight and are not the result of following some rigorously prescribed procedure."

Wie eingangs bereits angedeutet, sind sowohl ein rein induktiver als auch ein rein deduktiver Denkansatz bei der Theoriebildung im Entdeckungszusammenhang nicht möglich bzw. nicht sinnvoll. Eine rein induktive Vorgehensweise, d.h. eine vollkommen voraussetzungslose Beobachtung eines Phänomens, ist selbst im Entdeckungszusammenhang nicht möglich (Hunt 2002; Schanz 1975). Es muss bereits bei der Aufzeichnung von Daten festgelegt werden, was beobachtet werden soll, da unmöglich alles beobachtet werden kann. Das gleiche Problem begegnet dem Wissenschaftler, wenn er seine Beobachtungen klassifizieren möchte. Auch hier stellt sich die Frage, auf welcher Grundlage die Beobachtungen klassifi-

[4] Die Idee der Theoriebildung durch Induktion entspricht der Wissenschaftstheorie des Radikalen Empirismus (Schanz 1975). Der Radikale Empirismus geht davon aus, dass nur die durch Sinnesorgane vermittelte Erfahrung die Erkenntnis der Wirklichkeit und die Entwicklung von Theorien erlaubt. Auch Vertreter des Logischen Empirismus betonen, dass alle realwissenschaftlichen Erkenntnisse auf Beobachtungen der Realität zurückgehen. Im Gegensatz zum Radikalen Empirismus unterscheidet der Logische Empirismus aber zwischen Beobachtungssprache und theoretischer Sprache, die über Korrespondenzregeln miteinander verbunden werden (Bohnen 1972; Schanz 1975).

ziert werden sollen, da die Anzahl der Klassifikationsmöglichkeiten letztlich unbegrenzt ist. Ein Wissenschaftler benötigt also vorläufige Kategorien und a priori Hypothesen darüber, welche Dinge überhaupt in einem Zusammenhang zu dem interessierenden Phänomen stehen könnten, um eine Klassifikation von Beobachtungen vornehmen zu können. Diesen Zirkelschluss, dass gute Konzepte bereits vorliegen müssen, um gute Konzepte zu bestimmen, bezeichnen Zaltman, Lemasters und Heffring (1982, S. 80) auch als „[...] paradox of needing to develop good concepts in order to develop good theories which are needed to develop good concepts."

Aber auch eine ausschließlich deduktive Vorgehensweise ist im Entdeckungszusammenhang der Theoriebildung nicht sinnvoll (Zaltman, Lemasters und Heffring 1982). Grundsätzlich gilt, dass durch eine rein deduktive Vorgehensweise „[…] kein zusätzlicher Informationsgehalt gewonnen werden kann", da es sich um nichts weiter als eine logische Schlussfolgerung, auf der Basis bereits existierender Aussagen handelt (Schanz 1975, S. 63). Durch Deduktion kann demnach nichts Neues entdeckt werden, sondern nur bestehendes Wissen auf andere Kontexte übertragen werden. Es ist zudem zu beachten, dass keine unpassenden Bedeutungen auf den neuen Kontext übertragen werden (Osigweh 1989). Ulrich und Hill (1979, S. 169) kommen daher zu dem Schluss, dass die Entwicklung von Theorien nicht ausschließlich durch Deduktion stattfinden kann, sondern vielmehr „[…] zu einem wesentlichen, häufig unterschätzten Teil eine Sache der kreativen Begriffssetzung" ist (vgl. hierzu auch Gergen 1978). Wenn diese Kreativität im Prozess der Theoriebildung durch zu frühe Deduktion unterbunden wird, dann führt dies im Ergebnis zu trivialen, unvollständigen oder widersprüchlichen Theorien, die nur ein sehr begrenztes Verständnis eines Phänomens ermöglichen (Glaser und Strauss 1967; Weick 1989). Auch Erkenntnisse aus der praktischen Erfahrung würden bei einer ausschließlich deduktiven Vorgehensweise vollkommen unberücksichtigt bleiben. Kubicek (1977) vertritt vor diesem Hintergrund sogar den Standpunkt, dass eine zu starke Betonung der Deduktion den wissenschaftlichen Fortschritt insgesamt eher behindert als fördert.

Statt sich für einen der beiden beschriebenen idealtypischen Denkansätze im Entdeckungszusammenhang von Theorien zu entscheiden, ist es zielführender und auch näher an der Wissenschaftspraxis, Theoriebildung im Entdeckungszusammenhang als ein Wechselspiel zwischen Deduktion und Induktion zu begreifen. In der Literatur liegen zahlreiche Vorschläge für eine solche Vorgehensweise vor: Wallace (1969) meint beispielsweise, dass Induktion und Deduktion unterschiedliche Stufen im Gesamtprozess der Theoriebildung darstellen. Auch

Box (1976) beschreibt den Forschungsprozess als eine begründete Iteration zwischen Theorie und Beobachtungen. Ebenso Fine (1981), der Denkprozesse als kontinuierliche und wechselseitige Bewegung darstellt, bei der es in einem ersten Schritt um heuristische, intuitive und induktive Gedanken geht, die im zweiten Schritt verstärkt, geordnet und mit alten und neuen Beobachtungen zusammengefasst werden. Kubicek (1977, S. 28) empfiehlt, Forschung als einen „[…] erfahrungsgestützte[n] Lernprozess mit theoretischen Absichten" zu begreifen, d.h. es wird ausgehend von einem heuristischen Bezugsrahmen zunächst Erfahrungswissen zur Modifikation des Bezugsrahmens gewonnen, auf dessen Basis dann erneut Erfahrungswissen gewonnen wird. Weick (1989, S. 528) schlägt vor, Theoriebildung als „[…] imagination disciplined by evolutionary processes" zu verstehen: Die Problemstellung sollte hierbei eingangs so genau wie möglich formuliert und jegliche Annahme explizit gemacht werden, um im nächsten Schritt möglichst viele unterschiedliche Ideen zur Lösung des Problems zu generieren, welche dann anhand von Auswahlkriterien selektiert werden.

bb) Begründungszusammenhang

Wie Abb. 1 zeigt, findet sich eine im Entdeckungszusammenhang entwickelte Theorie früher oder später im Begründungszusammenhang wieder. Deduktion gilt als zentraler, obgleich nicht einziger Denkansatz zur Entwicklung von Theorien im Begründungszusammenhang. Im Gegensatz zum Entdeckungszusammenhang beginnt Deduktion im Begründungszusammenhang jedoch nicht mit einer Spekulation, sondern mit einer bestehenden Theorie, aus der Hypothesen abgeleitet werden, die empirisch überprüft werden. Im Begründungszusammenhang können Theorien zudem weiter formalisiert werden, und es kann versucht werden, empirische Verallgemeinerungen und Gesetze zu etablieren. Da eine empirische Verallgemeinerung per Definition keine Erklärung für die Beobachtung eines empirischen Zusammenhangs beinhaltet, ist die Vorgehensweise bei der Etablierung empirischer Verallgemeinerungen grundsätzlich als induktiv zu bezeichnen (Bartels 1951; Baumol 1957). Dennoch geht es bei empirischen Verallgemeinerungen nicht um Theoriebildung im Entdeckungszusammenhang, weil keine neuen Konzepte gebildet werden. Von einem Gesetz wird gesprochen, wenn für eine gesetzmäßige Verallgemeinerung substantielle empirische Unterstützung vorliegt. Diese Zusammenhänge werden nachfolgend detailliert erläutert.

Im Begründungszusammenhang ist der Kritische Rationalismus die dominierende wissenschaftstheoretische Konzeption der Betriebswirtschaftslehre (Ulrich und Hill 1979). Der Kritische Rationalismus negiert die Möglichkeit einer vollständigen Induktion. Vielmehr wird von einer unvollständigen Induktion ausgegangen, nämlich der Falsifikation als Widerlegung einer Hypothese durch eine empirische Einzelbeobachtung (Popper 2005; Ulrich und Hill 1979). Vollständige Induktion wird aufgrund des logischen Induktionsproblems ausgeschlossen, d.h. der Unmöglichkeit der Begründung eines Induktionsprinzips aus Beobachtungen heraus und der Unmöglichkeit einer unvoreingenommen Beobachtung (Schanz 1975). Der Kritische Rationalismus betont damit, dass eine Aussage sich niemals bewahrheiten (verifizieren), sondern nur ablehnen (falsifizieren) lässt. Das Interesse richtet sich beim Kritischen Rationalismus daher weniger auf konkrete beobachtbare Erscheinungen als vielmehr auf die Formulierung möglichst allgemeiner Gesetze, aus denen empirisch überprüfbare Hypothesen deduktiv abgeleitet werden können (Abel 1979).

Trotz seiner herausragenden Bedeutung ist ein ausschließlich deduktiver Denkansatz im Begründungszusammenhang insbesondere für Realwissenschaften nicht sinnvoll (Homburg 2007). Eine solche Vorgehensweise würde die empirische Untersuchung einer Vielzahl relevanter Fragestellungen verhindern (Witte 1977) und den wichtigen Beitrag empirischer Ergebnisse bei der Theoriebildung im Begründungszusammenhang vernachlässigen (Kubicek 1977). Insbesondere Wissenschaftler, die sich mit empirischen Verallgemeinerungen beschäftigen, betonen im Gegensatz zum Kritischen Rationalismus, dass sich Theorien auch aus empirischen Beobachtungen heraus entwickeln können (Barwise 1995; Bass 1995; Ehrenberg 1995). Vertreter dieser Richtung stellen sich Wissenschaft als einen wechselseitigen Prozess zwischen Daten und Theorien vor, in dem ausgehend von einer empirischen Verallgemeinerung, die durch keine bestehende Theorie erklärt werden kann, eine neue Theorie entwickelt bzw. eine bestehende Theorie erweitert wird. Der große Durchbruch gelingt meist dann, wenn eine sehr allgemeine Theorie entwickelt wird, die eine große Anzahl zuvor identifizierter empirischer Verallgemeinerungen integriert, die somit zu Spezialfällen der allgemeinen Theorie werden.

Zusammenfassend lässt sich festhalten, dass Theoriebildung sowohl den Entdeckungs- als auch den Begründungszusammenhang umfasst, und dass sowohl ein deduktiver als auch ein induktiver Denkansatz in beiden Zusammenhängen von Bedeutung sind. Im Entdeckungszusammenhang der Theoriebildung ist eine rein induktive Vorgehensweise nicht möglich und eine überwiegend deduktive Vorgehensweise nicht sinnvoll. Vielmehr ist ein Zusammenspiel von deduktiver und induktiver Vorgehensweise im Entdeckungszusammenhang angebracht und soll auch in dieser Arbeit zur Anwendung kommen. Im Begründungszusammenhang liegt bereits eine Theorie vor, die überprüft wird, indem Hypothesen aus ihr abgeleitet und mit empirischen Beobachtungen abgeglichen werden, oder die beispielsweise durch die Etablierung empirischer Verallgemeinerungen erweitert wird.

II. Prämissen der Theoriebildung

1. Definition und Bedeutung von Prämissen

Prämissen sind Annahmen, die, ob implizit oder explizit, stets in das Verständnis und die Entwicklung einer Theorie eingehen, jedoch im Rahmen einer spezifischen Theorie nicht begründet werden. Ein Wissenschaftler kann demnach nicht entscheiden, *ob* er bei der Theoriebildung Prämissen zu Grunde legt, sondern nur *welche* (Hirschman 1986). Bacharach (1989, S. 498) spricht hier auch von den „implicit values" eines Wissenschaftlers. Bestimmte Prämissen werden stets von mehreren, aber nicht zwingend von allen Wissenschaftlern einer Disziplin geteilt (Arndt 1985; Hunt 2003).

Für die vorliegende Arbeit sind Prämissen aus zwei Gründen von Bedeutung: Zum Ersten haben Prämissen einen wesentlichen Einfluss auf das Ergebnis und die Art der Theoriebildung, da es beispielsweise von der wissenschaftstheoretischen Grundkonzeption eines Wissenschaftlers abhängt, welches Ziel bei der Theoriebildung primär verfolgt wird und welche wissenschaftlichen Methoden als angemessen gelten. Für die reflektierte Entwicklung einer Theorie ist ein Verständnis dieser Prämissen daher unbedingt erforderlich. Zum Zweiten liegen mögliche Ursachen für den Mangel an selbstentwickelten Theorien im Marketing in den Prämissen, welche die Mehrheit der Marketingwissenschaftler bei der Entwicklung von Theorien zu Grunde legen. Dieser Zusammenhang wird in Abschnitt III. dieses Hauptkapitels erörtert. Als wesentliche Prämissen der Theoriebildung werden nachfolgend das Selbstverständnis einer Disziplin, wissenschaftstheoretische Grundkonzeptionen und Forschungsprogramme erörtert.

2. Selbstverständnis einer Disziplin

Bevor aufgezeigt wird, dass sich wissenschaftliche Disziplinen systematisch in ihrem Selbstverständnis unterscheiden, wird erläutert, welche Kennzeichen eine Disziplin aufweisen muss, um als Wissenschaft zu gelten. Für diese Arbeit soll die Definition von Hunt (2002, S. 30) gelten, da sie die in der Literatur diskutierten und wie folgt lautenden Kennzeichen von Wissenschaft sehr treffend zusammenfasst[5]: „[…] (1) a distinct subject matter, (2) the description and classification of the subject matter, (3) the presumption of underlying uniformities and regularities in the subject matter, and (4) the adoption of the method of science for studying the subject matter."

Hunt (2002) verweist mit den ersten beiden Punkten seiner Definition darauf, dass jede Disziplin einen spezifischen, klar beschriebenen und klassifizierten Gegenstandsbereich aufweisen muss, um als Wissenschaft zu gelten. Der dritte Punkt in Hunts Definition—die Annahme, dass es im Gegenstandsbereich einer Disziplin zu entdeckende Regelmäßigkeiten gibt—beinhaltet, dass ein Phänomen weitestgehend unabhängig von seinem Kontext verstanden und erklärt werden kann. Der vierte Punkt, dass Wissenschaft bestimmte Methoden einsetzt, um zu Erkenntnissen zu gelangen, wird von Hunt (2002, S. 23) an anderer Stelle konkretisiert als „[...] the rules and procedures on which a science bases its acceptance or rejection of its body of knowledge." Wissenschaftliche Methoden in Form von Regeln und Verfahrensweisen legen somit fest, welche Aussage als begründet und somit als Erkenntnis gelten kann.

Hunt (2002) stellt mit seiner Definition heraus, dass jede Disziplin einen spezifischen Gegenstandsbereich benötigt, um als eigenständige Wissenschaft zu gelten. Eine grobe den spezifischen Gegenstandsbereichen einzelner Disziplinen übergeordnete Abgrenzung kann zwischen den allgemeinen Gegenstandsbereichen von Formal- und Realwissenschaften vorgenommen werden (Schanz 1975). *Formalwissenschaften*, wie die Philosophie, Logik und Mathematik, sind mit der „Konstruktion von Sprachen" beschäftigt, d.h. „[…] Zeichensystemen mit Regeln zur Verwendung dieser Zeichen" (Ulrich und Hill 1979, S. 163). *Realwissenschaften*, wie die Natur- und Sozialwissenschaften, sind hingegen mit der „[…] Beschreibung, Erklärung und Gestaltung empirisch (sinnlich) wahrnehmbarer Wirklichkeitsausschnitte" be-

[5] Für eine umfassende Diskussion des Wissenschaftsbegriffs vgl. z.B. Poser (2001).

fasst (ebd.). Innerhalb der Realwissenschaften wird weiter unterschieden zwischen den Gegenstandsbereichen von *Grundlagenwissenschaften* und *Handlungswissenschaften.*

Je nach Standort einer Disziplin in dieser Systematik gelten andere Prämissen für die Entwicklung von Theorien (Schanz 1975; Ulrich und Hill 1979). Zwischen Formalwissenschaften und Realwissenschaften bestehen Unterschiede hinsichtlich der als angemessen erachteten wissenschaftlichen Methode: Während die Erkenntnisse von Formalwissenschaften rein logischen Kriterien genügen müssen, müssen sich Realwissenschaften vor allem an der empirischen Wirklichkeit messen lassen. Zwischen Grundlagenwissenschaften und Handlungswissenschaften bestehen Unterschiede hinsichtlich der Frage, inwieweit es überhaupt als erstrebenswert gilt, Theorien zu entwickeln: Während Grundlagenwissenschaften primär das theoretische Ziel der Erklärung von Wirklichkeitsausschnitten verfolgen, steht bei Handlungswissenschaften das praktische Ziel der Analyse von Handlungsalternativen zur Gestaltung technischer und sozialer Systeme im Zentrum des Interesses.

3. Wissenschaftstheoretische Grundkonzeptionen

Das zentrale Anliegen der Wissenschaftstheorie als einer Metatheorie aller Wissenschaften ist die Beantwortung der Frage, was die „[...] Bedingungen der Möglichkeit wissenschaftlicher Erkenntnis“ sind (Poser 2001, S. 16). Die Wissenschaftstheorie ist damit eine spezielle Form der Erkenntnistheorie, die voraussetzt, dass Erkenntnis in gewisser Form möglich ist. Die verschiedenen Antworten auf die Frage nach den Bedingungen der Möglichkeit wissenschaftlicher Erkenntnis werden in wissenschaftstheoretischen Grundkonzeptionen gebündelt.

Unter dem Begriff der wissenschaftstheoretischen Grundkonzeption wird hier ein System von ontologischen, axiologischen, epistemologischen und methodologischen Annahmen verstanden, das zur Abgrenzung zwischen wissenschaftlichen und nicht-wissenschaftlichen Aussagen und als Heuristik für wissenschaftliches Problemlösungsverhalten dient (Raffée und Abel 1979). In der Wissenschaftstheorie liegen zu einem bestimmten Zeitpunkt oft unterschiedliche, sich zum Teil diametral widersprechende wissenschaftstheoretische Grundkonzeptionen vor. Die Ursache hierfür liegt darin, dass wissenschaftstheoretische Grundkonzeptionen stets Ausdruck einer bestimmten, kontextuell bedingten Perspektive sind, oder wie Arndt (1983, S. 45) es formuliert, „[...] social constructions—world views—being the outcome of historical and political processes.“

Die Bedeutung wissenschaftstheoretischer Grundkonzeptionen für die Theoriebildung besteht darin, dass sie grundlegende Empfehlungen beinhalten, welche Ziele eine Wissenschaft verfolgen sollte, und welche Methoden dabei als wissenschaftlich gelten. Legt sich ein Wissenschaftler hier fest, dann muss er diese Fragen bei der alltäglichen Forschungsarbeit nicht mehr beantworten. Wissenschaftstheoretische Grundkonzeptionen bewirken somit eine Komplexitätsreduktion und machen wissenschaftliches Handeln überhaupt erst möglich. Gleichzeitig liegt hierin auch das Problem wissenschaftstheoretischer Grundkonzeptionen, denn sie ermöglichen zwar wissenschaftliches Handeln, werden dabei aber selbst oft genug nicht hinterfragt (Lincoln und Guba 1985; Patton 1978). Vielmehr scheinen viele Wissenschaftler die Annahmen ihrer spezifischen wissenschaftstheoretischen Grundkonzeption als gegeben zu erachten (Arndt 1983; Zinkhan und Hirschheim 1992).

In den Sozialwissenschaften lassen sich zwei wissenschaftstheoretische Grundkonzeptionen idealtypisch unterscheiden: Die positivistisch-empiristische und die relativistisch-konstruktivistische Grundkonzeption. Tab. 1 fasst die Unterschiede der beiden Grundkonzeptionen hinsichtlich ihrer ontologischen, axiologischen, epistemologischen und methodologischen Annahmen zusammen.

Tab. 1: Positivistisch-empiristische und relativistisch-konstruktivistische Grundkonzeption

Grundlegende Annahmen	Positivistisch-empiristische Grundkonzeption	Relativistisch-konstruktivistische Grundkonzeption
Ontologie		
Realität	Objektiv, greifbar Eine Teilbar (in Elemente und ihre Beziehungen)	Sozial konstruiert Multiple Holistisch, kontextuell
Menschliches Verhalten	Deterministisch (bzw. probabilistisch) reaktiv	Voluntaristisch proaktiv
Axiologie		
Vorrangiges Ziel	Erklärung und Vorhersage von Phänomenen durch möglichst allgemeine Gesetze	Verstehen von Phänomenen
Werturteile	Trennung zwischen sachlichen und normativen Aussagen; Wertfreiheit bei sachlichen Aussagen	Keine Trennung zwischen sachlichen und normativen Aussagen
Epistemologie		
Generierte Erkenntnis	Nomothetisch	Idiographisch

Grundlegende Annahmen	Positivistisch-empiristische Grundkonzeption	Relativistisch-konstruktivistische Grundkonzeption
	Zeitlos	Zeitgebunden
	Kontextunabhängig	Kontextabhängig
Kausalität	Ursachen existieren	Multiple, simultane Zusammenhänge
Beziehung des Wissenschaftlers zum Untersuchungsgegenstand	Dualismus, Trennung, privilegierter Blickwinkel des Wissenschaftlers	Interaktiv, kooperativ, kein privilegierter Blickwinkel des Wissenschaftlers
Methodologie		
Vorgehensweise	Konfirmatorisch, reduktionistisch, explikativ, deduktiv	Explorativ, expansionistisch, deskriptiv, induktiv
	Partikularistisch – Analyse	Holistisch – Synthese
	Objektiv; Perspektive eines Außenstehenden; distanziert zu den Daten	Subjektiv; Perspektive eines Beteiligten; nah an den Daten
	Suche nach Ursachen sozialer Phänomene ohne Interpretation der Handelnden	Verstehen menschlichen Verhaltens aus der Perspektive der Handelnden
	Ergebnisorientiert	Prozessorientiert
Daten und Messung	Kontrollierte Messung	Unkontrollierte, naturalistische Messung
	Reliabilität ist kritisch; replizierbare Daten	Validität ist kritisch; dichte Beschreibung

Quelle: In Anlehnung an Deshpande (1983), Hirschman (1986), Hudson und Ozanne (1988), Peter und Olson (1983), Raffée und Abel (1979)

Zu beachten ist, dass die in Tab. 1 enthaltene Dichotomie zwischen der positivistisch-empiristischen und der relativistisch-konstruktivistischen Grundkonzeption eine starke Vereinfachung wissenschaftstheoretischer Debatten darstellt. In der Literatur finden sich viele weitere Begriffe für wissenschaftstheoretische Grundkonzeptionen, die jeweils einen speziellen Aspekt in den Vordergrund stellen bzw. diese beiden Grundkonzeptionen weiter ausdifferenzieren (Anderson 1986; Arndt 1983; Behrens 1993; Deshpande 1983; Franke 2000; Hirschman 1986; Hudson und Ozanne 1988; Hunt 1992; Lincoln und Guba 1985; Peter und Olson 1983; Raffée und Abel 1979; Thompson, Locander und Pollio 1989). Eine Ausdifferenzierung nimmt beispielsweise Leong (1985, S. 26) vor, der mit dem Modernen Empirismus und dem Raffinierten Methodologischen Rationalismus zwei Grundkonzeptionen diskutiert, die aus seiner Sicht „middle-of-the-road positions“ zwischen den beiden Idealtypen der positivistisch-empiristischen und der relativistisch-konstruktivistischen Grundkonzeption einnehmen. Für diese Arbeit ist die in Tab. 1 gewählte Darstellung der Unterschiede zwischen diesen beiden wissenschaftstheoretischen Grundkonzeptionen jedoch vollkommen hinreichend.

Anhand der in Tab. 1 dargestellten Unterschiede in den ontologischen, axiologischen, epistemologischen und methodologischen Annahmen der beiden wissenschaftstheoretischen Grundkonzeptionen lassen sich die Konsequenzen für die Theoriebildung demonstrieren: Zum Ersten legen Vertreter der beiden wissenschaftstheoretischen Grundkonzeptionen aufgrund ihrer Annahmen unterschiedliche Schwerpunkte in der Entwicklung von Theorien. Wissenschaftler, die einer positivistisch-empiristischen Grundkonzeption anhängen, bezeichnen Theoriebildung im Entdeckungszusammenhang oftmals als „vorwissenschaftlich" und konzentrieren sich in ihrer Arbeit auf das Ziel der Formulierung und Überprüfung von möglichst allgemeinen Gesetzen im Begründungszusammenhang (Eichhorn 1979; Ulrich und Hill 1979). Im Gegensatz hierzu legen Wissenschaftler mit einer relativistisch-konstruktivistischen Perspektive den Fokus auf das Ziel der Theoriebildung im Entdeckungszusammenhang, da sie eine allgemeingültige Begründung von Aussagen aufgrund ihrer immanenten sozialen Konstruiertheit und Kontextgebundenheit für schwierig bzw. sogar ausgeschlossen halten (Anderson 1983b; Lincoln und Guba 1985).

Darüber hinaus unterscheiden sich die Vertreter der beiden wissenschaftstheoretischen Grundkonzeptionen darin, welche Methoden sie zur Entwicklung von Theorien akzeptieren und einsetzen: Während die Vertreter der positivistisch-empiristischen Grundkonzeption ein Phänomen üblicherweise analytisch in seine Bestandteile und Beziehungen zwischen diesen zerlegen und dann unter der Ceteris-paribus-Annahme nur einen Ausschnitt betrachten, sind Vertreter der relativistisch-konstruktivistischen Grundkonzeption überzeugt, dass ein Phänomen nur möglichst ganzheitlich verstanden und untersucht werden kann. Des Weiteren setzen Verfechter der positivistisch-empiristischen Grundkonzeption primär Methoden ein, bei denen es auf eine möglichst reliable und kontrollierte Messung ankommt, wohingegen bei der relativistisch-konstruktivistischen Grundkonzeption der Schwerpunkt auf Methoden liegt, die eine möglichst valide und naturalistische Messung ermöglichen.

4. Forschungsprogramme

Ein Forschungsprogramm kann definiert werden als eine Reihe von Theorien, „[...] die sich durch gemeinsame grundlegende materielle Ideen kennzeichnen lassen, die in verschiedenen

Theorien wirksam sind, das Scheitern einzelner Theorien durchaus überdauern können und darüber hinaus die Entdeckung neuer Theorien und Modelle anzuregen in der Lage sind" (Abel 1979, S. 139). Das Merkmal gemeinsamer materieller Ideen verweist darauf, dass alle Theorien in einem Forschungsprogramm grundlegende inhaltliche Annahmen teilen, die sie von Theorien anderer Forschungsprogramme unterscheiden (Franke 2000). Diese inhaltlichen Annahmen gelten zunächst unabhängig von der Bewährung oder Ablehnung einzelner Theorien bzw. Arbeitshypothesen in dem jeweiligen Forschungsprogramm (Lakatos 1978; Leong 1985). Jede wissenschaftliche Disziplin weist für gewöhnlich mehrere Forschungsprogramme auf, die mehr oder weniger detailliert klassifiziert werden können. Meffert (2000) unterscheidet beispielsweise zwischen insgesamt zehn unterschiedlichen Forschungsprogrammen im Marketing und führt dabei unter anderem das institutionenorientierte, verhaltenswissenschaftliche und informationsökonomische Forschungsprogramm auf.

Ein Wissenschaftler kann sich mit seiner Arbeit mehr oder weniger in einem Forschungsprogramm verorten. Die Verortung in einem Forschungsprogramm hat sowohl positive als auch negative Konsequenzen für die Entwicklung einer Theorie. Positiv ist, dass die Verortung in einem bestehenden Forschungsprogramm zu mehr Kohärenz in der Theoriebildung führen kann, da Gemeinsamkeiten zwischen unterschiedlichen Theorien aufgezeigt werden. Wie in der obigen Definition bereits angedeutet, hat die Verortung in einem Forschungsprogramm zudem eine kreative Funktion bei der Entwicklung von Theorien (Abel 1979; Arndt 1983). Ein mögliches Problem der Verortung in einem Forschungsprogramm ist, dass nicht alle Annahmen des gewählten Forschungsprogramms zum interessierenden Phänomen passen bzw. sogar im Widerspruch zum Phänomen stehen. Für die Entwicklung einer Theorie im Entdeckungszusammenhang bedeutet die Verortung in einem bestimmten Forschungsprogramm zudem stets eine inhaltliche Beschränkung, da Forschungsprogramme aufgrund ihrer spezifischen inhaltlichen Annahmen oftmals in sich geschlossen und ihre Aussagen nicht über das jeweilige Forschungsprogramm hinaus verallgemeinerbar sind (Anderson 1983b; 1986; Bartels 1970). Diese inhaltliche Geschlossenheit erweist sich als äußerst problematisch, wenn Beiträge aus unterschiedlichen Forschungsprogrammen zur interessierenden Forschungsfrage vorliegen, die sich dann nur schwierig bzw. gar nicht zu einem ganzheitlichen und kohärenten Ansatz integrieren lassen.

III. Theoriebildung im Marketing

1. Bedeutung von Theorien im Marketing

Theorien nehmen im Marketing wie in anderen wissenschaftlichen Disziplinen eine zentrale Stellung ein. Marketingwissenschaftler nutzen Theorien, um die sie interessierenden Phänomene zu verstehen oder zu erklären. Theorien werden herangezogen, um Hypothesen zu generieren, die in einem Marketingkontext überprüft werden. Die führenden Zeitschriften der Marketingdisziplin legen großen Wert darauf, dass empirische Ergebnisse nicht nur wiedergegeben, sondern mit Hilfe von Theorien begründet werden und dass Anknüpfungspunkte zur Weiterentwicklung von Theorien aufgezeigt werden (Rust 2006; Stewart und Zinkhan 2006). Es besteht also Einigkeit hinsichtlich der grundsätzlichen Bedeutung von Theorien für das Marketing.

Der Status quo im Marketing ist durch einen Mangel an eigenen Theorien gekennzeichnet (Peter und Olson 1983; Sheth, Gardner und Garrett 1988; Summers 2001). Mit der daraus resultierenden Forderung nach mehr eigenen Theorien im Marketing ist nicht verbunden, dass gänzlich auf die Nutzung von Theorien aus Nachbardisziplinen verzichtet werden sollte. Vielmehr gilt es zunächst nur als Priorität festzuhalten, dass Marketingwissenschaftler in erster Linie Theorien für die spezifischen Problemstellungen ihrer eigenen Disziplin entwickeln sollten und keinen Beitrag zu anderen Disziplinen leisten müssen. Wenn hierbei allgemeine Theorien oder Erkenntnisse aus anderen Disziplinen nützlich sind, dann sollten diese auch weiterhin berücksichtigt werden, wenngleich sie sich dem Ziel der Entwicklung marketingeigener Theorie unterordnen müssen. Mit diesem Ziel im Blick können die Entwicklung eigener Theorien und das Ausleihen von Theorien aus Nachbardisziplinen als eine Auswahlentscheidung zwischen unterschiedlichen Strategien der Theoriebildung begriffen werden, bei der es darauf ankommt, die jeweiligen Vorteile und Nachteile abzuwägen.

Den Vorteilen der Zeitersparnis und Anschlussfähigkeit an andere Disziplinen, die mit dem Ausleihen von Theorien unzweifelhaft verbunden sind, stehen die in der Problemstellung erörterten Nachteile gegenüber, die sich wie folgt zusammenfassen lassen: (1) Eine disziplinfremde Theorie wird unabhängig von ihrer Güte kaum alle zur Erklärung eines bestimmten Marketingphänomens erforderlichen Konzepte beinhalten. Es ist daher bei der Anwendung einer disziplinfremden Theorie sorgfältig zu prüfen, ob wichtige Konzepte fehlen. (2) Wenn mehrere Theorien zur Erklärung ein und desselben Marketingphänomens herangezogen werden, dann muss untersucht werden, in welchem Verhältnis die unterschiedlichen Konzepte zueinander stehen und sichergestellt werden, dass es nicht zu Widersprüchen oder Redundanzen kommt. Bei Theorien aus unterschiedlichen Disziplinen oder Forschungsprogrammen ist dies oft schwer zu erreichen, da sich diese per Definition in grundlegenden inhaltlichen Annahmen unterscheiden. (3) Es muss gewährleistet sein, dass alle ausgeliehenen Konzepte zum interessierenden Phänomen passen und die ursprünglichen Konzepte nicht durch eine zu starke Ausweitung sinnentleert werden. Unpassende oder sinnentleerte Konzepte lassen sich weder empirisch messen, noch sind sie nützlich für die Anspruchsgruppen der eigenen Disziplin. (4) Im Endeffekt steht ein massives Ausleihen von Theorien aus Nachbardisziplinen der Reife und Wettbewerbsfähigkeit des Marketings im Wege. Das Resultat der ersten drei Nachteile sind fragmentarische Forschungsbereiche im Marketing, deren Erkenntnisse sich nur schlecht vermitteln, bewahren oder anwenden lassen. Die Marketingdisziplin sollte daher grundsätzlich für sich prüfen, inwieweit das Ausleihen von Theorien ihren ureigensten Interessen langfristig dienlich ist.

Zusammenfassend ist festzuhalten, dass im Marketing Einigkeit dahingehend besteht, dass Theorien wichtig sind, dass aber kaum eigene Theorien entwickelt werden, woraus sich wesentliche negative Konsequenzen für die Disziplin ergeben. Marketingwissenschaftler sollten daher zukünftig mehr eigene Theorien entwickeln. Ein vollkommener Verzicht auf die Nutzung von Theorien aus anderen Disziplinen ist damit nicht verbunden, nur müssen sich diese der Zielpriorität der Entwicklung eigener Theorien unterordnen.

2. Prämissen der Theoriebildung im Marketing

a) Selbstverständnis des Marketings

Eine mögliche Ursache für den Mangel an eigenen Theorien im Marketing liegt in den spezifischen Prämissen, die Marketingwissenschaftler bei der Entwicklung von Theorien mehrheitlich zu Grunde legen. Diese Prämissen werden daher nachfolgend detailliert erörtert.

Als Erstes stellt sich die Frage, inwieweit sich das Marketing selbst als eine Wissenschaft sieht. Über diese Frage wurde in der Marketingdisziplin lange Zeit heftig diskutiert, wobei mit Blick auf die oben erörterte Definition einer Wissenschaft weitgehende Einigkeit zumindest dahingehend besteht, dass das Marketing einen spezifischen, klar beschriebenen und klassifizierten Gegenstandsbereich aufweist (vgl. z.B. AMA 2007; Hunt 1976) und von seinen Vertretern wissenschaftliche Methoden eingesetzt werden, um zu Erkenntnissen zu gelangen (Alderson und Cox 1948; Anderson 1983b; Bartels 1951; Baumol 1957; Buzzell 1963; Converse 1945; Hutchinson 1952; Taylor 1965).

Ein oft wiederholtes Argument *gegen* ein Verständnis des Marketings als Wissenschaft resultiert jedoch aus der Einschätzung, dass das Marketing bzw. die gesamte Sozialwissenschaft noch keine verallgemeinerbaren Aussagen hervorgebracht haben (Eichhorn 1979; Sheth, Gardner und Garrett 1988). Die Relevanz dieser Einschätzung hängt davon ab, in welchem Ausmaß Aussagen verallgemeinerbar sein müssen, damit von einer Wissenschaft gesprochen werden kann. Hunt (2002) unterscheidet vor diesem Hintergrund zwischen gesetzmäßigen Verallgemeinerungen, Gesetzen und Grundsätzen (vgl. hierzu auch Schanz 1975)[6]. Aus einem Gesetz wird ein Grundsatz, wenn die Belege für die Gültigkeit eines Gesetzes überwältigend sind und das Gesetz von zentraler Bedeutung für eine Disziplin ist. Anforderungen an eine Wissenschaft im Sinne von Gesetzen oder sogar Grundsätzen stellt beispielsweise Buzzell (1963), der demgemäß zu dem Schluss kommt, dass das Marketing (noch) keine Wissenschaft ist. Hunt (2002) bemerkt, dass Buzzell (1963) mit seiner Forderung nach Gesetzen oder sogar Grundsätzen sehr strenge und in der Marketingwissenschaft tatsächlich bisher unerfüllte Kriterien aufstellt und schlägt daher vor, dass auch das Bestreben in diese Richtung ausreichen sollte, um von einer Wissenschaft zu sprechen. Die letztgenannte Überlegung ist in der in Abschnitt II-2 dieses Hauptkapitels genannten Definition von Wissenschaft bereits enthalten: Bewusst wird von der „Annahme zu entdeckender Regelmäßigkeiten" gesprochen und nicht davon, dass diese bereits identifiziert wurden. Ulrich und Hill (1979, S. 177) regen ebenfalls an, den Anspruch an Allgemeingültigkeit zu senken und auch Aussagen mit raumzeitlich beschränkter Gültigkeit als ausreichend anzuerkennen, da sehr allgemeine Aussagen „[…] für die [Betriebswirtschaftslehre] beim gegenwärtigen Stand ein unrealistisches, zu anspruchsvolles Ziel sind" (vgl. auch Albert 1964). Witte (1981) bezeichnet es sogar als Wesenszug der Sozialwissenschaften, dass von ihnen keine deterministischen Gesetzmäßigkeiten zu erwarten sind, sondern vielmehr probabilistische Aussagen (vgl. auch Homburg 2007). Ein erster Schritt in Richtung Gesetze und Grundsätze wären demnach gesetzmäßige Verallgemeinerungen, von denen die Marketingwissenschaft bereits einige aufweisen kann (Sheth und Sisodia 1999). Gesetzmäßige Verallgemeinerungen liegen beispielsweise zum Markteintritt von Unternehmen (Kalyanaram, Robinson und Urban 1995) und zum

[6] Für eine Definition und Erörterung des Begriffs der gesetzmäßigen Verallgemeinerung vgl. B-I-1-b-bb; für den Gesetzesbegriff vgl. B-I-2-b-bb.

Entscheidungsverhalten von Konsumenten vor (Meyer und Johnson 1995). Insgesamt verdeutlicht diese Diskussion, dass sich das Marketing trotz (noch) fehlender Gesetze und Grundsätze durchaus als eine Wissenschaft bezeichnen darf. Zahlreiche Äußerungen von Vertretern der Marketingdisziplin zeigen, dass dies auch der mehrheitlichen Wahrnehmung entspricht (Hunt 2002; Rust 2006; Shugan 2003).

In einem nächsten Schritt stellt sich die Frage nach dem allgemeinen Gegenstandsbereich, dem das Marketing zuzuordnen ist: Hier kann Einigkeit dahingehend konstatiert werden, dass das Marketing den Realwissenschaften zuzurechnen ist (Hunt 2002; Peter und Olson 1983; Schanz 1975; 1979). Spannungspunkte zeigen sich jedoch in der anhaltenden Debatte darüber, ob sich das Marketing eher als Grundlagen- oder Handlungswissenschaft positionieren sollte (Bartels 1951; Behrens 2000; Halbert 1965; Hunt 1976; Müller-Hagedorn 2000)[7]. Ein Ende dieser Debatte im Marketing ist nicht abzusehen, da es sich hier um eine rein normative Entscheidung hinsichtlich der Zielprioritäten der Disziplin handelt, die sich einer endgültigen Begründung entzieht, was dieser Entscheidung jedoch nichts von ihrer großen Bedeutung für die zukünftige Entwicklung des Marketings als eigenständige Disziplin nimmt (Day 1992; Shugan 2003; Varadarajan 2006). Zusammenfassend kann festgehalten werden, dass das Marketing die Kriterien einer Wissenschaft erfüllt und sich als Realwissenschaft versteht, dass man aber uneins über die Positionierung als Grundlagen- oder Handlungswissenschaft ist.

b) Wissenschaftstheoretische Grundkonzeptionen im Marketing

In der Literatur hat sich sowohl für die nordamerikanische (Anderson 1986; Deshpande 1983; Hirschman 1986; Hudson und Ozanne 1988; Hunt 1990; Peter und Olson 1983; Zaltman, Lemasters und Heffring 1982) als auch für die deutschsprachige Marketingwissenschaft die Ansicht durchgesetzt, dass die positivistisch-empiristische Grundkonzeption die vorherrschende wissenschaftstheoretische Perspektive in der Disziplin darstellt (Behrens 2000; Homburg 2000; Kroeber-Riel und Weinberg 2003; Leischner 2004; Srnka 2007). Im Gegensatz hierzu kommt Franke (2000, S. 429) auf der Basis einer Befragung von Hochschulprofessoren, Privatdozenten und Habilitanden im Fach Marketing zu dem, wie er selbst feststellt, „erstaunli-

[7] Dieselbe Auseinandersetzung, ob eher eine theoretische oder eine angewandte Ausrichtung gewählt werden sollte, lässt sich in Deutschland auch für den Gesamtbereich der Betriebswirtschaftslehre nachzeichnen (vgl. z.B. Abel 1979; Gutenberg 1951; Kirsch 1979; Mellerowicz 1952; Rieger 1928; Schmalenbach 1911/12).

chen Ergebnis", dass im deutschsprachigen Raum eine knappe Mehrheit der Marketingwissenschaftler eine relativistisch-konstruktivistische Perspektive einnimmt. Dieses Ergebnis muss mit gebührender Vorsicht behandelt werden, da die Güte der Messung der beiden wissenschaftstheoretischen Grundkonzeptionen in der Studie von Franke (2000) nicht überzeugen kann: Kritische Gütewerte werden unterschritten bei der Skalenreliabilität der relativistisch-konstruktivistischen Grundkonzeption, bei der Indikatorreliabilität von 50 % der verwendeten Items, der durchschnittlich erfassten Varianz zur Beurteilung der Konvergenzvalidität beider wissenschaftstheoretischer Grundkonzeptionen und dem Adjusted-Goodness-of-Fit-Index zur Beurteilung der Gesamtgüte des Messmodells (Homburg und Giering 1996). Franke (2000, S. 429) fügt des Weiteren selbst hinzu, dass der verwendete Index zur Messung der wissenschaftstheoretischen Grundkonzeptionen nicht kalibriert ist, „[...] so dass unklar ist, ab welchen Werten eine eindeutig realistische bzw. konstruktivistische Orientierung vorliegt." Es soll daher an der in der Literatur gefestigten Einschätzung festgehalten werden, dass die positivistisch-empiristische Grundkonzeption die Mehrheitsposition der Marketingwissenschaftler darstellt.

c) Forschungsprogramme im Marketing

In der Marketingwissenschaft existiert eine Vielzahl unterschiedlichster Forschungsprogramme, die sich entlang der Nachbardisziplinen organisieren (Anderson 1986; Arndt 1983; Carman 1980; Sheth, Gardner und Garrett 1988). Für diese Arbeit genügt eine Betrachtung der wichtigsten Forschungsprogramme, welche sich grob in ein formalökonomisches und ein verhaltenswissenschaftliches Forschungsprogramm einteilen lassen (Franke 2000; Kirsch 1979; Raffée 1993). Vertreter des formalökonomischen Forschungsprogramms gehen bei ihren Erklärungen von klaren Annahmen wie der Rationalität der Akteure aus und leiten daraus Verhalten logisch ab. Im Gegensatz hierzu betont das verhaltenswissenschaftliche Forschungsprogramm die Bedeutung subjektiver Wahrnehmungs- und Bewertungsprozesse und hypothetischer Konstrukte zur Erklärung menschlichen Verhaltens (Rabin 1998). Zum formalökonomischen Forschungsprogramm lassen sich unter anderem die Neue Institutionenökonomie, die Klassische Mikroökonomie und die Informationsökonomie zählen (Bruhn 2001; Franke 2000). Unter Verhaltenswissenschaften werden alle Wissenschaften zusammengefasst, die sich mit dem menschlichen Verhalten befassen. Dazu gehören die Psychologie, die Soziologie, die Sozialpsychologie, die vergleichende Verhaltensforschung und die physiologische Verhaltenswissenschaft (Kroeber-Riel und Weinberg 2003).

Franke (2000) kommt auf Grundlage der oben erwähnten Befragung zu dem in diesem Fall aus methodischer Sicht unbedenklichen Ergebnis, dass sich eine Mehrheit der deutschsprachigen Marketingwissenschaftler dem verhaltenswissenschaftlichen Forschungsprogramm verschrieben hat. Diese starke verhaltenswissenschaftliche Ausrichtung hat ihren Ursprung in der nordamerikanischen Marketingforschung, die zunehmend Einfluss auf die deutsche Marketingforschung hat und ebenfalls mehrheitlich verhaltenswissenschaftliche Erklärungsansätze verfolgt (Hansen und Bode 1999; Homburg 2007). Einen Hinweis darauf, dass auch in Zukunft das verhaltenswissenschaftliche Forschungsprogramm vorherrschend sein könnte, gibt die Marketing Doctoral Student Special Interest Group (2008) der American Marketing Association (AMA), die alljährlich Absolventen US-amerikanischer Doktorandenprogramme nach ihrem Hauptforschungsgebiet befragt. Seit dem Jahr 2003, als diese Information zum ersten Mal erhoben wurde, wird die Konsumentenverhaltensforschung als wichtigster Anwendungsbereich des verhaltenswissenschaftlichen Forschungsprogramms im Marketing von der Mehrheit der angehenden Wissenschaftler als Hauptforschungsgebiet genannt.

3. Prämissen als Ursache für den Mangel an marketingeigenen Theorien

Die Ursache für den Mangel an selbstentwickelten Theorien im Marketing liegt möglicherweise in den Prämissen, welche die Mehrheit der Marketingwissenschaftler bei der Entwicklung von Theorien zu Grunde legt (Anderson 1983b; Varadarajan 2003).

Eine Vernachlässigung der Entwicklung neuer Theorien entspricht sowohl einem Selbstverständnis des Marketings als Handlungswissenschaft, wonach eigentlich gar keine Theorien entwickelt werden sollten, als auch der Logik der positivistisch-empiristischen Grundkonzeption, wonach die Entdeckung von neuen Theorien „vorwissenschaftlich" und erst die Begründung einer Aussage kennzeichnend für Wissenschaft ist (Barwise 1995; Bonoma 1985; Peter und Olson 1983; Zaltman, Lemasters und Heffring 1982). Mit der Bezeichnung des Entdeckungszusammenhangs als „vorwissenschaftlich" ist von seinen Urhebern nicht gemeint, dass es nicht auch Aufgabe eines Wissenschaftlers sei, Theorien zu entdecken. Popper (2005, S. 3) stellt beispielsweise explizit fest, dass ein Wissenschaftler die Aufgabe hat „[...] Sätze oder Systeme von Sätzen aufzustellen." Trotzdem mag die mit diesem Ausdruck zu Tage tretende Perspektive dazu beitragen, dass die Entdeckung eigener Theorien von Marketingwissenschaftlern als unwichtig oder unwissenschaftlich wahrgenommen wird, und sie stattdessen dazu veranlassen, bestehende Theorien aus Nachbardisziplinen auszuleihen (Anderson 1983b; Lincoln und Guba 1985; Schanz 1975; Zaltman, Lemasters und Heffring 1982).

Eine andere Ursache für den Mangel an selbstentwickelten Marketingtheorien ergibt sich auf der Ebene der Forschungsprogramme. Die bestehenden Forschungsprogramme im Marketing sind ein Spiegelbild der Nachbardisziplinen, aus denen überwiegend Theorien ausgeliehen werden, und sind daher kaum geeignet, die Entdeckung marketingeigener Theorien kreativ zu befördern (Abel 1979; Arndt 1983). Vielmehr behindern diese Forschungsprogramme die Entwicklung marketingeigener Theorien, da sie jede Marketingtheorie, die sich in einem dieser Forschungsprogramme verortet, zwangsläufig auf die Annahmen der entsprechenden Nachbardisziplin zurückwerfen (Lakatos 1978; Leong 1985). Da Marketingwissenschaftler in ihrer täglichen Arbeit auf grundlegende inhaltliche Kategorien und Annahmen angewiesen sind und ihnen keine adäquaten Alternativen zur Verfügung stehen, weisen diese Forschungsprogramme darüber hinaus ein erhebliches Beharrungsvermögen auf. Die Lösung dieses Dilemmas besteht in der Entfaltung eigener Forschungsprogramme, die sich nicht entlang der Nachbardisziplinen, sondern entlang der für das Marketing relevanten Fragestellungen orientieren. Dies ist jedoch als eine kollektive und äußerst langfristige Aufgabe zu begreifen, die sich nicht durch die Entwicklung einer einzelnen marketingeigenen Theorie bewältigen lässt. In einem ersten Schritt wird es daher darauf ankommen, dass sich Marketingwissenschaftler mit ihren Untersuchungen stets explizit in ein möglicherweise erst im Entstehen begriffenes marketingeigenes Forschungsprogramm verorten (Anderson 1983b; Howard und Sheth 1969; Jacoby 1978; Olson 1982; Zinkhan und Hirschheim 1992).

Zusammenfassend kann festgehalten werden, dass ein Selbstverständnis des Marketings als Handlungswissenschaft, die Dominanz der positivistisch-empiristischen Grundkonzeption und das Beharrungsvermögen bestehender Forschungsprogramme aus Nachbardisziplinen mögliche Ursachen für den Mangel an eigenen Theorien im Marketing darstellen. Diese Zusammenhänge sind jedoch keinesfalls deterministisch zu verstehen, denn weder das Ziel Handlungsempfehlungen zu formulieren, noch das in der positivistisch-empiristischen Grundkonzeption verankerte Streben nach Begründung schließen die Entwicklung neuer Theorien grundsätzlich aus. Vielmehr scheint es sich hier zumindest zum Teil um Missverständnisse bzw. sehr einseitige Interpretationen zu handeln, bei denen eine Zielpriorität als das alleinige Ziel einer Disziplin gedeutet und alles andere ausgeblendet wird. Dies unterstreicht die Relevanz eines Verständnisses der Prämissen der Theoriebildung, ohne das weder eine reflektierte Entwicklung von Theorien noch eine vollausgereifte Marketingdisziplin möglich erscheinen.

C. Handlungsempfehlungen für Theoriebildung im Marketing

I. Vorüberlegungen

Nachdem wesentliche Grundlagen und der Status quo der Theoriebildung im Marketing betrachtet wurden, kann mit der Formulierung von Handlungsempfehlungen für die Entwicklung von neuen Marketingtheorien das erste Ziel dieser Arbeit unmittelbar in Angriff genommen werden. Der Klarheit halber sei noch einmal darauf hingewiesen, dass es ausschließlich um Theoriebildung im Entdeckungszusammenhang statt im Begründungszusammenhang geht. Auf eine Durchsicht bestehender Arbeiten zu diesem Thema wird aufgrund ihrer in der Einleitung erläuterten unübersichtlichen und zum Teil widersprüchlichen Beziehungen zueinander an dieser Stelle verzichtet (Freese 1980; Sutton und Staw 1995; Weick 1989). Stattdessen werden alle relevanten Arbeiten zur Entwicklung von neuen Theorien nachfolgend an jeweils passender Stelle hinzugezogen und umfassend erörtert.

Vor dem Hintergrund der oben erörterten Prämissen der Theoriebildung ist davon auszugehen, dass eine vollkommen voraussetzungslose bzw. verallgemeinerbare Formulierung von Handlungsempfehlungen für die Entwicklung von Theorien nicht möglich ist. Für die Formulierung der Handlungsempfehlungen wird daher vom Marketing als einer Realwissenschaft ausgegangen, die theoretische und angewandte Ziele verfolgt, und es gelten die Annahmen der positivistisch-empiristischen Grundkonzeption. Da kein Zusammenhang zwischen den Handlungsempfehlungen und den inhaltlichen Annahmen von Forschungsprogrammen zu vermuten ist, sollten die Handlungsempfehlungen zumindest verallgemeinerbar für die Entwicklung von Theorien in unterschiedlichen Forschungsprogrammen sein. Mit den gewählten Prämissen schließt sich diese Arbeit der Mehrheitsposition der aktuellen Marketingforschung an, was eine größtmögliche Anwendbarkeit der zu entwickelnden Handlungsempfehlungen für die Entwicklung von neuen Marketingtheorien gewährleistet.

II. Kriterien zur Bewertung von Theorien

In dieser Arbeit werden die in Abschnitt B-I-1 diskutierten drei Kennzeichen einer Theorie als Kriterien zur Bewertung von Theorien herangezogen (Rudner 1966). Eine gute Theorie ist demnach gekennzeichnet durch *systematisch zueinander in Beziehung stehende Aussagen*, *gesetzmäßige Verallgemeinerungen* und *empirische Überprüfbarkeit*. Im Einklang mit der bestehenden Literatur wird darüber hinaus *Nützlichkeit* als viertes Kriterium zur Bewertung einer Theorie herangezogen (z.B. Bacharach 1989; Halbert 1965). Die Nützlichkeit einer Theorie wird aus Sicht der primären Anspruchsgruppen des Marketings beurteilt, d.h. Marketingwissenschaftlern selbst und Nutzern wie Managern, Konsumenten und Politikern, denen Theorien bei ihren jeweiligen Aufgaben behilflich sein sollen.

Die Verwendung der drei Kennzeichen einer Theorie zur Bewertung derselben ist sinnvoll, weil auf diese Weise das Ziel der Entwicklung einer Theorie und die Kriterien zur Bewertung dieser Bemühungen übereinstimmen, sodass die Kriterien klar kommuniziert, gut erinnert und effektiv umgesetzt werden können. Das Kriterium der Nützlichkeit ist kein Kennzeichen einer Theorie an sich, sondern stellt auf die Funktion von Theorien ab. Grundsätzlich gilt, dass je mehr alle vier Kriterien erfüllt sind, desto besser ist eine Theorie. Es handelt sich also um kontinuierliche statt dichotome Merkmale, d.h. diese Kriterien können mehr oder weniger erfüllt sein.

Tab. 2 beinhaltet die im Rahmen einer umfassenden Recherche identifizierten wichtigsten Arbeiten aus der sozial- und betriebswirtschaftlichen Literatur, die sich in ausführlicher Weise mit konkreten Kriterien zur Bewertung von Theorien auseinandergesetzt haben.

Tab. 2: Kriterien zur Bewertung von Theorien

Autoren	**Kriterium 1: Systematisch zueinander in Beziehung stehende Aussagen**	**Kriterium 2: Gesetzmäßige Verallgemeinerung**	**Kriterium 3: Empirische Überprüfbarkeit**	**Kriterium 4: Nützlichkeit**
Bacharach (1989)			Falsifizierbarkeit	Nützlichkeit
Halbert (1965)	Syntax		Semantik	Pragmatik
Kaplan (1964)	Kohärenz		Korrespondenz	Funktion
Schanz (1975)	Präzision Konsistenz	Allgemeinheit	Informationsgehalt Falsifizierbarkeit	Theoretische Fruchtbarkeit
Sheth, Gardner und Garrett (1988)	Struktur Spezifikation	Generalisierbarkeit Empirische Bestätigung	Überprüfbarkeit	Einfachheit

Autoren	Kriterium 1: Systematisch zueinander in Beziehung stehende Aussagen	Kriterium 2: Gesetzmäßige Verallgemeinerung	Kriterium 3: Empirische Überprüfbarkeit	Kriterium 4: Nützlichkeit
Zaltman, Lemasters und Heffring (1982)	Interne Konsistenz Integrierende Kraft	Repräsentativität Bestätigung Stärke	Falsifizierbarkeit Empirische Interpretierbarkeit	Originalität Heuristische Kraft

Quelle: Eigene Darstellung

Die Tabelle zeigt, dass die hier vorgesehenen vier Kriterien in der Lage sind, die vielfältigen in der Literatur diskutierten Begriffe zu *integrieren*. Zum Beispiel verwenden andere Autoren für das erste Bewertungskriterium die weitestgehend synonymen Ausdrücke „Syntax", „Kohärenz", „Präzision", „Konsistenz", „Struktur" und „Spezifikation". Ebenso lassen sich Synonyme für die anderen Kriterien in bestehenden Arbeiten zu diesem Thema finden. Der Kriterienkatalog ist zudem als *vollständig* zu werten, da keine weiteren Kriterien in der Literatur identifiziert werden konnten. Es wird somit deutlich, dass eine eindeutige Benennung von konkreten Kriterien zur Bewertung von Theorien möglich ist, sodass das erste Ziel dieser Arbeit an dieser Stelle als zum Teil erreicht gelten kann. Interessanterweise kann, wie im Folgenden aufgezeigt wird, für drei der vier Kriterien ein Bezug zu bestehenden epistemologischen Positionen hergestellt werden, was die Relevanz dieser Kriterien zur Bewertung von Theorien als Speicher von Erkenntnis nachdrücklich untermauert.

Kriterium 1: Systematisch zueinander in Beziehung stehende Aussagen. Das erste Kriterium legt fest, dass eine Theorie umso besser ist, je kohärenter und präziser ihre Aussagen und Konzepte sind und je mehr diese in das bestehende wissenschaftliche Wissen über ein Phänomen integriert werden. Idealerweise ist eine Theorie sowohl inhaltlich vollständig, d.h. sie beinhaltet alle Konzepte, die zur Erklärung oder Vorhersage eines Phänomens relevant sind, als auch vollständig formalisiert. Als ein Indikator für die epistemologische Relevanz dieses Kriteriums kann die sogenannte „Kohärenztheorie der Wahrheit" gelten, wonach Kohärenz ein Kennzeichen für den Wahrheitsgehalt einer Aussage darstellt (Hunt 1990; 2003; Rescher 1973).

Kriterium 2: Gesetzmäßige Verallgemeinerung. Das zweite Kriterium besagt, dass eine Theorie umso besser ist, je mehr Aussagen sie beinhaltet, die als gesetzmäßige Verallgemeinerung gelten können und je mehr diese empirisch bestätigt sind. Je mehr gesetzmäßige Verallgemeinerungen eine Theorie beinhaltet, desto mehr Phänomene kann sie erklären und prognostizieren, und je mehr eine gesetzmäßige Verallgemeinerung empirisch bestätigt ist, desto eher kann sie als Gesetz oder sogar als Grundsatz gelten. Während eine gesetzmäßige Verallgemeinerung ein notwendiges Merkmal für das Vorliegen einer Theorie ist, ist der jeweilige Allgemeinheitsgrad einer gesetzmäßigen Verallgemeinerung in ambivalenter Weise mit den Bewertungskriterien der empirischen Überprüfbarkeit und der Nützlichkeit verknüpft (vgl. auch B-I-1-c). Eine Verknüpfung des Kriteriums der gesetzmäßigen Verallgemeinerung mit einer bestimmten Erkenntnistheorie ist hier (anders als bei den anderen drei Kriterien) nicht sinnvoll: Eine gesetzmäßige Verallgemeinerung setzt schließlich das Vorliegen einer wie auch immer begründeten Erkenntnis bereits voraus.

Kriterium 3: Empirische Überprüfbarkeit. Das dritte Bewertungskriterium bedeutet, dass eine Theorie umso besser ist, je mehr sie es ermöglicht, Hypothesen zu generieren, die anhand von Beobachtungsdaten überprüft werden können. Eine notwendige Bedingung hierfür ist, dass die Konzepte einer Theorie klar definiert und voneinander abgegrenzt sind, sodass sie empirisch operationalisierbar sind (MacKenzie 2003). Tab. 2 zeigt, dass alle Autoren die empirische Überprüfbarkeit als ein Kriterium zur Bewertung von Theorien nennen, was die zentrale Bedeutung dieses Kriteriums für eine Realwissenschaft wie das Marketing unterstreicht. Die epistemologische Bedeutung des Kriteriums lässt sich vor dem Hintergrund der „Korrespondenztheorie der Wahrheit" verstehen, die besagt, dass eine Aussage dann als wahr gilt, wenn sie mit der Realität korrespondiert (Hunt 1990; 2003; Tarski 1956).

Kriterium 4: Nützlichkeit. Das vierte Kriterium besagt, dass eine Theorie umso besser ist, je nützlicher sie ist. Allgemein ist eine Theorie dann nützlich, wenn sie die theoretischen und angewandten Ziele einer wissenschaftlichen Disziplin zu erreichen hilft. Für *Wissenschaftler* ist eine Theorie umso nützlicher, je mehr die ersten drei genannten Kriterien erfüllt sind und je besser eine Theorie insbesondere die Phänomene ihrer eigenen spezifischen Disziplin erklären und prognostizieren kann. Eine Theorie ist darüber hinaus nützlich für Wissenschaftler, wenn sie dazu beiträgt, Forschungslücken in ihrer Disziplin zu identifizieren und neue Forschungsfragen zu formulieren. Mit seinem weit verbreiteten Zitat, „[…] nothing is so practical as a good theory", verweist Lewin (1945, S. 129) darauf, dass eine gute Theorie stets auch nützlich für mögliche *Anwender* ist, da sich aus ihr valide Handlungsempfehlungen ableiten lassen. Im Fall von Marketingtheorien kommen insbesondere Manager, Konsumenten und Entscheidungsträger in der öffentlichen Verwaltung und Politik als Anwender in Frage. Sowohl für Wissenschaftler als auch für Anwender steigt die Nützlichkeit einer Theorie darüber hinaus, wenn sie möglichst einfach zu verstehen und zu kommunizieren ist. Die Relevanz des Kriteriums der Nützlichkeit zur Bewertung einer Theorie wird untermauert durch die sogenannte „pragmatische Theorie der Wahrheit", die besagt, dass eine Aussage dann als wahr zu bezeichnen ist, wenn sich aus ihr funktionierende Handlungskonsequenzen ergeben (Hunt 2003; James 1907).

III. Prozessmodell zur Entwicklung von Theorien

1. Überblick

Nachfolgend wird ein umfassendes Prozessmodell für die Theoriebildung im Entdeckungszusammenhang formuliert. Bei der Erarbeitung des Prozessmodells werden zahlreiche in der Literatur zu diesem Thema vorliegende, aber bislang unverknüpfte Ansätze und Gedanken aufgegriffen. Es wird auf diese Weise das erste verallgemeinerbare Prozessmodell zur Entwicklung neuer Theorien im Marketing vorgelegt, sodass gemeinsam mit den Kriterien zur Bewertung von Theorien das erste Ziel dieser Arbeit an dieser Stelle als erfüllt gelten kann.

Wie Abb. 2 zeigt, umfasst das Prozessmodell die drei Aufgabenblöcke (I) der konzeptuellen Entwicklung, (II) der empirischen Entwicklung und (III) der Reflexion der Theorieentwicklung. Jeder der in Abb. 2 aufgezeigten Aufgabenblöcke hat eine eigenständige Funktion bei der Theoriebildung im Entdeckungszusammenhang: Während die konzeptuelle Entwicklung der Identifikation und Definition aller Konzepte, Zusammenhänge und Annahmen einer Theorie dient, ist es Aufgabe der empirischen Entwicklung, die Messung der Konzepte einer Theorie zu ermöglichen und die Quantifizierung ihrer Wichtigkeit und der Stärke ihrer Beziehungen vorzunehmen. Im dritten Aufgabenblock geht es um eine kritische Bestandsaufnahme des bis dahin Erreichten. Das Begriffspaar konzeptuell-empirisch ist ausschließlich funktions- und keinesfalls methodenbezogen: Es können demnach auch bei der konzeptuellen Entwicklung einer Theorie empirische Quellen zur Identifikation von Konzepten genutzt werden. Um ein bestmögliches Resultat zu erzielen, sollte sich jede Entscheidung, die im Prozess der Entwicklung einer Theorie getroffen wird, an den Kriterien zur Bewertung von Theorien orientieren. Das Prozessmodell wird nun im Folgenden detailliert erläutert.

Abb. 2: Prozessmodell der Theoriebildung im Entdeckungszusammenhang

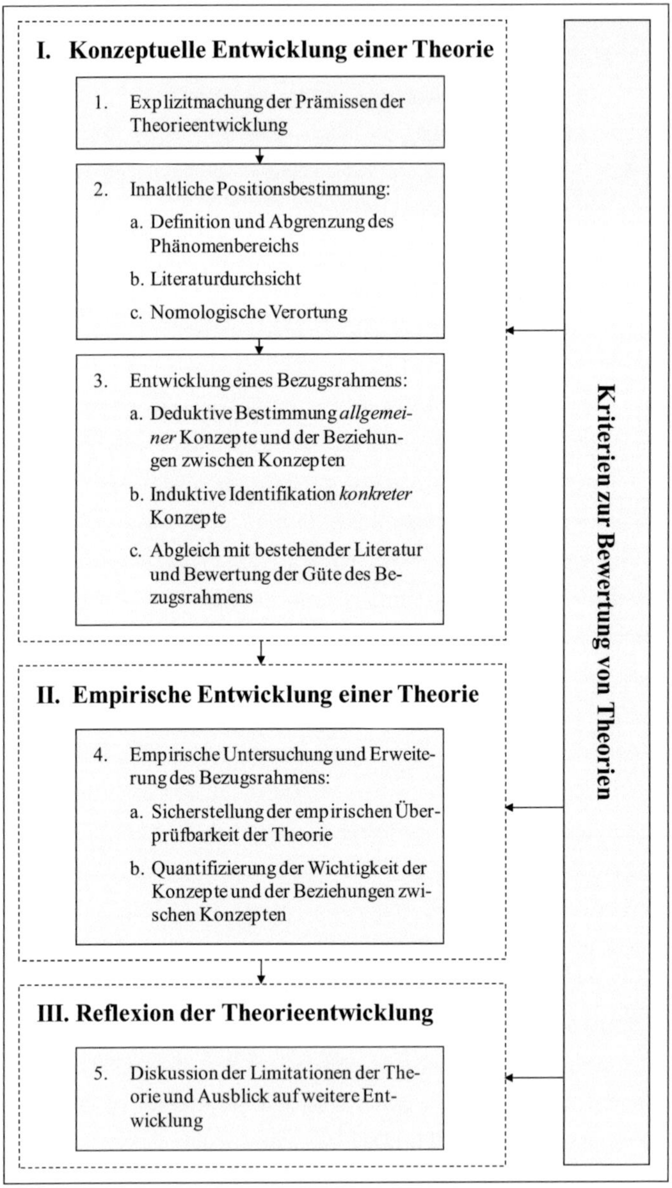

Quelle: Eigene Darstellung

2. Konzeptuelle Entwicklung einer Theorie

Wie Abb. 2 zeigt, ist der erste Aufgabenblock der konzeptuellen Entwicklung einer Theorie in drei Schritte unterteilt: (1) Die Explizitmachung der Prämissen, die der Theoriebildung zu Grunde liegen, (2) eine inhaltliche Positionsbestimmung und (3) die Entwicklung eines Bezugsrahmens.

a) Explizitmachung der Prämissen

Der erste Schritt der konzeptuellen Entwicklung einer Theorie betrifft die Explizitmachung der Prämissen der Theoriebildung, d.h. das Selbstverständnis als Wissenschaft, die zu Grunde liegende wissenschaftstheoretische Grundkonzeption und das Forschungsprogramm, in dem eine Theorie eventuell verortet werden soll.

Die Explizitmachung der Prämissen ist aus mindestens drei Gründen wichtig für die Entwicklung einer Theorie (Anderson 1983b; Arndt 1983; Gioia und Pitre 1990; Lewis und Grimes 1999): Erstens markieren die Prämissen das Ziel und die als adäquat geltenden Methoden der Theoriebildung, deren Kenntnis zu einer zielorientierten Vorgehensweise verhelfen sollte. Zweitens erlangt ein Wissenschaftler mit der Explizitmachung der Prämissen ein Bewusstsein darüber, auf welchen grundlegenden wissenschaftstheoretischen und inhaltlichen Annahmen (und somit inhärent angelegten Möglichkeiten und Begrenzungen) seine Theorie basiert, was zur Entwicklung ausgereifterer und letztlich besserer Theorien beitragen sollte. Drittens hilft die Explizitmachung der Prämissen einer Theorie anderen Wissenschaftlern, diese Theorie besser zu verstehen und gegebenenfalls weiterzuentwickeln, was die kumulative Entwicklung von Wissen in einer Disziplin unterstützt.

Eine verallgemeinerbare Empfehlung, welche Prämissen ein Marketingwissenschaftler bei der Entwicklung einer Theorie zu Grunde legen sollte, ist schwierig, wenn nicht sogar unmöglich. Grundsätzlich sollte ein Wissenschaftler jedoch prüfen, inwieweit die getroffenen wissenschaftstheoretischen und inhaltlichen Annahmen zur Entwicklung einer möglichst guten Theorie beitragen oder eher abträglich sind. Insofern kein geeignetes marketingeigenes Forschungsprogramm für eine Verortung zur Verfügung steht, ist abzuwägen, ob eine Verortung in einem Forschungsprogramm der Nachbardisziplinen erfolgen soll. Ein möglicher Vorteil einer solchen Verortung ist, dass Gemeinsamkeiten mit anderen bestehenden Theorien in diesem Forschungsprogramm entdeckt werden, deren Erkenntnisse dann zur Fundierung und Erweiterung der eigenen Theorie genutzt werden können. Nachteilig kann sein, dass bestimmte Annahmen des jeweiligen Forschungsprogramms nicht im Einklang zum interessierenden Marketingphänomen stehen und sich nicht alle bestehenden Erkenntnisse zu einem Phänomen in dieses Forschungsprogramm integrieren lassen.

b) Inhaltliche Positionsbestimmung

Definition und Abgrenzung des Phänomenbereichs. Im Rahmen der inhaltlichen Positionsbestimmung geht es um die grundsätzliche Einordnung der neu zu entwickelnden Theorie in bestehende Begriffe und Erkenntnisse des interessierenden Forschungsbereichs und um eine nomologische Verortung in eine oder mehrere Theorien, die als Grundlage für die nachfolgende Entwicklung eines Bezugsrahmens geeignet sind.

Als Ausgangspunkt der inhaltlichen Positionsbestimmung muss zunächst der Phänomenbereich definiert und abgegrenzt werden (Bartels 1970; Gioia und Pitre 1990; Kubicek 1977; Ulrich und Hill 1979). Oftmals kann zunächst ein allgemeiner Forschungsbereich im Marketing benannt werden, dem sich die zu entwickelnde Theorie mit ihrem konkreten Phänomenbereich zuordnen lässt. Zum Beispiel könnten alle Arbeiten, die sich mit Fragen der Distribution von Produkten beschäftigen, der Distributionsforschung zugeordnet werden. In einem engeren Sinne geht es bei der Definition und Abgrenzung des Phänomenbereichs jedoch um eine Definition der zentralen Konzepte einer Theorie und eine Festlegung, für welchen Kontext (z.B. für welche Art von Unternehmen und für welche Kunden) die Aussagen einer Theorie Gültigkeit beanspruchen sollen und für welchen nicht. Bei der Definition und Abgrenzung des Phänomenbereichs können unmöglich alle denkbaren Konzepte und Kontextgrößen berücksichtigt werden. Es sollte daher der Fokus auf die im interessierenden Forschungsbereich als am wichtigsten bekannten Konzepte und Kontextgrößen gelegt werden. Es sollten bereits hier möglichst disziplineigene Konzepte statt Konzepte aus Nachbardisziplinen herangezogen werden.

Die Definition und Abgrenzung des Phänomenbereichs betrifft unmittelbar die Kriterien einer guten Theorie: Zuallererst trägt eine möglichst kohärente und präzise Definition und Abgrenzung des Phänomenbereichs zur Erfüllung des ersten Kriteriums einer guten Theorie bei (systematisch zueinander in Beziehung stehende Aussagen). Zum Zweiten ist mit der Definition und Abgrenzung des Gültigkeitsbereichs einer Theorie das Kriterium der gesetzmäßigen Verallgemeinerung betroffen, da Annahmen über die raumzeitliche Anwendbarkeit und somit den Allgemeinheitsgrad einer Theorie getroffen werden (Bacharach 1989; Dubin 1978; Popper 2005; Whetten 1989). Eine möglichst allgemeine und umfassende Theorie ist für Wissenschaftler erstrebenswert, da sie mehr Phänomene zu verstehen, erklären und prognostizieren verhilft und aus ihr Hypothesen für unterschiedlichste Situationen und Kontexte abgeleitet werden können (Bartels 1970; Zaltman, Pinson und Angelmar 1973). Wissenschaftler, die mit einem sehr begrenzten Phänomenbereich befasst sind, sollten daher zumindest versuchen zu zeigen, wie ihre Ergebnisse eine allgemeinere Theorie unterstützen oder verändern (Sheth, Gardner und Garrett 1988). Zu beachten ist jedoch, dass, wie im Abschnitt B-I-1-c ausgeführt, der Allgemeinheitsgrad einer Theorie in einem negativen Verhältnis zu den Kriterien der empirischen Überprüfbarkeit und der Nützlichkeit einer Theorie für externe Anwender steht. Es ist also ein ausgewogenes Ausmaß an Allgemeinheit versus empirischer Überprüfbarkeit und Nützlichkeit für externe Anspruchsgruppen zu finden. Die Entwicklung einer marketingeigenen Theorie beinhaltet implizit die Entscheidung für eine Theorie maximal mittleren Allgemeinheitsgrades, weil Phänomene außerhalb des Marketings ausgeblendet werden.

Literaturdurchsicht. Als nächstes sollte eine systematische Durchsicht der bestehenden Literatur zum interessierenden Thema erfolgen (Lewis und Grimes 1999; Weick 1989). Eine Literaturdurchsicht ist wichtig für die Entwicklung einer Theorie, weil sie einem Wissenschaftler einen Überblick über den aggregierten Erkenntnisstand zu einer Forschungsfrage verschafft und eine Einschätzung erlaubt, inwieweit dieser als kohärent und vollständig oder als fragmentarisch zu bezeichnen ist. Zudem kann eine kumulative Entwicklung von Wissen in einem Forschungsbereich grundsätzlich nur dann erfolgen, wenn bestehendes Wissen möglichst umfassend bekannt ist und systematisch berücksichtigt wird.

Von besonderer Bedeutung sind vor diesem Hintergrund integrative Studien, die eine größere Anzahl an Konzepten zu einer Forschungsfrage und deren Beziehungen zueinander betrachten. Im Gegensatz hierzu beschäftigen sich partikulare Studien nur mit dem Zusammenhang zwischen einigen wenigen ausgewählten Konzepten. Alternative Bezeichnungen für partikulare Studien sind auch „one-shot study“ (Buzzell 1963, S. 39), „single-shot studies“ (Jacoby 1978, S. 89) oder „relationship studies“ (Anderson 1983b, S. 28). Insofern integrative Beiträge vorliegen, können diese anhand der Kriterien für gute Theorien bewertet werden, um abzuschätzen, ob die Notwendigkeit der Entwicklung eines neuen Bezugsrahmens für die interessierende Forschungsfrage besteht, oder ob einer der bestehenden integrativen Beiträge diese Funktion erfüllen könnte, sodass alle weiteren Bemühungen der Theoriebildung an dieser Stelle ansetzen könnten. Die partikularen Studien bilden hier zunächst nur den Hintergrund, den ein Wissenschaftler kennen muss, um sinnvoll im betroffenen Forschungsbereich agieren zu können. Unmittelbare Berücksichtigung sollten die partikularen Studien spätestens im letzten Schritt der Entwicklung eines Bezugsrahmens erfahren.

Bei der Literaturrecherche bieten sich die üblichen Methoden wie beispielsweise die Schlagwortsuche in elektronischen Zeitschriftendatenbanken und die Sichtung der Quellenangaben in Beiträgen aus dem Themengebiet an. In dem Prozessmodell erfolgt die Literaturdurchsicht bewusst *nach* einer Definition und Abgrenzung des Phänomenbereichs, da ein Wissenschaftler zunächst eine für ihn interessante Forschungsfrage generieren sollte, bevor er prüft, ob diese Frage bereits bearbeitet wurde. Kilduff (2006, S. 252) stellt hierzu explizit fest, „[…] the route to good theory leads not through gaps in the literature but through an engagement with problems in the world that you find personally interesting."

Nomologische Verortung. Als letzter Schritt der inhaltlichen Positionsbestimmung sollte eine nomologische Verortung vorgenommen werden, d.h. dass die neu zu entwickelnde Theorie in einer bestehenden allgemeineren Theorie und ihren Konzepten verortet wird (Abel 1979; Bacharach 1989; Eichhorn 1979; Eisenhardt 1989; Lenski 1988; Schanz 1975). Whetten (1989, S. 493) bezeichnet die nomologische Verortung als „[…] the theoretical glue that welds the model together", und er bezeichnet diese Aufgabe als „[…] the most fruitful, but also the most difficult avenue of theory development" (S. 491). Mit der nomologischen Verortung wird demnach ein apriorischer Anschluss an eine allgemeinere Theorie hergestellt, durch welche die neu zu entwickelnde Theorie in ihrem Innersten zusammengehalten wird.

Eine nomologische Verortung in einer bestehenden Theorie erfüllt zwei wichtige Funktionen für die spätere Entwicklung eines Bezugsrahmens: Zum Ersten werden durch die nomologische Verortung in einer bestehenden Theorie *allgemeine* Konzepte und deren Beziehungen zueinander *deduktiv* festgelegt, auf deren Basis dann *konkrete* an den spezifischen Kontext der Forschungsfrage angepasste Konzepte *induktiv* identifiziert und organisiert werden können. Als zweite Funktion einer nomologischen Verortung ist zu nennen, dass die bestehende Theorie gesetzmäßige Verallgemeinerungen als Erklärungen dafür beinhaltet, *warum* Konzepte miteinander zusammenhängen, die sich dann (insofern alle neuen Konzepte auf Basis der allgemeinen Konzepte entdeckt werden) auf die neue Theorie anwenden lassen.

Diese Vorgehensweise ist Ausdruck des oben beschriebenen, im Prozess der Theoriebildung im Entdeckungszusammenhang erforderlichen Wechselspiels zwischen Deduktion und Induktion und ist nicht zu verwechseln mit der deduktiven Logik des Begründungszusammenhangs, bei der es um die Ableitung und empirische Überprüfung von Hypothesen aus einer bestehenden Theorie geht (Bourgeois 1979; Cornelissen 2006; Kubicek 1977; Schanz 1975; Weick 1989; 1999; Zaltman, Lemasters und Heffring 1982). Die bestehende Theorie wird hier nicht überprüft, sondern liefert mit ihren allgemeinen Konzepten die notwendige Voraussetzung für eine systematische Entdeckung und Organisation der konkreten, teils neuen Konzepte eines spezifischen Phänomenbereichs. Es wird also trotz des Bezugs auf eine bestehende Theorie ein originärer Beitrag zur Entwicklung einer neuen Theorie geleistet. Wichtig ist, dass die allgemeinen Konzepte abstrakt genug sind, um möglichst alle konkreten Konzepte eines Phänomenbereichs integrieren zu können. Der Zusammenhang zwischen allgemeinen und konkreten Konzepten wird bei der Entwicklung eines Bezugsrahmens vertiefend erörtert.

Bei der Auswahl einer konkreten Theorie für die nomologische Verortung sollten unbedingt marketingeigene Theorien bevorzugt werden, da diese eine bessere inhaltliche Passung zu Marketingphänomenen und somit ein optimales Ausmaß an Allgemeinheit versprechen. Hierdurch wird sowohl ein Beitrag zur empirischen Überprüfbarkeit und Nützlichkeit der neuen Theorie als auch zur Kohärenz der gesamten Disziplin und der Entwicklung eigener Forschungsprogramme geleistet. Die Eignung einer bestimmten bestehenden Theorie für die nomologische Verortung sollte anhand der Kriterien einer guten Theorie bewertet werden, wobei sie umso geeigneter ist, je mehr sie der neu zu entwickelnden Theorie dazu verhilft, diese Kriterien zu erfüllen. Von besonderer Bedeutung ist das integrative Potential einer Theorie, d.h. inwieweit sie eine theoretisch kohärente und vollständige Identifikation der Konzepte eines Forschungsbereichs ermöglicht. Nur wenn das integrative Potential einer Theorie hoch ist, kann Fragmentierung in einem Forschungsbereich nachhaltig und dauerhaft verhindert werden.

Die bestehende marketingeigene Theorie sollte möglichst präzise beschrieben werden, was eine Definition der Konzepte und ihrer Beziehungen und eine Erörterung der gesetzmäßigen Verallgemeinerungen beinhaltet. Trotz der Verwendung einer marketingeigenen Theorie können zusätzlich Erkenntnisse aus Nachbardisziplinen genutzt werden, um die Aussagen der neu zu entwickelnden Theorie zu fundieren oder zu erweitern. Hierzu sollte ein systematischer Vergleich der Konzepte und gesetzmäßigen Verallgemeinerungen der verschiedenen Ansätze mit Blick auf ihre Gemeinsamkeiten, Unterschiede und Ergänzungsmöglichkeiten vorgenommen werden, wodurch ein Beitrag zur Kohärenz, Präzision und Vollständigkeit (Kriterium 1) und Verallgemeinerbarkeit (Kriterium 2) der neuen Theorie geleistet wird. Ausdrücklich zu betonen ist, dass es der Theorien aus Nachbardisziplinen grundsätzlich nicht bedarf, um eine marketingeigene Theorie zu begründen: Marketingeigene Theorien zielen allein auf die Erklärung von Marketingphänomenen und müssen keinen Beitrag zu anderen Disziplinen leisten. Dennoch erscheint es vernünftig—wenn möglich und adäquat—auch Erkenntnisse aus anderen Disziplinen zu nutzen, um marketingeigene Theorien zu fundieren und zu erweitern.

c) Entwicklung eines Bezugsrahmens

Der dritte und letzte Schritt der konzeptuellen Entwicklung einer Theorie im Entdeckungszusammenhang hat die Entwicklung eines Bezugsrahmens zum Gegenstand. Während die bisherigen Schritte vorbereitenden Charakter hatten, geht es hier um die unmittelbare konzeptuelle Entwicklung der neuen Theorie. Ein Bezugsrahmen gibt Antworten auf die Fragen, *was*, d.h. welche Konzepte in der Theorie eine Rolle spielen, und *wie*, *warum* und *unter welchen Bedingungen* die Konzepte einer Theorie zueinander in Beziehung stehen (Dubin 1978; Whetten 1989). Mit der Bestimmung der Konzepte und ihrer Beziehungen zueinander wird das Fundament einer Theorie gelegt, das sich bei allen vier Kriterien einer guten Theorie maßgeblich niederschlägt (MacKenzie 2003; Osigweh 1989; Varadarajan 2003; Whetten 1989).

Deduktive Bestimmung allgemeiner Konzepte und der Beziehungen zwischen Konzepten. Im ersten Schritt der Entwicklung eines Bezugsrahmens werden auf deduktive Weise erste Antworten auf die oben gestellten Fragen gegeben, was wie dargelegt zu großen Teilen durch die nomologische Verortung in einer bestehenden, marketingeigenen Theorie erfolgt (Bacharach 1989; Bartels 1970; Blalock 1969; Dubin 1978; Whetten 1989; Zaltman, Lemasters und Heffring 1982). Durch die nomologische Verortung wird auf einer *allgemeinen* Ebene festgelegt, *was* die *erklärenden* und *zu erklärenden Konzepte* einer Theorie sind, und *wie* und *warum* sie zueinander in Beziehung stehen. Bei den erklärenden und zu erklärenden

Konzepten sollte geklärt werden, ob die Konzepte in einer statischen oder einer dynamischen Beziehung zueinander stehen und durch welchen Funktionsverlauf die Konzepte miteinander verknüpft sind (Blalock 1969; Dubin 1978; Zaltman, Lemasters und Heffring 1982). Bei einer dynamischen Beziehung werden zeitliche Entwicklungen explizit berücksichtigt, indem beispielsweise angenommen wird, dass sich der Einfluss auf ein Konzept erst mit einer gewissen zeitlichen Verzögerung ergibt. Mit Blick auf den Funktionsverlauf sollten neben der oftmals aus Vereinfachungsgründen getroffenen Annahme einer linearen Beziehung zwischen zwei Konzepten, grundsätzlich alle denkbaren Funktionen zumindest in Betracht gezogen werden (Homburg 2007).

Die *allgemeinen* erklärenden und zu erklärenden Konzepte sind von sogenannten *konkreten* Konzepten zu unterscheiden. Allgemeine Konzepte stehen in einem hierarchischen Verhältnis zu konkreten Konzepten, d.h. sie beinhalten eine Reihe konkreter Konzepte als spezielle Ausprägungen und sind ihnen logisch übergeordnet. Des Weiteren sind allgemeine Konzepte kontextübergreifend, wohingegen sich konkrete Konzepte stets auf einen bestimmten Kontext beziehen und nicht über diesen Kontext hinaus verallgemeinerbar sind (Osigweh 1989). Sehr allgemein ist beispielsweise das Nutzenkonzept an sich, welches sich grundsätzlich auf jeden erdenklichen sozialökonomischen Kontext anwenden lässt. Ein konkretes Konzept ist hingegen der sogenannte Beziehungsnutzen, der sich ausschließlich auf denjenigen Nutzen bezieht, den Kunden aufgrund ihrer Beziehung zu einem Unternehmen erhalten (Gwinner, Gremler und Bitner 1998).

Dieselbe Idee einer hierarchischen Anordnung von Konzepten lässt sich für eine Präzisierung der Beziehungen zwischen unterschiedlichen konkreten Konzepten nutzen (Homburg 2007; Hunt 2002; Klein, Dansereau und Hall 1994). Es wird damit berücksichtigt, dass auch konkrete Konzepte auf unterschiedlichen Abstraktionsebenen angesiedelt sind bzw. von Konsumenten als solche wahrgenommen werden (Cohen 2000; Klein, Dansereau und Hall 1994). Als Beispiel für eine solch hierarchische Organisation von konkreten Konzepten kann die kundenseitige Wahrnehmung der Dienstleistungsqualität genannt werden, die sich aus mehreren Dimensionen (z.B. die Gesamtqualität der physischen Umgebung) und Subdimensionen (z.B. das Ambiente oder das Design der physischen Umgebung) zusammensetzt (Brady und Cronin 2001; Dabholkar, Thorpe und Rentz 1996). Konkrete Konzepte werden im hiernach folgenden Prozessschritt auf empirisch-induktive Weise identifiziert. Wie genauer erörtert wird, ist die Entwicklung eines hierarchischen Klassifikationsschemas eines der wichtigsten Hilfsmittel, um die Beziehungen zwischen Konzepten auf unterschiedlichen Abstraktionsebenen darzustellen (Hunt 2002; McKinney 1966; Van Waterschoot und Van den Bulte 1992).

Ein Bezugsrahmen kann auch indirekte Beziehungen zwischen Konzepten beinhalten. Unterschieden werden kann hierbei zwischen Mediatoren und Moderatoren (Blalock 1969; Dubin 1978). Ein Konzept ist ein Mediator, wenn es den Zusammenhang zwischen einem erklärenden und einem zu erklärenden Konzept spezifiziert (Baron und Kenny 1986). Ein Mediator erklärt auf unmittelbare Weise, *warum* ein Zusammenhang zwischen zwei Konzepten besteht und wie der Wirkmechanismus im Einzelnen abläuft. Beeinflusst ein Konzept die Richtung oder die Stärke des Zusammenhangs zwischen einem erklärenden und einem zu erklärenden Konzept, dann wird es als Moderator bezeichnet (Baron und Kenny 1986). Ein Moderator erklärt somit, *unter welchen Bedingungen* ein erklärendes Konzept einen Einfluss auf ein zu erklärendes Konzept ausübt. Moderatoren und Mediatoren können einen Zusammenhang komplett oder nur teilweise moderieren bzw. mediieren (Baron und Kenny 1986). Relevante Moderatoren oder Mediatoren lassen sich durch eine Durchsicht der bestehenden Literatur zum interessierenden Thema identifizieren. Idealerweise sollten, um bestehendes Wissen bestmöglich zu nutzen, die wichtigsten als Moderatoren oder Mediatoren bekannten Konzepte eines Forschungsbereichs in den Bezugsrahmen aufgenommen werden.

Insgesamt wird durch die präzise und kohärente Definition allgemeiner Konzepte und ihrer Beziehungen zueinander ein grundlegender Beitrag zum ersten Kriterium einer guten Theorie geleistet. Die allgemeinen Konzepte sind zudem Bestandteil der gesetzmäßigen Verallgemeinerungen der bestehenden Theorie, in der die neu zu entwickelnde Theorie nomologisch verortet wird, wodurch die Erfüllung des zweiten Kriteriums einer guten Theorie gewährleistet wird.

Induktive Identifikation konkreter Konzepte. Der zweite Schritt der Entwicklung eines Bezugsrahmens beinhaltet die induktive Identifikation von *konkreten* Konzepten für die zu entwickelnde Theorie und somit eine Präzisierung der Antwort auf die Frage nach dem *Was*. Die konkreten Konzepte sollten sich den zuvor festgelegten allgemeinen Konzepten logisch zuordnen lassen, sodass das beschriebene hierarchische System von Konzepten entsteht. Die induktive Identifikation von konkreten, möglicherweise bis dahin unbekannten Konzepten ist keineswegs trivial, sondern leistet einen wesentlichen Beitrag zur Entwicklung einer als neu zu bezeichnenden Theorie, die sich im Gegensatz zu allgemeineren Theorien ausschließlich der möglichst vollständigen und genauen Erklärung des interessierenden Phänomens widmet.

Eine induktive Identifikation von konkreten Konzepten ist durch qualitative Studien möglich, d.h. die Aufzeichnung von empirischen Beobachtungsdaten und deren Klassifikation (Mayr 1969; McKinney 1966; Van Waterschoot und Van den Bulte 1992; Varadarajan 1986; Venkatesh 1985). Zur Aufzeichnung von empirischen Beobachtungsdaten können die Methoden der qualitativen Sozialforschung zum Einsatz kommen, welche im Marketing weithin bekannt sind und daher an dieser Stelle nicht im Detail erörtert werden sollen (vgl. z.B. Lincoln und Guba 1985; Miles und Huberman 1994; Spiggle 1994). Weit verbreitete Methoden sind beispielsweise Fallstudien (Bonoma 1985), Tiefeninterviews (Reynolds und Gutman 1988) und ethnographische Feldstudien (Lincoln und Guba 1985). Wenngleich forschungsökonomische Gründe dagegen sprechen könnten, sollten Beobachtungsdaten möglichst in unterschiedlichen Kontexten gesammelt und miteinander verglichen werden. Sinnvoll erscheint beispielsweise die Durchführung von qualitativen Studien in verschiedenen Ländern, da die Länderkultur oftmals einen Einfluss auf die Konzepte eines Phänomenbereichs hat (Harkness, Mohler und Van de Vijver 2003). Eine Identifikation von Konzepten in unterschiedlichen Kontexten trägt sowohl zur Verallgemeinerbarkeit (Kriterium 2) als auch zur Nützlichkeit (Kriterium 4) einer Theorie bei, da eine Gültigkeit und Anwendbarkeit ihrer Konzepte in unterschiedlichen Kontexten gewährleistet wird.

Die durch qualitative Studien gewonnenen Daten werden mit Hilfe einer Inhaltsanalyse zunächst in Analyseeinheiten zerlegt und dann zu konkreten Konzepten verdichtet. Bei der Inhaltsanalyse sollten stets mehrere Analysten beteiligt sein, um ein Höchstmaß an Reliabilität und Validität zu gewährleisten. Das Ausmaß der erreichten Reliabilität und Validität ist durch geeignete Gütemaße zu quantifizieren (Anderson und Gerbing 1991; Grayson und Rust 2001; Rust und Cooil 1994). Eine Verdichtung empirisch gewonnener Analyseeinheiten ist durch das Klassifikationsverfahren der Gruppierung möglich, das vom Grundsatz der Idee der sogenannten „constant comparative method" aus der qualitativen Sozialforschung entspricht (Glaser und Strauss 1967; Lincoln und Guba 1985). Die Gruppierung („grouping") stellt neben der logischen Aufteilung („logical partitioning") eine der beiden grundlegenden Möglichkeiten der Klassifikation dar (Hunt 2002; Rich 1992): Eine Klassifikation durch logische Aufteilung beginnt mit der Spezifikation des zu klassifizierenden Phänomens und der Bestimmung möglichst theoretisch hergeleiteter Eigenschaften, auf deren Basis Klassen bzw.

Konzepte festgelegt werden. Diesen Konzepten können dann sogenannte Klassifikationsobjekte bzw. Analyseeinheiten zugeordnet werden, wobei es grundsätzlich möglich ist, dass einzelnen Konzepten keine Analyseeinheiten zugeordnet werden können. Das Verfahren der logischen Aufteilung ist demnach rein deduktiver Art, da sowohl alle relevanten Eigenschaften als auch die Konzepte a priori definiert werden. Bei der Klassifikation durch Gruppierung wird ebenfalls zunächst das zu klassifizierende Phänomen spezifiziert und so weit wie möglich relevante Eigenschaften formuliert. Die Konzepte selbst werden jedoch durch eine Gruppierung empirisch identifizierter Analyseeinheiten gemäß ihrer Gemeinsamkeiten und Unterschiede gebildet. Die Klassifikation der unterschiedlichen Analyseeinheiten erfolgt hier auf eine hermeneutische statt streng analytische Weise, d.h. die Analyseeinheiten werden als Ganzes beurteilt und nicht in ihre Eigenschaften zerlegt. Insofern dies im Bezugsrahmen vorgesehen ist, können die Konzepte auf unterschiedlichen hierarchischen Ebenen gebildet werden. Es werden dann zunächst sehr konkrete Konzepte gebildet, die dann zu abstrakteren Konzepten verdichtet werden. Die Zuordnung der konkreten Konzepte zu den abstrakten Konzepten kann durch eine Befragung von Experten des betroffenen Forschungsbereichs überprüft werden, was zur Reliabilität und Validität der vorgenommenen Zuordnung beiträgt.

Im Gegensatz zur logischen Aufteilung erfordert die Gruppierung demnach nur wenig theoretisches Vorwissen und gewährleistet die Berücksichtigung einer größeren Anzahl an Eigenschaften bei der Klassifikation, weswegen sie besonders für die Theoriebildung im Entdeckungszusammenhang geeignet ist (Hunt 2002; Rich 1992). Bei der Bestimmung der Klassengrenzen sind allerdings auch bei der Gruppierung theoretische Annahmen nötig, welche hier auf einer abstrakten Ebene durch die allgemeinen Konzepte aus der nomologischen Verortung geliefert werden und im Fall einzelner, konkreter Konzepte a posteriori formuliert werden müssen.

Allgemein gilt, dass die induktive Identifikation von Konzepten durch qualitative Studien (statt einer ausschließlichen Deduktion aus bestehenden Arbeiten) und deren Klassifikation durch Gruppierung einen engen Bezug zur beobachtbaren Realität des spezifischen Phänomenbereichs gewährleisten, wodurch ein Beitrag zur empirischen Überprüfbarkeit (Kriterium 3) und Nützlichkeit (Kriterium 4) der zu entwickelnden Theorie geleistet wird (Eisenhardt 1989; Glaser und Strauss 1967). Eine möglichst vollständige Identifikation der konkreten Konzepte und deren systematische Organisation auf unterschiedlichen hierarchischen Ebenen dienen zudem der Erfüllung des ersten Kriteriums einer guten Theorie. Bei der Auswahl einer bestimmten qualitativen Methode (z.B. Tiefeninterviews, Fallstudien oder ethnographische Feldstudien) zur Aufzeichnung von Beobachtungsdaten sollte abgewogen werden, welche Methode im jeweiligen Untersuchungskontext am ehesten die Kriterien einer guten Theorie unterstützt.

Abgleich mit bestehender Literatur und Bewertung der Güte des Bezugsrahmens. Im dritten Schritt der Entwicklung eines Bezugsrahmens sollten die identifizierten Konzepte möglichst umfassend mit der bestehenden Literatur abgeglichen werden, um sowohl neue als auch alte Konzepte im Bezugsrahmen zu integrieren bzw. um mögliche Lücken aufzudecken (Bourgeois 1979; Eisenhardt 1989; Lewis und Grimes 1999). Dies ist insbesondere dann von großer Relevanz, wenn eine große Anzahl partikularer Studien zum interessierenden Thema existiert, der Forschungsstand insgesamt jedoch fragmentarisch ist. Durch einen Abgleich mit der bestehenden Literatur können die Konzepte des Bezugsrahmens eventuell präzisiert und vervollständigt werden, was zur Erfüllung des ersten Kriteriums einer guten Theorie beiträgt. Zu bedenken ist dabei, dass eine Theorie letztlich auch überschaubar bleiben muss, damit ihre Anwendbarkeit und somit das vierte Kriterium einer guten Theorie nicht gefährdet werden (Whetten 1989). Wenn sich die in den qualitativen Studien identifizierten Konzepte in der Literatur wiederfinden, dann kann dies als Indikator für ihre Verallgemeinerbarkeit gewertet werden (Kriterium 2). Zum Abschluss der konzeptuellen Entwicklung einer Theorie sollte eine Bewertung des Bezugsrahmens anhand der Kriterien einer guten Theorie vorgenommen werden.

3. Empirische Entwicklung einer Theorie

Die empirische Entwicklung einer Theorie im Entdeckungszusammenhang umfasst die empirische Untersuchung und Erweiterung des Bezugsrahmens. Zunächst wird die empirische Überprüfbarkeit der Theorie sichergestellt, um anschließend die Wichtigkeit der unterschiedlichen Konzepte und die Beziehungen zwischen den Konzepten zu quantifizieren. Der Bezugsrahmen kann darüber hinaus auf explorative Weise erweitert werden, indem in der empirischen Untersuchung Konzepte berücksichtigt werden, die zwar nicht Bestandteil des Bezugsrahmens sind, aber inhaltlich nah am interessierenden Phänomenbereich stehen.

Die nachfolgend beschriebene empirische Theoriebildung unterscheidet sich von der Theoriebildung im Begründungszusammenhang und von einem rein empiristischen Vorgehen. Im Gegensatz zum Begründungszusammenhang liegt im Entdeckungszusammenhang keine bestehende Theorie vor, aus der Hypothesen deduziert und empirisch überprüft werden. Vielmehr geht es um die Entwicklung einer neuen Theorie, deren Aussagen mit empirischem Inhalt gefüllt werden müssen und für die empirische Überprüfbarkeit gewährleistet sein muss. Der Unterschied zu einem empiristischen Vorgehen ist, dass im Vorfeld der empirischen Entwicklung der Theorie eine umfangreiche konzeptuelle Theoriebildung stattfindet, in der alle Konzepte sorgfältig definiert und voneinander abgegrenzt werden. Es deutet sich somit hier wie bei der konzeptuellen Entwicklung einer Theorie eine Position zwischen reiner Deduktion und reiner Induktion an.

Die *Sicherstellung der empirischen Überprüfbarkeit* einer Theorie beinhaltet die Operationalisierung der Konzepte der Theorie, d.h. die Entwicklung von Indikatoren zur Messung der Konzepte und eine Einschätzung der Reliabilität und Validität (Zaltman, Lemasters und Heffring 1982). Ein empirischer Beleg für die Existenz der verschiedenen erklärenden Konzepte wurde durch ihre induktive Identifikation im Rahmen der konzeptuellen Theoriebildung geliefert. Weitere Hinweise für die Existenz der Konzepte der zu entwickelnden Theorie können sich aus der bestehenden Literatur ergeben. Zur Operationalisierung von Konzepten und der Überprüfung der Reliabilität und Validität soll an dieser Stelle auf die einschlägige Literatur verwiesen werden (vgl. z.B. Anderson und Gerbing 1988; Churchill 1979; Diamantopoulos und Winklhofer 2001; Fornell und Larcker 1981). Hervorzuheben ist an dieser Stelle jedoch die herausragende Bedeutung des ersten Kriteriums einer guten Theorie (systematisch zueinander in Beziehung stehende Aussagen) für die empirische Operationalisierung einer Theorie: Eine valide Operationalisierung der Konzepte einer Theorie ist nämlich nur dann möglich, wenn die Konzepte bereits bei der Entwicklung des Bezugsrahmens klar definiert und voneinander abgegrenzt wurden (MacKenzie 2003). Durch die Operationalisierung der Konzepte wird ein maßgeblicher Beitrag zum dritten Kriterium einer guten Theorie geleistet (empirische Überprüfbarkeit).

Die *Quantifizierung der Wichtigkeit der Konzepte und der Beziehungen zwischen den Konzepten* beinhaltet eine empirische Bestimmung der relativen Bedeutung unterschiedlicher erklärender Konzepte für ein und dasselbe zu erklärende Konzept, der Stärke der Beziehungen zwischen den unterschiedlichen erklärenden Konzepten und des Einflusses von Moderatoren. Das Vorliegen eines statistisch signifikanten Zusammenhangs zwischen Konzepten (im Marketing meist $p < 0{,}05$; zweiseitig) ist eine logische Voraussetzung für diese Untersuchungen und daher als Erstes zu prüfen. Der primäre Beitrag der empirischen Entwicklung einer Theorie liegt in der Quantifizierung der Wichtigkeit der unterschiedlichen erklärenden Konzepte und der Stärke der Beziehungen zwischen Konzepten.

Die Untersuchung der relativen Bedeutung von Konzepten ist sowohl im Marketing (vgl. z.B. Völckner und Sattler 2006 für eine Studie zur Wichtigkeit unterschiedlicher Erfolgsfaktoren einer Markentransferstrategie) als auch in anderen Disziplinen (vgl. z.B. Kruskal und Majors 1989 für einen Überblick über Studien in den Sozial- und Naturwissenschaften) immer dann von zentraler Bedeutung, wenn zur Erklärung eines Phänomens unterschiedliche Konzepte eine Rolle spielen (Johnson und Lebreton 2004; Soofi, Retzer und Yasai-Ardekani 2000). Durch eine Untersuchung der Wichtigkeit der Konzepte und der Beziehungen zwischen den Konzepten wird ein Beitrag zum zweiten Kriterium einer guten Theorie geleistet, da der für eine gesetzmäßige Verallgemeinerung notwendige empirische Inhalt geliefert wird. Darüber hinaus können die im Rahmen der empirischen Entwicklung einer Theorie gewonnenen Ergebnisse dazu genutzt werden, erste Handlungsempfehlungen für mögliche Anwender der Theorie abzuleiten, wodurch die Nützlichkeit als viertem Kriterium einer guten Theorie sichergestellt wird (Kubicek 1977; Ulrich und Hill 1979).

Bei der empirischen Entwicklung einer Theorie im Entdeckungszusammenhang kann auf das im Marketing weit verbreitete Wissen über Methoden der quantitativen Datenerhebung und -analyse zurückgegriffen werden (vgl. z.B. Churchill und Iacobucci 2005; Lehmann, Gupta und Steckel 1998). Bei der Entscheidung über das grundlegende Forschungsdesign (explorativ, deskriptiv oder kausal) sollte ebenso wie bei der Datenerhebung (Primär- oder Sekundärforschung), Stichprobenziehung (Vollerhebung vs. zufällige/ nicht-zufällige Stichprobenziehung) und Datenanalyse (uni-, bi- oder multivariate Verfahren) abgewogen werden, welcher Ansatz im jeweiligen Untersuchungskontext am ehesten die Kriterien einer guten Theorie unterstützt. Da ein gut ausgearbeiteter Bezugsrahmen als Ergebnis der konzeptuellen Theoriebildung bereits vorliegen sollte und die Quantifizierung von Strukturen das eigentliche Ziel der empirischen Entwicklung einer Theorie ist, kommt in erster Linie ein deskriptives Forschungsdesign in Frage. Ein kausales Forschungsdesign im Sinne eines Experiments (d.h. die Ermittlung von Ursache-Wirkungs-Zusammenhängen durch die systematische Manipulation von Sachverhalten) kann dann zum Einsatz kommen, wenn die Theoriebildung weiter fortgeschritten ist. Um genau auf den interessierenden Sachverhalt zutreffende Daten zu erhalten, ist eine Primärforschung (Befragung oder Beobachtung) der Sekundärforschung (z.B. Datenbanken) oftmals vorzuziehen. Mit Blick auf die Verallgemeinerbarkeit von Aussagen (Kriterium 2) und die Formulierung möglichst valider Handlungsempfehlungen (Kriterium 4) kommen bei der Datenerhebung in erster Linie standardisierte Befragungen in Betracht und sind Zufallsstichproben einer nicht-zufälligen Stichprobenziehung vorzuziehen. Die Verallgemeinerbarkeit bezieht sich stets auf eine zuvor definierte Grundgesamtheit, aus der die Stichprobe gezogen wurde.

Wenn eine großzahlige empirische Studie zur Untersuchung der Wichtigkeit der Konzepte einer Theorie durchgeführt und somit erhebliche Forschungsressourcen investiert werden, erscheint es darüber hinaus aus forschungsökonomischen Gründen sinnvoll, eine mögliche Erweiterung des Bezugsrahmens auszuloten. Zu diesem Zweck können in der Untersuchung Konzepte berücksichtigt werden, die zwar nicht Teil des Bezugsrahmens sind, aber inhaltlich an ihn angrenzen und möglicherweise in einem Zusammenhang mit den Konzepten des Bezugsrahmens stehen. Hierdurch lassen sich eventuell Möglichkeiten der Integration zusätzlichen bestehenden Wissen (Kriterium 1) und einer weitergehenden Verallgemeinerbarkeit des Bezugsrahmens (Kriterium 2) entdecken (Barwise 1995; Bass 1995; Ehrenberg 1995). Das beschriebene vorwiegend deskriptive Forschungsdesign bei der empirischen Theoriebildung wird somit durch ein exploratives Element ergänzt, bei dem es um die Entdeckung von Strukturen geht. Da bei einer derartigen explorativen Untersuchung von Zusammenhängen keinesfalls alle denkbaren Konzepte berücksichtigt werden können, sollte der Fokus auf die im interessierenden Forschungsbereich als wichtig erachteten und bei der Definition und Abgrenzung des Phänomenbereichs zunächst ausgeschlossenen Konzepte liegen.

Eine notwendige Bedingung für eine valide Einschätzung der Wichtigkeit der Konzepte einer Theorie und der Beziehungen zwischen den Konzepten ist auch hier, dass das erste Kriterium einer guten Theorie bereits bei der Entwicklung des Bezugsrahmens erfüllt wurde: Wurden beispielsweise nicht alle relevanten erklärenden Konzepte identifiziert, dann spricht man bei der empirischen Modellformulierung vom sogenannten „underfitting“, in dessen Folge es zu einer Verzerrung der Schätzwerte kommt. Das Gegenstück zum „underfitting“ ist das sogenannte „overfitting“, d.h. ein Modell enthält irrelevante Konzepte. Die Folge eines „overfitting“ sind ineffiziente Schätzwerte, d.h. die Varianz der Schätzwerte ist nicht mehr minimal. Zudem wächst bei einer wachsenden Variablenzahl die Wahrscheinlichkeit, dass ein erklärendes Konzept einen statistisch signifikanten Einfluss aufweist, obwohl der Zusammenhang nur zufällig besteht (und vice versa). Eine weitere Fehlerquelle bei der empirischen

Schätzung eines Phänomens ist Multikollinearität, die beispielsweise dann auftritt, wenn Unterschiede und Gemeinsamkeiten zwischen Konzepten nicht klar herausgearbeitet wurden und Konzepte somit im Extremfall doppelt in einer Modellformulierung enthalten sind. Bei Multikollinearität vermindert sich die Präzision der Schätzwerte eines Modells, was am größer werdenden Standardfehler erkennbar ist. Des Weiteren führt Multikollinearität oftmals dazu, dass sich Schätzwerte stark verändern, wenn ein neues Konzept hinzugefügt oder ein bereits im Modell enthaltenes Konzept entfernt wird (Backhaus et al. 2006; Gujarati 2004; MacKenzie 2003).

4. Reflexion der Theorieentwicklung

In einem finalen Schritt der Theoriebildung im Entdeckungszusammenhang sollte eine kritische Reflexion der bis dahin entwickelten Theorie erfolgen. Da die Entwicklung einer Theorie im Grunde niemals abgeschlossen ist, geht es an dieser Stelle nicht um eine abschließende Bewertung, sondern um eine Diskussion von Limitationen der entwickelten Theorie und einen Ausblick auf ihre Weiterentwicklung (Weick 1995).

Jede Theorie weist Limitationen auf, die sich aus der gewählten konzeptuellen und empirischen Vorgehensweise bei der Theoriebildung ergeben und möglicherweise im Rahmen weiterer Theoriebildung behoben werden können. Sowohl bei der Diskussion der Limitationen einer Theorie als auch beim Ausblick auf die weitere Theoriebildung kann sich ein Wissenschaftler wieder an den Kriterien einer guten Theorie orientieren: Mit Blick auf das erste Kriterium (systematisch zueinander in Beziehung stehende Aussagen) können die Konzepte des Bezugsrahmens und die Beziehungen zwischen den Konzepten weiter präzisiert oder sogar formalisiert werden. Vor dem Hintergrund des zweiten Kriteriums einer guten Theorie (gesetzmäßige Verallgemeinerung) können zur Steigerung des Allgemeinheitsgrades Bezüge zu weiteren bestehenden Theorien herausgearbeitet und eventuell Randbedingungen des Phänomenbereichs aufgehoben werden. Schließlich kann überlegt werden, wie die empirische Überprüfbarkeit (Kriterium 3) und die Nützlichkeit (Kriterium 4) der Theorie weiter verbessert werden können.

Nachdem nun Handlungsempfehlungen zur Entwicklung von Theorien im Entdeckungszusammenhang formuliert wurden, sollen diese nachfolgend anhand des Beispiels der Determinanten des Wiederkaufverhaltens bei Dienstleistungsunternehmen illustriert und ihre

Tauglichkeit geprüft werden. Gleichzeitig wird mit der Entwicklung einer Theorie der Determinanten des Wiederkaufverhaltens ein substantieller Beitrag in diesem Forschungsbereich geleistet.

D. Konzeptuelle Entwicklung einer Theorie der Determinanten des Wiederkaufverhaltens bei Dienstleistungsunternehmen

I. Explizitmachung der Prämissen der Theoriebildung

Bei der Entwicklung einer Theorie der Determinanten des Wiederkaufverhaltens bei Dienstleistungsunternehmen soll ein Verständnis des Marketings als einer Realwissenschaft zu Grunde liegen, die sowohl theoretische als auch angewandte Ziele verfolgt. Aus dem Verständnis des Marketings als Realwissenschaft ergibt sich die Anforderung, dass die zu entwickelnde Theorie einer empirischen Überprüfbarkeit zugänglich sein sollte; die Verfolgung angewandter Ziele bedeutet, dass die Theorie auch nützlich für mögliche Anwender sein sollte. Ein Verständnis des Marketings als Real- bzw. Handlungswissenschaft unterstützt somit die Erfüllung des dritten (empirische Überprüfbarkeit) und vierten Kriteriums (Nützlichkeit) einer guten Theorie.

Es werden darüber hinaus die Annahmen der positivistisch-empiristischen Grundkonzeption getroffen, woraus sich als primäres Ziel der Theoriebildung die Erklärung des Wiederkaufverhaltenphänomens durch möglichst allgemeine Gesetze ergibt. Diese axiologische Position markiert ein langfristiges Ziel, welches keinesfalls im Rahmen dieser Arbeit vollständig erreicht werden muss, aber dennoch zur Erfüllung des zweiten Kriteriums (gesetzmäßige Verallgemeinerung) einer guten Theorie beitragen sollte. Die ontologische Annahme der positivistisch-empiristischen Grundkonzeption einer einzigen, objektiven und teilbaren Realität beinhaltet, dass sich der Phänomenbereich der Determinanten des Wiederkaufverhaltens analytisch in seine relevanten Konzepte und die Beziehungen zwischen den Konzepten zerlegen lässt, und dass die Aussagen der Theorie an der Realität empirisch überprüft werden können. Diese Annahme sollte sowohl zur Erfüllung des ersten (systematisch zueinander in Beziehung stehende Aussagen) als auch des dritten Kriteriums (empirische Überprüfbarkeit) einer guten Theorie beitragen.

Mangels geeigneter eigener Forschungsprogramme im Marketing wird die Theorie der Determinanten des Wiederkaufverhaltens bei Dienstleistungsunternehmen im verhaltenswissenschaftlichen Forschungsprogramm verortet. Eine solche Verortung erscheint mit Blick auf das erste Kriterium einer guten Theorie sinnvoll, weil die bestehenden Arbeiten in diesem Forschungsbereich mehrheitlich dem verhaltenswissenschaftlichen Forschungsprogramm zuzuordnen sind (Palmatier et al. 2006), sodass diese bestmöglich in die neue Theorie integriert werden können. Eine verhaltenswissenschaftliche Perspektive gilt darüber hinaus als besonders geeignet, um konkrete Determinanten des Wiederkaufverhaltens zu identifizieren (Bruhn 2001). Bei der nachfolgenden nomologischen Verortung wird mit der Means-End-Theorie zwar eine marketingeigene Theorie zu Grunde gelegt, diese weist jedoch klare verhaltenswissenschaftliche Bezüge auf, sodass eine inhaltliche Passung gegeben ist. Zur Fundierung und Erweiterung einer Theorie der Determinanten des Wiederkaufverhaltens kann somit auch auf bestehende verhaltenswissenschaftliche Theorien und deren gesetzmäßige Verallgemeinerungen zurückgegriffen werden, was zur Erfüllung des zweiten Kriteriums einer guten Theorie beiträgt. Eine Verortung im verhaltenswissenschaftlichen Forschungsprogramm trägt darüber hinaus sowohl zur Erfüllung des dritten als auch des vierten Kriteriums einer guten Theorie bei, da sich dieses Forschungsprogramm durch vergleichsweise realistische Verhaltensannahmen auszeichnet. Vorsicht ist mit Blick auf das erste Kriterium einer guten Theorie erforderlich, da das verhaltenswissenschaftliche Forschungsprogramm eine Tendenz zur Fragmentierung aufweist (Franke 2000).

II. Inhaltliche Positionsbestimmung

1. Definition und Abgrenzung des Phänomenbereichs

a) Determinanten und Wiederkaufverhalten

Die Frage nach den Determinanten des Wiederkaufverhaltens lässt sich der Relationship Marketing-Forschung als einem allgemeinen Forschungsbereich des Marketings zuordnen. Das Relationship Marketing bezieht sich auf „[…] all marketing activities directed toward establishing, developing, and maintaining successful relational exchanges" (Morgan und Hunt 1994, S. 22) und ist, seit Berry (1983) vor 25 Jahren den Begriff des Relationship Marketing prägte, mittlerweile ein fester Bestandteil der Marketingdisziplin. Deutlich wird dies an den zahlreichen Publikationen in diesem Forschungsbereich (Palmatier et al. 2006), aber auch an seiner Institutionalisierung in Form von Zeitschriften (z.B. *Journal of Relationship Marketing*), Konferenzen (z.B. *International Colloquium on Relationship Marketing*) und Interessensgruppen (z.B. *AMA Relationship Marketing Special Interest Group*).

Der konkrete Phänomenbereich der hier zu entwickelnden Theorie umfasst die Determinanten des Wiederkaufverhaltens, das Konzept des Wiederkaufverhaltens selbst und mögliche Moderatoren des Zusammenhangs zwischen den Determinanten und Wiederkaufverhalten. Der Determinantenbegriff beinhaltet alle erklärenden Konzepte, die einen direkten Einfluss auf das Wiederkaufverhalten von Kunden haben. Die Bestimmung spezifischer Determinanten und Moderatoren erfolgt bei der Entwicklung eines Bezugsrahmens. Das hier zu erklärende Konzept des Wiederkaufverhaltens bezeichnet das wiederholte Kaufen oder Inanspruchnehmen der Dienstleistung eines bestimmten Anbieters durch einen Kunden. Das Konzept des Wiederkaufverhaltens soll im Folgenden genauer erörtert werden.

Das Wiederkaufverhalten ist ein Bestandteil der allgemeineren Begriffe Kundenbindung und Kundenloyalität. In der Literatur finden sich vielfältige Definitionen des Kundenbindungsbegriffs, die sich anhand der Bezugsobjekte systematisieren lassen, auf die sie sich jeweils beziehen, nämlich den Anbieter, den Kunden oder die Geschäftsbeziehung selbst (Bruhn 2001; Diller 1996; Eggert 2000; Hennig-Thurau und Klee 1997; Homburg und Bruhn 2003). Darüber hinaus versuchen manche Autoren, diese drei Bezugsobjekte in einer Definition zu integrieren (Nieschlag, Dichtl und Hörschgen 2002). Es gilt, dass ausschließlich die kundenbezogene Sicht der Kundenbindung der Grundannahme dieser Arbeit entspricht, derzufolge das Wiederkaufverhalten durch Determinanten erklärt wird. Alle anderen Definitionen trennen die Determinanten nicht von dem zu erklärenden Konzept des Wiederkaufverhaltens, sodass sie diese Annahme nicht erfüllen und zudem einer empirischen Forschung grundsätzlich kaum zugänglich erscheinen (Diller 1996; Eggert 2000). Die kundenbezogene Sicht der Kundenbindung ist deckungsgleich mit dem Begriff der Kundenloyalität, definiert als „[...] deeply held commitment to rebuy or repatronize a preferred product or service consistently in the future, thereby causing repetitive same-brand or same brand-set purchasing, despite situational influences and marketing efforts that have the potential to cause switching behavior" (Oliver 1997, S. 392; vgl. auch Diller 1996; Homburg und Bruhn 2003).

Sowohl Kundenloyalität als auch die kundenbezogene Sicht von Kundenbindung umfassen neben dem Wiederkaufverhalten die Beziehungseinstellung von Kunden (Day 1969; Dick und Basu 1994; Jacoby und Chestnut 1978; Jacoby und Kyner 1973; Newman und Werbel 1973; Oliver 1999). Eine Beziehungseinstellung wird hier in Anlehnung an den allgemeinen Einstellungsbegriff definiert als die von einem Kunden wahrgenommene Eignung seiner Beziehung zu einem bestimmten Dienstleistungsanbieter zur Befriedigung einer Motivation (Kroeber-Riel und Weinberg 2003; Trommsdorff 2003). Eine Beziehungseinstellung unterscheidet sich vom Wiederkaufverhalten im Wesentlichen dadurch, dass es sich um ein psychologisches, nicht-beobachtbares Konzept statt einem unmittelbar beobachtbaren Verhalten handelt. Eine Beziehungseinstellung wird hier als ein allgemeines Konzept verstanden, das eine Reihe konkreter Konzepte beinhaltet. In der Literatur wird beispielsweise das Konzept der Bindungsabsicht als konkrete Ausprägung der Beziehungseinstellung eines Kunden diskutiert (Oliver 1999).

Eine Reihe von Autoren vertritt die Ansicht, dass echte Kundenloyalität nur dann vorliegt, wenn ein Kunde sowohl wiederholt bei einem Anbieter kauft als auch eine positive Beziehungseinstellung gegenüber dem Anbieter aufweist (Dick und Basu 1994; Evanschitzky und Wunderlich 2006; Jacoby und Chestnut 1978; Meyer und Oevermann 1995; Oliver 1999; Olsen 2002; Reichheld 2003). Es ist jedoch zu berücksichtigen, dass Einstellung und Kaufverhalten nicht deckungsgleich sein müssen: Ein Kunde, der wiederholt bei einem bestimmten Anbieter kauft, muss keine positive Beziehungseinstellung zu diesem Anbieter haben. Ebenso kann es sein, dass ein Kunde trotz positiver Beziehungseinstellung nicht regelmäßig bei einem Anbieter kauft. Ein möglicher Grund für solche Diskrepanzen liegt darin, dass sich die Determinanten der Beziehungseinstellung und des Wiederkaufverhaltens voneinander unterscheiden. Um den Phänomenbereich der zu entwickelnden Theorie nicht zu stark auszuweiten und damit ihren Erklärungsgehalt zu gefährden, wird hier der Fokus auf das zu erklärende Konzept des Wiederkaufverhaltens gelegt. Aufgrund der Bedeutung des Beziehungseinstellungskonzeptes wird jedoch im Hauptkapitel E als Bestandteil der empirischen Theoriebildung zumindest explorativ untersucht, ob die Determinanten des Wiederkaufverhaltens möglicherweise auch einen Einfluss auf unterschiedliche Ausprägungen der Beziehungseinstellung von Kunden haben. Höchstwahrscheinlich werden einige Determinanten, die das Wiederkaufverhalten von Kunden beeinflussen, keinerlei Wirkung auf die Beziehungseinstellung von Kunden haben.

Wie ein Abgleich mit den Kriterien zur Bewertung von Theorien zeigt, ist ein Fokus auf das Wiederkaufverhalten von Kunden vielversprechend: Durch einen Fokus auf das Wiederkaufverhalten als einem der wichtigsten und etabliertesten zu erklärenden Konzepte in der Relationship Marketing-Forschung wird die zu entwickelnde Theorie mit bestehendem Wissen verknüpft, sodass ein Beitrag zum ersten und zweiten Kriterium einer guten Theorie geleistet wird. Das Wiederkaufverhalten ist zudem klar empirisch überprüfbar (Kriterium 3) und von großer Nützlichkeit für Manager (Kriterium 4), da es sich um ein marketingspezifisches Konzept handelt, das unmittelbar und im starken Maße zur Erreichung der ökonomischen Ziele eines Unternehmens beiträgt (Gupta und Zeithaml 2006; Reichheld und Sasser 1990;

Reichheld und Teal 1996). Gemeinsam mit der nun folgenden Abgrenzung des Gültigkeitsbereichs der Theorie scheint mit einem derart definierten Phänomenbereich zudem ein ausgewogenes Maß an Allgemeinheit und empirischer Überprüfbarkeit bzw. Anwendbarkeit gegeben.

b) Abgrenzung des Gültigkeitsbereichs der Theorie

ba) Dienstleistungen vs. Sachgüter

Die Determinanten des Wiederkaufverhaltens sollen sich statt auf Sachgüter ausschließlich auf Dienstleistungsunternehmen beziehen. Die Unterscheidung zwischen Sachgütern und Dienstleistungen ist in der Marketingwissenschaft fest etabliert (Fisk, Bitner und Brown 1993). In der Literatur finden sich vielfältige Definitionen des Dienstleistungsbegriffs, die sich anhand dreier unterschiedlicher Dimensionen einer Dienstleistung systematisieren lassen, nämlich der Potential-, Prozess- und Ergebnisdimension (Corsten 1990; Hansen und Bode 1999; Meffert und Bruhn 2000). Potentialorientierte Definitionen stellen darauf ab, dass Dienstleistungsanbieter im Gegensatz zu Sachgüterunternehmen einem Kunden statt der eigentlichen Leistung zunächst nur ihre Potentiale zur Leistungserbringung anbieten. Bei prozessorientierten Definitionen wird hervorgehoben, dass bei der Dienstleistungserstellung anders als bei Sachgütern ein externer Faktor (der Kunde oder ein Gegenstand des Kunden) integriert werden muss. Ergebnisorientierte Definitionen betonen schließlich die Immaterialität von Dienstleistungen, die nicht lager-, transport- und umtauschfähig sind.

Es ist anzunehmen, dass sich die Determinanten des Wiederkaufverhaltens zwischen Dienstleistungen und Sachgütern aufgrund ihrer konstitutiven Merkmale unterscheiden: Die Integration eines externen Faktors führt beispielsweise dazu, dass die Dienstleistungsumgebung (Baker et al. 2002; Bitner 1992; Grove und Fisk 1997), die Kommunikation und Interaktion zwischen Kunde und Anbieter (Crosby und Stephens 1987; Mohr, Fisher und Nevin 1996), aber auch Aspekte wie Wartezeiten (Taylor 1994) große Bedeutung für Dienstleistungen haben. Aufgrund der Intangibilität und der Heterogenität des Leistungsergebnisses ist zudem das wahrgenommene Risiko bei Dienstleistungen sehr groß, sodass die Dienstleistungsqualität (Zeithaml, Berry und Parasuraman 1996) und vertrauensbildende Instrumente wie beispielsweise Garantien eine herausragende Rolle spielen (Berry 1995; Hogreve 2007). Schließlich weisen viele Dienstleistungen eine „menschliche" Komponente auf, d.h. das Verhalten des Dienstleistungspersonals und der daraus entstehende Einfluss auf die Kunden, wie beispielsweise durch die Übertragung von Emotionen (Hennig-Thurau et al. 2006) oder die Schaffung eines sozialen Nutzens für den Kunden (Berry 1995; Bitner 1995; Czepiel 1990), sind von entscheidender Bedeutung für den Unternehmenserfolg (Heskett, Sasser und Schlesinger 1997). Im Gegensatz dazu entwickeln Kunden bei Sachgütern eine Beziehung zum Produkt bzw. zur Marke statt zu Personen (Fournier 1998; Sheth und Parvatiyar 1995).

bb) Direkter vs. indirekter Kontakt

Des Weiteren sollen nur Dienstleistungen betrachtet werden, bei denen ein direkter Kontakt zwischen dem Personal des Anbieters und den Kunden besteht (Lovelock 1983). Ausgeschlossen werden damit sowohl Dienstleistungen, bei denen die Interaktion zwischen Anbieter und Kunde ausschließlich elektronisch, postalisch oder telefonisch erfolgt, als auch Dienstleistungen, die vollkommen durch den Kunden selbst erbracht werden. Die Relevanz einer Unterscheidung zwischen verschiedenen Kontaktformen wird durch zahlreiche Studien in der Dienstleistungsmarketingforschung untermauert (Bowen 1990; Meuter et al. 2000; 2005). Es kann daher angenommen werden, dass sich die Determinanten des Wiederkaufverhaltens bei Dienstleistungen mit einem direkten Kontakt zwischen Anbieter und Kunden von Dienstleistungen mit einem indirekten Kontakt unterscheiden. Zum Beispiel muss im Fall von Direktbanken, bei denen die Interaktion elektronisch oder telefonisch erfolgt, weder der Anbieter noch der Kunde eine räumliche Distanz überwinden, sodass der Standort des Anbieters im Gegensatz zu Dienstleistungen mit direktem Kontakt zwischen Anbieter und Kunde keine Rolle spielt. Bei Dienstleistungen, die vollständig durch den Kunden selbst erbracht werden, entfällt darüber hinaus die für Dienstleistungen charakteristische Bedeutung des Personals.

bc) Endkunden vs. Geschäftskunden

Als weitere Abgrenzung des Gültigkeitsbereichs der Theorie soll gelten, dass ausschließlich die Determinanten des Wiederkaufverhaltens bei Endkunden untersucht werden. Dies entspricht der in der Marketingwissenschaft ebenfalls fest etablierten Unterscheidung zwischen einem Marketing, das sich an Endkunden versus Geschäftskunden richtet (Kotler, Keller und Bliemel 2007; Meffert 2000). Es ist zu vermuten, dass sich die Determinanten des Wiederkaufverhaltens zwischen Endkunden und Geschäftskunden unterscheiden. Zum Beispiel spielen bei der Bindung von Geschäftskunden aufgrund der relativ größeren Wichtigkeit einzelner Kunden und des direkten, persönlichen Kontaktes zu Kunden (Klee 2000) interpersonelle Beziehungen (Wathne, Biong und Heide 2001) und individuelle Problemlösungen (Preß 1997), aber auch Machtunterschiede, Konflikte und Abhängigkeiten zwischen Beziehungspartnern (Kumar, Scheer und Steenkamp 1998) eine größere Rolle als bei der Bindung von Endkunden. Zudem werden statt einer einzelnen Leistung oftmals komplexe Leistungsbündel als Systemlösungen angeboten, und Kaufentscheidungen werden meist nicht von Einzelpersonen, sondern durch Einkaufsgremien getroffen (Klee 2000). Die Beziehungen zwischen Unternehmen sind darüber hinaus oftmals durch sogenannte „compound relationships" gekennzeichnet, d.h. zwei Firmen stehen gleichzeitig als Kunden, Lieferanten, Partner und Wettbewerber zueinander in Beziehung (Ross und Robertson 2007).

bd) Ohne vs. mit formaler Mitgliedschaft

Schließlich gilt die zu entwickelnde Theorie ausschließlich für Dienstleistungen, bei denen keine formale Mitgliedschaft des Kunden beim Anbieter besteht. Ausgeschlossen sind damit Dienstleistungen, bei denen wie im Fall von beispielsweise Telekommunikationsdienstleistungen und Zeitschriftenabonnements üblicherweise ein Vertrag zwischen Anbieter und Kunde geschlossen wird, in dem sich der Kunde verpflichtet, während eines festgelegten Zeitraums für die Leistungen eines Anbieters zu zahlen. Die Unterscheidung zwischen Beziehungen mit vs. ohne formale Mitgliedschaft ist hier wichtig, da sich, wie zahlreiche Studien zeigen, das Kundenverhalten jeweils stark unterscheidet (vgl. z.B. Bhattacharya 1998; Diller 1996; Lovelock 1983): Beispielsweise verteilen Kunden ihre Ausgaben innerhalb einer Dienstleistungskategorie ohne formale Mitgliedschaft oftmals auf mehrere (statt nur auf einen) Anbieter und die Zeitabstände zwischen zwei Käufen sind tendenziell unregelmäßiger (Reinartz und Kumar 2000; 2003). Eine Reihe von Autoren hat darüber hinaus motivationspsychologische Unterschiede zwischen Beziehungen mit vs. ohne formale Mitgliedschaft ausgemacht: Zum Beispiel kann es bei einer formalen Mitgliedschaft vorkommen, dass ein Kunde die Beziehung zu einem Anbieter nur aufrechterhält, weil er sich dazu gezwungen sieht (Jones, Mothersbaugh und Beatty 2000). Bliemel und Eggert (1998) unterscheiden in diesem Zusammenhang die beiden Bindungszustände der „Gebundenheit" und „Verbundenheit“ und Bendapudi und Berry (1997) sprechen von „dedication-based“ und „constraint-based relationships“ (vgl. auch Hennig-Thurau, Gwinner und Gremler 2000).

2. Literaturdurchsicht

Um einen Überblick über den Stand der Forschung zu den Determinanten des Wiederkaufverhaltens zu bekommen, wurden vom Verfasser sämtliche Beiträge recherchiert, die zwischen 1983 und 2005 in den international führenden Zeitschriften der Marketingwissenschaft veröffentlicht wurden[8]. Das Jahr 1983 wurde als Startpunkt der Recherche gewählt, da die erstmalige Verwendung des Relationship Marketing-Begriffs üblicherweise dem Artikel von Berry (1983) zugeschrieben wird. Die Recherche hat vier integrative und 65 partikulare Studien zu Tage gefördert. Die partikularen Studien machen sehr deutlich, dass der aggregierte Forschungsstand zu den Determinanten des Wiederkaufverhaltens zum gegenwärtigen Zeitpunkt als fragmentarisch zu bezeichnen ist. Die bestehenden integrativen Studien sind (wie nachfolgend aufgezeigt wird) nicht in der Lage, diesen fragmentarischen Forschungsstand zu überwinden, können jedoch zumindest als erste begrüßenswerte Ansätze eines Bezugsrahmens der Determinanten des Wiederkaufverhaltens gelten.

In den partikularen Studien werden 91 unterschiedliche meist aus den Nachbardisziplinen des Marketings ausgeliehene Determinanten diskutiert, zwischen denen auf einer aggregierten Ebene kein systematischer und kohärenter Zusammenhang zu erkennen ist. Gummesson (1997, S. 267) beklagt beispielsweise, „[…] [m]uch of what is currently written about [relationship marketing] is theoryless, a stack of fragmented philosophies, observations, and claims which do not converge in the direction of an emerging [relationship marketing] theory.“ Zu einem ähnlichen Urteil kommen Hansen und Bode (1999, S. 308) mit Blick auf die Relationship Marketing-Forschung, wenn sie die „[…] bisherige theoretische Fundierung […] durch die Bezugnahme auf extern entwickelte Modelle“ als „Eklektizismus“ bezeichnen (vgl. auch Parvatiyar und Sheth 2000). Palmatier et al. (2006, S. 137) stellen mit Blick auf die in der Literatur diskutierten Determinanten des Wiederkaufverhaltens fest, „[…] many con-

[8] Als international führend wurden alle Marketingzeitschriften eingestuft, die im VHB-JOURQUAL-Ranking mit A+ oder A bewertet wurden (Hennig-Thurau, Walsh und Schrader 2004). Ausgeschlossen wurden aufgrund mangelnder inhaltlicher Relevanz für den hier interessierenden Forschungsbereich die beiden Zeitschriften *Journal of Applied Psychology* und *Journal of International Marketing*. Die folgenden neun Zeitschriften wurden demnach berücksichtigt: *International Journal of Research in Marketing*, *Journal of Consumer Research*, *Journal of Marketing*, *Journal of Marketing Research*, *Journal of Retailing*, *Journal of Service Research*, *Journal of the Academy of Marketing Science*, *Marketing Letters* und *Marketing Science*.

structs [exist] with similar definitions that operate under different aliases and constructs with similar names but different operationalizations“ und Gupta und Zeithaml (2006, S. 733) fügen hinzu, „[…] the pattern of relationships among the variables is not clear.“ Schließlich resümieren Verhoef, Van Doorn und Dorotic (2007, S. 115): „[…] [n]umerous studies investigate the antecedents of customer retention. However, still it is difficult to deduce generalizable findings, since the research is quite fragmented and results are mixed.“

Anhand der folgenden beispielhaften Fragen, die sich auf eine Auswahl bestehender partikularer Studien beziehen, kann der fragmentarische Forschungsstand zu den Determinanten des Wiederkaufverhaltens illustriert werden: Welcher Zusammenhang besteht beispielsweise zwischen dem Beschwerdemanagement eines Unternehmens (Tax, Brown und Chandrashekaran 1998), seiner Kundenorientierung (Beatty et al. 1996) und den Emotionen von Mitarbeitern (Hennig-Thurau et al. 2006)? Was sind aus Kundensicht die Unterschiede zwischen einem Kundenbindungsprogramm (Verhoef 2003), Direktmarketing (De Wulf, Odekerken-Schröder und Iacobucci 2001) und Verkaufsförderung (Gedenk und Neslin 1999)? Wie verhalten sich die Konzepte der Dienstleistungsqualität (Zeithaml, Berry und Parasuraman 1996), der Kundenkommunikation (Crosby und Stephens 1987), der Leistungsindividualisierung (Simonson 2005), des Preises (Varki und Colgate 2001) und des Angebots hochwertiger Handelsmarken (Corstjens und Lal 2000) zueinander? Wie passt die Idee von Geschäftsfreundschaften (Price und Arnould 1999) oder der Bequemlichkeit (Berry, Seiders und Grewal 2002) zum Konzept des Beziehungsnutzens (Gwinner, Gremler und Bitner 1998)? Wie verhält sich Customer Comfort (Spake et al. 2003) konzeptuell zur Identifikation des Kunden mit einem Unternehmen (Bhattacharya und Sen 2003) und dem Markenwert (Johnson, Herrmann und Huber 2006)? Was ist der Zusammenhang zwischen Beziehungsqualität (Crosby, Evans und Cowles 1990), dem wahrgenommenen Wert (Johnson, Herrmann und Huber 2006) und dem Wissen des Kunden über alternative Angebote (Capraro, Broniarczyk und Srivastava 2003)? Was hat das Kundenvertrauen (Doney und Cannon 1997) zu tun mit den Rollenerwartungen des Kunden (Evans, Christiansen und Gill 1996) oder mit dem Rapport (Gremler und Gwinner 2000) oder der während einer Dienstleistungsbegegnung wahrgenommenen Wärme (Lemmink und Mattsson 1998)? Und in welchem Verhältnis stehen das wahrgenommene Beziehungsinvestment (De Wulf, Odekerken-Schröder und Iacobucci 2001), die empfundene Gerechtigkeit (Olsen und Johnson 2003) und frühere Bindungsabsichten von Kunden (Johnson, Herrmann und Huber 2006) zueinander?

Tab. 3. zeigt, dass keine der integrativen Studien einen Bezugsrahmen beinhaltet, der alle Kriterien einer guten Theorie erfüllt und somit geeignet wäre, den fragmentarischen Forschungsstand zu den Determinanten des Wiederkaufverhaltens zu überwinden. Die Entwicklung eines neuen Bezugsrahmens erscheint vor diesem Hintergrund sinnvoll und notwendig.

Tab. 3: Bewertung bestehender Bezugsrahmen der Determinanten des Wiederkaufverhaltens

Autoren	Kriterium 1: Systematisch zueinander in Beziehung stehende Aussagen	Kriterium 2: Gesetzmäßige Verallgemeinerung	Kriterium 3: Empirische Überprüfbarkeit	Kriterium 4: Nützlichkeit
Bolton, Lemon und Verhoef (2004)	-	o	+	+
Dick und Basu (1994)	o	+	+	o
Rust, Lemon und Zeithaml (2004)	-	-	+	+
Sheth und Parvatiyar (1995)	o	o	o	o

Anmerkung: „+“ = Kriterium erfüllt; „o“ = Kriterium zum Teil erfüllt; „-“ = Kriterium nicht erfüllt.
Quelle: Eigene Darstellung

Bolton, Lemon und Verhoef (2004) argumentieren, dass Marketinginstrumente, wie Programme zur Steigerung der Dienstleistungsqualität, Direktmarketing, Kundenbindungsprogramme, kommunikationspolitische Instrumente und die Wahl des Distributionskanals das Wiederkaufverhalten eines Kunden indirekt über die Kundenzufriedenheit, das Commitment und die Preiswahrnehmung beeinflussen. Es ist festzustellen, dass eine empirische Überprüfbarkeit (Kriterium 3) des Bezugsrahmens von Bolton, Lemon und Verhoef (2004) ebenso gegeben ist wie eine Anwendbarkeit durch Dienstleistungsunternehmen und Marketingwissenschaftler (Kriterium 4), da es sich ausschließlich um sehr konkrete, marketingspezifische Determinanten des Wiederkaufverhaltens handelt. Problematisch ist die Auswahl der Determinanten, die keinesfalls systematisch und vollständig ist, deren Zusammenhänge untereinander vollkommen unklar bleiben und die nicht dazu geeignet erscheint, das bestehende Wissen zu den Determinanten des Wiederkaufverhaltens möglichst vollständig zu integrieren (Kriterium 1). Mit Blick auf das zweite Kriterium einer guten Theorie kann sich der Bezugsrahmen von Bolton, Lemon und Verhoef (2004) zumindest auf die gesetzmäßige Verallgemeinerung stützen, dass die Dienstleistungsqualität und die Kundenzufriedenheit das Wiederkaufverhalten von Kunden positiv beeinflussen (Gupta und Zeithaml 2006). Die anderen im Bezugsrahmen von Bolton, Lemon und Verhoef (2004) beschriebenen Zusammenhänge können sicherlich nicht den Status einer gesetzmäßigen Verallgemeinerung für sich beanspruchen, sodass das zweite Kriterium einer guten Theorie nur zum Teil erfüllt wird.

Dick und Basu (1994) unterscheiden auf der Basis von Einstellungstheorien zwischen kognitiven, affektiven und konativen Determinanten des Wiederkaufverhaltens. Zu den kognitiven Determinanten zählen Dick und Basu (1994) das Zutrauen eines Kunden in seine eigenen Kognitionen sowie deren Zugänglichkeit, Zentralität und Klarheit. Affektive Determinanten umfassen die Emotionen, die Stimmungen, die primären Affekte und die Zufriedenheit von Kunden, und konative Determinanten integrieren kundenseitige Wechselkosten, versunkene Kosten und Kundenerwartungen. Der Bezugsrahmen von Dick und Basu (1994) stützt sich durch die Bezugnahme auf das allgemeine Einstellungskonzept auf die in den Sozialwissenschaften etablierte gesetzmäßige Verallgemeinerung, dass Einstellungen einen Einfluss auf das Verhalten ausüben (Kriterium 2). Empirische Überprüfbarkeit ist ebenfalls gegeben, da alle Konzepte des Bezugsrahmens von Dick und Basu (1994) einer empirischen Operationalisierung zugänglich erscheinen (Kriterium 3). Der Bezugsrahmen ist zwar durchaus theoretisch kohärent und möglicherweise geeignet, eine Reihe von bestehenden Determinanten zu integrieren, jedoch ist er keinesfalls vollständig (Kriterium 1), und es sind erhebliche Zweifel angebracht, inwieweit die Unterscheidung von kognitiven, affektiven und konativen Determinanten handlungsrelevant für Dienstleistungsunternehmen ist (Kriterium 4).

Der Bezugsrahmen von Rust, Lemon und Zeithaml (2004) besagt, dass das Wiederkaufverhalten eines Kunden von den drei Kategorien des wahrgenommenen Werts einer Dienstleistung, dem Beziehungsmanagement und dem Markenwert beeinflusst wird, wobei sich jede Kategorie aus einer Reihe weiterer Determinanten zusammensetzt. Der vom Kunden wahrgenommene Wert einer Dienstleistung setzt sich beispielsweise aus der Dienstleistungsqualität, dem Preis und der Bequemlichkeit zusammen, wohingegen das Beziehungsmanagement unter anderem Bindungsprogramme und die Sonderbehandlung von Kunden umfasst (Rust, Zeithaml und Lemon 2000). Der Bezugsrahmen von Rust, Lemon und Zeithaml (2004) ist aufgrund der durchweg konkreten marketingspezifischen Determinanten des Wiederkaufverhaltens sowohl empirisch überprüfbar (Kriterium 3) als auch grundsätzlich nützlich für Dienstleistungsmanager und Marketingwissenschaftler (Kriterium 4). Kritisch zu bewerten sind die Auswahl der Determinanten, ihr Verhältnis zum bestehenden Wissen in der Literatur und die Zusammenhänge zwischen den Determinanten, da diese weder systematisch und vollständig beschrieben sind (Kriterium 1) noch als gesetzmäßige Verallgemeinerungen (Kriterium 2) gelten können.

Sheth und Parvatiyar (1995) argumentieren, dass der Wunsch eines Kunden, die ihm zur Verfügung stehende Auswahl an Produkten zu verringern, den Hauptgrund für sein Wiederkaufverhalten darstellt und diskutieren vor diesem Hintergrund eine Reihe von psychologischen, soziologischen und institutionellen Theorien der Konsumentenverhaltensforschung. Der Bezugsrahmen von Sheth und Parvatiyar (1995) ist zwar theoretisch kohärent, jedoch ist er weder vollständig noch nimmt er Bezug auf bestehendes Wissen zu den Determinanten des Wiederkaufverhaltens (Kriterium 1). Fragwürdig ist zudem die postulierte gesetzmäßige Verallgemeinerung, dass treue Kunden primär ihre Auswahl begrenzen wollen (Kriterium 2). Bagozzi (1995, S. 273) kritisiert diese Überlegung explizit, indem er feststellt, „[...] people enter relationships for a variety of reasons, and this results in reduced choices, but the reduction in choices may never be the motive, per se.“ Die empirische Überprüfbarkeit (Kriterium 3) und die Nützlichkeit (Kriterium 4) des Bezugsrahmens für Dienstleistungsunternehmen und die Marketingdisziplin sind ungewiss, da Sheth und Parvatiyar (1995) ausschließlich äußerst abstrakte Konzepte aus Nachbardisziplinen aufzählen.

3. Nomologische Verortung in der Means-End-Theorie

a) Means-End-Theorie: Grundgedanke, Bewertung und Fundierung

Die Theorie der Determinanten des Wiederkaufverhaltens soll in der Means-End-Theorie nomologisch verortet werden, welche somit sowohl die Basis für eine deduktive Bestimmung allgemeiner Bezugsrahmenkonzepte als auch die notwendige Voraussetzung für eine induktive Identifikation konkreter neuer Konzepte gewährleistet. Nachfolgend wird zunächst der Grundgedanke der Means-End-Theorie erläutert und ihre Eignung als nomologische Basis anhand der Kriterien einer guten Theorie bewertet. Im darauf folgenden Schritt werden Bezüge der Means-End-Theorie zu Erkenntnissen in Nachbardisziplinen hergestellt, wodurch die nomologische Basis der zu entwickelnden Theorie weiter untermauert und zum Teil erweitert wird.

aa) Grundgedanke und Bewertung

Die Means-End-Theorie ist eine marketingeigene Theorie, die als Erstes von Gutman (1982) und Olson und Reynolds (1983) formuliert wurde (vgl. für Vorläufermodelle Howard 1977; Vinson, Scott und Lamont 1977; Young und Feigin 1975). In der Means-End-Theorie geht es um zwei zentrale Fragestellungen des Marketings, und zwar erstens um die Frage, wie ein Kunde den Inhalt und die Struktur seines Produktwissens im Langzeitgedächtnis organisiert, und zweitens, warum ein Kunde ein bestimmtes Produkt bzw. eine Dienstleistung kauft (Cohen und Warlop 2001; Overby, Gardial und Woodruff 2004). Abb. 3 stellt die zentralen Aussagen der Means-End-Theorie als Antworten auf diese Fragen schematisch dar.

Abb. 3: Zentrale Aussagen der Means-End-Theorie

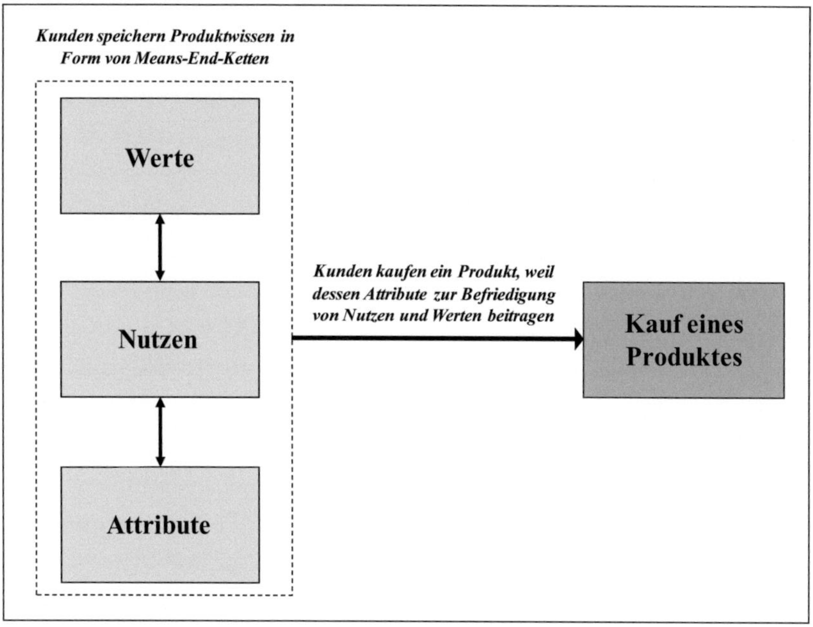

Quelle: Eigene Darstellung

Die Means-End-Theorie besagt, dass ein Kunde sein Wissen über die Attribute eines Produktes mit seinem Wissen über den daraus resultierenden Nutzen und seinen persönlichen

Werten verknüpft (Gutman 1982; Olson und Reynolds 1983; Walker und Olson 1991). Dieses Wissen über Ziel-Mittel-Zusammenhänge zwischen Attributen, Nutzen und Werten wird in der Means-End-Theorie als Means-End-Kette bezeichnet (Claeys und Vanden Abeele 2001). Zum Kauf eines bestimmten Produktes durch einen Kunden kommt es gemäß der Means-End-Theorie dann, wenn ein Kunde die Attribute dieses Produktes als geeignete Mittel zur Erreichung von für sich persönlich als wichtig erachteten Zielen wie Nutzen und Werten wahrnimmt (Cohen und Warlop 2001; Grunert und Bech-Larsen 2005; Ter Hofstede et al. 1998).

Da es in dieser Arbeit um die Entwicklung einer im Marketing entwickelten Theorie der Determinanten des Wiederkaufverhaltens bei Dienstleistungsunternehmen geht, liegt es nahe, die Means-End-Theorie als eine der wenigen bestehenden marketingeigenen Theorien für die nomologische Verortung zu wählen. Es wird dadurch ein optimaler Allgemeinheitsgrad gewährleistet. Gleichzeitig liefert die Means-End-Theorie Bezüge zu Theorien aus Nachbardisziplinen, was ihre nomologische Basis weiter untermauert, lässt sich als originäre Marketingtheorie aber nicht als Ganzes den Forschungsbereichen anderer Disziplinen zuordnen. Vielmehr weist die Means-End-Theorie Bezugspunkte sowohl zur Kognitions- als auch zur Motivationsforschung der allgemeinen Psychologie auf (Brunsø, Scholderer und Grunert 2004; Grunert und Grunert 1995; Scholderer, Brunsø und Grunert 2002): Während sich die Frage nach dem Produktwissen von Kunden in der Kognitionsforschung verorten lässt, betrifft die Frage nach den Gründen für einen Produktkauf das Feld der Motivationsforschung. Wie nachfolgend verdeutlicht wird, weist die Means-End-Theorie ein hohes integratives Potential auf und trägt im starken Maße dazu bei, dass die zu entwickelnde Theorie der Determinanten des Wiederkaufverhaltens bei Dienstleistungsunternehmen die Kriterien einer guten Theorie erfüllt.

<u>*Kriterium 1*</u>*: Systematisch zueinander in Beziehung stehende Aussagen.* Mit der Means-End-Kette liefert die Means-End-Theorie die Basis für eine theoretisch kohärente, präzise und vollständige Bestimmung der Determinanten des Wiederkaufverhaltens und der Beziehungen zwischen den Determinanten. Die Idee einer Means-End-Kette wurde bereits in zahlreichen anderen Marketingkontexten erfolgreich als integrativer Bezugsrahmen genutzt, sodass ihre Verwendung für die Determinanten des Wiederkaufverhaltens vielversprechend erscheint: Mit Hilfe von Means-End-Ketten wird beispielsweise das Kundenwissen über manifeste Produkte (Gutman 1982), Dienstleistungen (Pieters, Botschen und Thelen 1998), Marken (Keller 1993) und Personen (Bagozzi und Dabholkar 2000) untersucht, aber auch das

Wissen von Kunden über Verhaltensweisen wie Einkaufen (Wagner 2007), Recycling (Bagozzi und Dabholkar 1994), das Abnehmen von Körpergewicht (Pieters, Baumgartner und Allen 1995) und das Stillen von Säuglingen (Gengler, Mulvey und Oglethorpe 1999). Eine zentrale Rolle spielt die Means-End-Kette zudem bei der Modellierung des kundenseitig wahrgenommenen Werts einer Leistung (Flint, Woodruff und Gardial 2002; Woodruff 1997; Zeithaml 1988).

Kriterium 2: Gesetzmäßige Verallgemeinerung. Die Means-End-Theorie beinhaltet zwei gesetzmäßige Verallgemeinerungen, die auf die Determinanten des Wiederkaufverhaltens übertragen werden können: (1) Wenn Kunden Wissen über eine Dienstleistung erlangen, dann speichern sie dieses Wissen in Form von Means-End-Ketten; (2) Kunden kaufen eine Dienstleistung, wenn deren Attribute zur Befriedigung von positiv bewerteten Nutzen und Motiven beitragen. Für beide Aussagen existieren zahlreiche theoretische und empirische Belege in der Means-End-Literatur (Cohen und Warlop 2001; Gutman 1982; Perkins und Reynolds 1988; Overby, Gardial und Woodruff 2004), sodass die Kennzeichen einer gesetzmäßigen Verallgemeinerung erfüllt sind (empirischer Inhalt, nomologische Notwendigkeit und systematische Integration in den Bestand wissenschaftlichen Wissens).

Wie unten detailliert ausgeführt wird, erfahren diese beiden gesetzmäßigen Aussagen zusätzliche Unterstützung aus anderen Disziplinen. Hervorzuheben ist an dieser Stelle, dass die Means-End-Theorie insbesondere mit ihrer impliziten Bezugnahme auf die Motivationsforschung dazu geeignet erscheint, die unterschiedlichsten erklärenden Konzepte des Wiederkaufverhaltens zu integrieren. Schanz (1979, S. 134) meint sogar, dass Motivationstheorien eine mögliche Basis für die Integration aller Sozialwissenschaften bieten, weil „[...] in ihrem Gegenstand—der Bedürfnisorientierung von Individuen—gleichsam das ‚[...] fundamentale Repertoire der menschlichen Natur' (Homans) zu erblicken ist." Daran kann seiner Meinung nach keine sozialwissenschaftliche Disziplin vorbeigehen, wenn sie den Anspruch erhebt, „[...] eine auf Erklärung der Realität bedachte Wirklichkeitswissenschaft zu sein" (ebd.). Ganz ähnlich argumentiert Abel (1979), der ebenfalls auf die Verbindung zwischen Motivationstheorien und dem Streben nach Bedürfnisbefriedigung als zentraler Idee sowohl der Wirtschafts- als auch der Marketingwissenschaft verweist (Kotler, Keller und Bliemel 2007; Levitt 1960; Mazis, Ahtola und Klippel 1975). Abel (1979, S. 147) schlägt daher vor, dass man in den Wirtschaftswissenschaften zur Erklärung eines konkreten Verhaltens „[...] zunächst auf das nomologische Wissen zurückgreifen [kann], das uns die Bedürfnis- bzw. Motivationstheorien recht umfassend liefern.“

Kriterium 3: Empirische Überprüfbarkeit. Die Konzepte und Aussagen der Means-End-Theorie sind klar definiert und wurden bereits in zahlreichen empirischen Studien erfolgreich operationalisiert und untersucht (Overby, Gardial und Woodruff 2004; Ter Hofstede, Steenkamp und Wedel 1999). Zur empirischen Identifikation und Überprüfung von Means-End-Ketten werden in der Forschung zur Means-End-Theorie sowohl qualitative als auch quantitative Methoden angewandt (Grunert und Grunert 1995; Reynolds und Gutman 1988; Walker und Olson 1991).

Kriterium 4: Nützlichkeit. Eine auf Basis der Means-End-Theorie entwickelte Theorie ist nützlich für Marketingwissenschaftler, weil sie die ersten drei Kriterien einer guten Theorie erfüllt und somit das Phänomen des Wiederkaufverhaltens voraussichtlich erklären kann. Darüber hinaus basiert die Means-End-Theorie ausschließlich auf marketingrelevanten Konzepten und hat bereits in der Vergangenheit großes integratives und heuristisches Potential bewiesen. Das heuristische Potential der Means-End-Theorie wird sicherlich auch bei den Determinanten des Wiederkaufverhaltens helfen, Forschungslücken zu identifizieren und neue Fragen zu formulieren (Reynolds und Olson 2001). Für Unternehmen ist die Idee einer Means-End-Kette nützlich, weil durch die Integration von Attributen eine konkrete, unmittelbar steuerbare Determinante des Kundenverhaltens Bestandteil der Theorie ist (Cohen und Warlop 2001). Des Weiteren können auf Basis von Means-End-Ketten unter anderem Kundensegmente gebildet (Botschen, Thelen und Pieters 1999; Ter Hofstede, Steenkamp und Wedel 1999) und kommunikationspolitische Maßnahmen entwickelt (Reynolds und Craddock 1988) werden. Die Nützlichkeit der Theorie wird zusätzlich dadurch gesteigert, dass die Means-End-Theorie einfach zu verstehen und zu kommunizieren ist.

ab) Kognitionstheoretische Fundierung

Zur Fundierung und Erweiterung der Aussagen der Means-End-Theorie, wie ein Kunde den Inhalt und die Struktur seines Produktwissens im Langzeitgedächtnis organisiert, können aufgrund der hier vorgenommenen Verortung im verhaltenswissenschaftlichen Forschungsprogramm Erkenntnisse der Kognitionsforschung als einem Teilgebiet der allgemeinen Psychologie genutzt werden. In der Kognitionsforschung geht es um kognitive Prozesse wie die Aufnahme, Verarbeitung und Speicherung von Informationen (Kroeber-Riel und Weinberg 2003; Trommsdorff 2003). Ein zentrales Ergebnis der Kognitionsforschung ist, dass das gesamte Wissen eines Menschen in seinem Langzeitgedächtnis gespeichert ist, welches sich als ein Netzwerk aus Kategorien unterschiedlichen Abstraktionsgrades und Beziehungen zwischen diesen Kategorien beschreiben lässt (Anderson 1983a; Cohen 2000; Kelly 1955; Quillian 1968; Rosch 1978). An dieser Stelle zeigen sich einige wesentliche Gemeinsamkeiten und Unterschiede zwischen der Means-End-Theorie und der Kognitionsforschung: Die Means-End-Theorie teilt zwar mit der Kognitionsforschung die Annahme eines kognitiven Netzwerks, in dem Wissen auf unterschiedlichen Abstraktionsebenen gespeichert ist, allerdings legt sie mit der Means-End-Kette eine spezielle Form von Netzwerk zu Grunde (Trommsdorff 2003; Van Rekom und Wierenga 2007), und sie beschäftigt sich mit dem Wissen über Produkte nur mit einem Ausschnitt aus dem Gesamtwissen eines Kunden (Claeys und Vanden Abeele 2001; Olson und Reynolds 1983).

Weitestgehende Übereinstimmung zwischen der Means-End-Theorie und der Kognitionsforschung besteht mit Blick auf den möglichen Inhalt von Kategorien, der laut Kognitionsforschung entweder deklaratorisch oder prozedural ist (Kroeber-Riel und Weinberg 2003; Trommsdorff 2003): Deklaratorisches Wissen ist semantisch, d.h. es bezieht sich auf Dinge und deren sprachliche Bedeutung, oder episodisch, d.h. es bezieht sich auf Situationen und Ereignisse. Prozedurales Wissen dient der Nutzung deklaratorischen Wissens und bezieht sich auf Handlungsabläufe. Im Einklang hiermit wird in der Means-End-Literatur argumentiert, dass eine Means-End-Kette sowohl deklaratorisches als auch prozedurales Wissen umfasst: Während Attribute, Nutzen und Werte deklaratorisches Wissen beinhalten, ist in den Verknüpfungen zwischen ihnen prozedurales Wissen gespeichert (Bagozzi, Bergami und Leone 2003; Brunsø, Scholderer und Grunert 2004; Van Rekom und Wierenga 2007).

Von besonderem Interesse für eine *Erweiterung* der Means-End-Theorie sind Erkenntnisse der Kognitionsforschung zur Entstehung und Aktivierung von Kategorien im Langzeitgedächtnis, da diese Fragestellungen in der Forschung zur Means-End-Theorie vergleichsweise wenig behandelt wurden. Überträgt man die Erkenntnisse der Kognitionsforschung zur Entstehung von Kategorien auf die Means-End-Theorie, dann können Means-End-Ketten demnach sowohl durch exemplarisches Lernen als auch durch konzeptuelle Kombination entstehen (Claeys und Vanden Abeele 2001). Beim exemplarischen Lernen werden auf passive und automatische Weise zunehmend abstraktere Kategorien gebildet, die jeweils als ähnlich betrachtete Objekte beinhalten (Barsalou 1982; 1985; 1991; Cohen 2000; Rosch und Mervis 1975; Rosch et al. 1976; Ross und Murphy 1999). Ein Beispiel für exemplarisches Lernen ist, wenn ein Kunde sein Wissen über eine Reihe konkreter Attribute (wie z.B. „der Mitarbeiter lächelt mich stets an“, „der Mitarbeiter hört mir zu“) in einer abstrakten Kategorie („der Mitarbeiter ist sehr freundlich“) bündelt. Bei der konzeptuellen Kombination hingegen entstehen Kategorien aktiv durch die bewusste Manipulation bestehenden Wissens im Gedächtnis. Es werden auf diese Weise zum Beispiel sogenannte Goal-Derived-Kategorien gebildet, d.h. alle Objekte einer Kategorie dienen zur Erreichung eines bestimmten Ziels (Bagozzi, Bergami und Leone 2003; Bagozzi und Dholakia 1999; Huffman und Houston 1993; Kruglanski et al. 2002). Eine konzeptuelle Kombination kommt zum Tragen, wenn ein Kunde zum Beispiel einen bestimmten Nutzen („Zeit sparen“) erreichen möchte und sein Wissen über eine Reihe von Attributen (wie z.B. „die Wartezeiten sind kurz“, „der Mitarbeiter schneidet die Haare sehr schnell“) entsprechend ihres Beitrags zu diesem Nutzen in einer Kategorie („alles, was Zeit spart“) zusammenfasst.

Wie vereinzelte Diskussionen in der Means-End-Literatur zeigen, scheinen sich des Weiteren die Überlegungen der Kognitionsforschung zur Aktualisierung von Konzepten im Gedächtnis auf Means-End-Ketten übertragen zu lassen (Claeys, Swinnen und Vanden Abeele 1995; Claeys und Vanden Abeele 2001). Die Kognitionsforschung erklärt den Prozess, der initiiert wird, wenn eine Kategorie im Gedächtnis aktiviert wird, anhand der Spreading-Activation-Theorie auf folgende Weise: Sobald eine Kategorie aktiviert ist, breitet sich die Aktivierung in Abhängigkeit von der Stärke ihrer Verknüpfungen auf andere Kategorien aus. Die Stärke einer Verknüpfung zwischen zwei Kategorien ist eine Funktion der Häufigkeit, mit der sie beansprucht wird (Anderson 1983a). Mit zunehmender Verbreitung wird das Signal einer Aktivierung immer schwächer (Anderson 1983a; Collins und Loftus 1975). Eine Kategorie kann unbewusst und automatisch oder durch bewusstes Nachdenken einer Person aktiviert werden (Anderson 1983a; Grunert 1996). Es gilt, dass zwar alle Kategorien im Gedächtnis grundsätzlich aktivierbar sind, diese in einer konkreten Entscheidungssituation jedoch nicht tatsächlich aktiviert sein müssen, um einen Einfluss auf das Verhalten einer Person zu haben (Bargh 2002; Cohen 2000). Für die Means-End-Theorie bedeutet die letztgenannte Überlegung zum Beispiel, dass obgleich die Werte eines Kunden einen bestimmenden Einfluss auf sein Kaufverhalten haben, diese nicht in jeder Kaufsituation aktiviert sein müssen (Cohen und Warlop 2001).

ac) Motivationstheoretische Fundierung

Zur Fundierung der Aussagen der Means-End-Theorie, warum ein Kunde ein Produkt kauft, können die Erkenntnisse der Motivationsforschung als wesentlichem Bestandteil des verhaltenswissenschaftlichen Forschungsprogramms genutzt werden. In der Motivationsforschung stehen die aktivierenden Prozesse und Konzepte Motivation, Motiv und Einstellung im Mittelpunkt (Kroeber-Riel und Weinberg 2003; Trommsdorff 2003). Während eine Motivation den Prozess der Aktualisierung eines Motivs bezeichnet (Kroeber-Riel und Weinberg 2003; Sheth, Mittal und Newman 1999), sind mit Motiven „thematisch abgrenzbare Bewertungsdispositionen“ (Schneider und Schmalt 2000, S. 15) bzw. „überdauernde, latente Disposition[en]“ gemeint (Kroeber-Riel und Weinberg 2003, S. 57f.). Einstellungen können schließlich als „[…] subjektiv wahrgenommene Eignung eines Gegenstandes zur Befriedigung einer Motivation“ definiert werden (Kroeber-Riel und Weinberg 2003, S. 169). Zur annäherungsweisen Modellierung einer Motivation werden oft Multiattributmodelle der Einstellung verwendet (Bagozzi 1982; Kroeber-Riel und Weinberg 2003).

Um eine konkrete Motivation zu erklären, bedienen sich nahezu alle modernen, einflussreichen Theorien im Bereich der Humanmotivationsforschung des Erwartung-Wert-Modells (Schneider und Schmalt 2000). Eine Motivation setzt sich demnach aus der Bewertung („Wert“) und den wahrgenommenen Realisierungschancen („Erwartung“) eines Handlungsziels zusammen und ist umso größer, je positiver eine Person ein Handlungsziel bewertet und je wahrscheinlicher diese Person dessen Realisierung einschätzt (Gröppel-Klein 2001; Kroeber-Riel und Weinberg 2003; Schneider und Schmalt 2000; Trommsdorff 2003). Zum Beispiel erklärt sich demnach die Motivation zum Kauf eines bestimmten Produktes durch den Wert dieses Produktes für den jeweiligen Kunden und seiner Erwartung, dieses Produkt tatsächlich erwerben zu können.

Die Aussagen der Means-End-Theorie entsprechen dem allgemeinen Erwartung-Wert-Modell (Brunsø, Scholderer und Grunert 2004; Cohen und Warlop 2001; Grunert und Grunert 1995; Scholderer, Brunsø und Grunert 2002): Mit Konzepten wie Nutzen und Werten beinhaltet die Means-End-Theorie sowohl die Wertkomponente als auch das Wissen über Realisierungschancen, welches in Form von Ziel-Mittel-Zusammenhängen in einer Means-End-Kette gespeichert ist. Manche Forscher betrachten die Means-End-Theorie auch als eine marketingspezifische Kombination der Ansätze von Fishbein und Ajzen (1975) und Rosenberg

(1956), zwei der bekanntesten Multiattributmodelle der Einstellung, die zur Modellierung einer Motivation eingesetzt werden (Clayes und Vanden Abeele 2001). Sowohl Fishbein und Ajzen (1975) als auch Rosenberg (1956) gehen davon aus, dass ein Kunde eine positive Einstellung gegenüber einem Gegenstand hat, wenn dessen Attribute geeignete Mittel zur Erreichung bestimmter Ziele darstellen. Unterschiede zwischen den beiden Modellen bestehen hinsichtlich der Ziele, die Kunden anstreben: Im Fishbein-Ajzen-Modell geht es um das Vorhandensein bestimmter Eigenschaften bei dem Gegenstand (Fishbein und Ajzen 1975); im Gegensatz dazu stellt Rosenberg (1956) vor allem auf die Werte einer Person ab, jedoch ließe sich sein Modell auch auf andere Motive wie z.B. Nutzen übertragen (Kroeber-Riel und Weinberg 2003; Mazis, Ahtola und Klippel 1975). Die Means-End-Theorie beinhaltet Attribute, Nutzen und Werte und integriert somit die Modelle von Fishbein und Ajzen (1975) und Rosenberg (1956).

b) Inhalt und Struktur einer Means-End-Kette

Nachdem nun der Grundgedanke der Means-End-Theorie und ihre Bezüge zu Erkenntnissen in anderen Disziplinen herausgearbeitet wurden, werden nachfolgend der Inhalt und die Struktur einer Means-End-Kette als zentralem Bestandteil der Means-End-Theorie detailliert erörtert. Während mit Attributen, Nutzen und Werten der Inhalt einer Means-End-Kette bezeichnet ist, stellen die Verknüpfungen zwischen diesen Kategorien die Struktur einer Means-End-Kette dar.

ba) Inhalt einer Means-End-Kette

baa) Attribute

Attribute bezeichnen die Eigenschaften, die einem Produkt zugeschrieben werden. In der Literatur werden konkrete und abstrakte Attribute unterschieden, die auch als tangibel-intangibel (Hirschman 1980) und spezifisch-allgemein (Johnson und Fornell 1987) bezeichnet werden (Geistfeld, Sproles und Badenhop 1977; Olson und Reynolds 1983; Walker und Olson 1991). Johnson und Fornell (1987, S. 215) definieren Abstraktheit als „[...] the inverse of how directly an attribute denotes particular objects or events.“ In diesem Sinne sind abstrakte Attribute nur indirekt mit einem konkreten Gegenstand verbunden, d.h. sie können nicht unmittelbar gemessen oder mit den Sinnen erfahren werden. Im Gegensatz dazu sind konkrete Attribute oft elementarer Bestandteil eines Gegenstandes und können direkt gemessen oder mit den Sinnen erfahren werden. Abstrakte Attribute sind zudem allgemeiner als konkrete Attribute und diesen logisch übergeordnet (Johnson und Fornell 1987). Schließlich werden abstrakte Attribute oft als subjektiv bezeichnet, da sie von der subjektiven Wahrnehmung einer Person abhängen, wohingegen konkrete Attribute als objektiv und physisch bezeichnet werden (Hirschman 1980; Houston und Walker 1996; Myers und Shocker 1981; Overby, Gardial und Woodruff 2004).

Weiterhin wird zwischen produktbezogenen und nicht-produktbezogenen Attributen unterschieden (Geistfeld, Sproles und Badenhop 1977; Hirschman 1980; Keller 1993; Myers und Shocker 1981; Zeithaml 1988). Während produktbezogene Attribute physischer Bestandteil eines Produktes und notwendig für dessen Funktion sind, existieren nicht-produktbezogene Attribute außerhalb eines physischen Produktes und sind nicht zwingend erforderlich für dessen Funktion. Beispiele für nicht-produktbezogene Attribute sind Preis, Verpackung, Marke und Garantien, aber auch Nutzer- und Nutzungssymbolik. Im Fall von Dienstleistungen existieren oft keine physischen Leistungsbestandteile, sodass sich die Unterscheidung zwischen produkt- und nicht-produktbezogenen Attributen hier ausschließlich auf die Notwendigkeit eines Attributs für die Funktion der Leistung bezieht. In dieser Arbeit können Attribute sowohl konkret oder abstrakt, als auch produktbezogen oder nicht-produktbezogen sein.

bab) Nutzen

Die zweite Kategorie einer Means-End-Kette ist der Nutzen. Allgemein bezeichnet ein Nutzen das nach subjektiven Maßstäben bewertete Ausmaß der Bedürfnisbefriedigung, den eine Leistung bei einem Kunden erbringt (Herrmann und Huber 2001). Im Gegensatz zu Attributen ist ein Nutzen stets subjektiv und abstrakt (Huffman, Ratneshwar und Mick 2000; Myers und Shocker 1981; Zeithaml 1988). In der Means-End-Theorie sind mit einem Nutzen alle positiven Konsequenzen gemeint, die sich direkt oder indirekt, unverzüglich oder zeitlich versetzt aus einem Produkt für einen Kunden ergeben (Gutman 1982; Haley 1968; Huffman, Ratneshwar und Mick 2000; Overby, Gardial und Woodruff 2004; Zeithaml 1988). Negative Konsequenzen (d.h. Opfer), die sich aus einem Produkt für einen Kunden ergeben, lassen sich semantisch meist leicht als ein Nutzen zum Ausdruck bringen, indem man sie negiert, sodass in der vorliegenden Arbeit ausschließlich der Nutzenbegriff verwandt wird (Myers und Shocker 1981).

Der Nutzen spielt auch außerhalb der Means-End-Theorie eine zentrale Rolle in der Marketingwissenschaft (Herrmann und Huber 2001). Speziell in der Forschung des Relationship Marketings ist das Konzept des Beziehungsnutzens, das definiert wird als „[...] those benefits customers receive from long-term relationships above and beyond core service performance", weit verbreitet (Gwinner, Gremler und Bitner 1998, S. 102; Bendapudi und Berry 1997; Hennig-Thurau, Gwinner und Gremler 2002; Hennig-Thurau et al. 2005; Palmatier et al. 2006; Reynolds und Beatty 1999a; 1999b). Mit dieser Definition wird der Beziehungsnutzen von einem Nutzen abgegrenzt, der sich aus einer einzelnen Transaktion ergibt oder sich auf die Kernleistung bezieht (Hennig-Thurau, Gwinner und Gremler 2000; Reynolds und Beatty 1999a). Diese Abgrenzung zwischen Nutzenarten beinhaltet zwei Dimensionen—eine beziehungsbezogene und eine leistungsbezogene Dimension (Grönroos 1997; Homburg et al. 2005; Kantamneni und Coulson 1996; Ravald und Grönroos 1996): Die beziehungsbezogene Dimension ist aufgespannt zwischen Beziehungsnutzen (für den eine Beziehung zwingend erforderlich ist) und Transaktionsnutzen (der bereits bei einer einmaligen Transaktion erhältlich ist). Die leistungsbezogene Dimension unterscheidet zwischen einem Kernnutzen und einem Zusatznutzen, d.h. dem Nutzen, der sich auf den Kern einer Leistung bezieht, oder der sich aus Attributen ergibt, die über diesen Kern hinaus angeboten werden. Der Kern einer Leistung besteht aus den oben beschriebenen produktbezogenen Attributen eines Produktes, welche unerlässlich sind für die „[...] function for which they are designed and desired for" (Kantamneni und Coulson 1996, S. 74; vgl. auch Grönroos 1997; Homburg et al. 2005; Ravald und Grönroos 1996). Beispiele für einen derart verstandenen Kernnutzen sind bei einer Fluggesellschaft die Überbrückung von Raum und in einem Restaurant der Erhalt von Speisen und Getränken. Der Zusatznutzen geht über diesen funktional notwendigen Teil einer Leistung hinaus.

In dieser Arbeit wird sowohl der Beziehungs- als auch der Transaktionsnutzen betrachtet, da der Transaktionsnutzen auch für die Kaufentscheidung von Kunden, die bereits wiederholt bei einem bestimmten Anbieter gekauft haben, von grundlegender Bedeutung bleibt. Ausgeklammert wird hingegen der Kernnutzen einer Dienstleistung, da dieser im starken Maße dienstleistungsspezifisch ist und sich nur aus dem funktional absolut notwendigen Teil einer Leistung ergibt, weswegen er kein bedürfnisorientiertes Differenzierungspotential aufweist (Hennig-Thurau, Gwinner und Gremler 2000; Homburg et al. 2005; Homburg und Krohmer 2006).

bac) Werte

Die dritte von der Means-End-Theorie genannte Kategorie des Kundenwissens sind die Werte eines Kunden (Gutman 1982; Olson und Reynolds 1983; Walker und Olson 1991). Werte stellen in allen Sozialwissenschaften ein wichtiges Konzept zur Erklärung menschlichen Verhaltens dar und werden definiert als „[...] (a) concepts or beliefs, [that] (b) pertain to desirable end states or behaviors, (c) transcend specific situations, (d) guide selection or evaluation of behavior and events, and (e) are ordered by relative importance“ (Schwartz und Bilsky 1990, S. 878; vgl. zur Werteforschung auch Hofstede 2001; Kluckhohn und Strodtbeck 1961; Rokeach 1973; Schwartz und Bilsky 1987). Werte lassen sich als kognitive Repräsentationen grundlegender menschlicher Bedürfnisse und Motive verstehen (Rokeach 1973; Schwartz 1992; Schwartz und Bilsky 1987; 1990). Durch Unterschiede in der relativen Wichtigkeit, die einzelnen Werten zugeschrieben wird, unterscheiden sich die Wertesysteme zwischen einzelnen Personen (Rokeach 1973; Schwartz und Bilsky 1987; 1990). In der Marketingwissenschaft dienen Werte zur Erklärung des Konsumentenverhaltens in den unterschiedlichsten Kontexten (Beatty, Kahle und Homer 1991; Pitts und Woodside 1983; Sheth, Newman und Gross 1991; Steenkamp, Ter Hofstede und Wedel 1999; Vinson, Scott und Lamont 1977). Darüber hinaus werden Werte oft als Grundlage zur Kundensegmentierung genutzt (Beatty et al. 1985; Kahle 1986; Kamakura und Mazzon 1991; Kamakura und Novak 1992; Novak und MacEvoy 1990).

In der Literatur zur Means-End-Theorie gibt es verschiedene Nuancen in der Verwendung des Wertebegriffs: Vinson, Scott und Lamont (1977) unterscheiden zwischen situationsübergreifenden Werten und Werten, die nur in bestimmten Situationen von Bedeutung sind. Für Myers und Shocker (1981) zeigen sich die Werte eines Kunden in den nutzerbezogenen, symbolischen Attributen eines Produktes. Einige Autoren betonen, dass die Werte in einer Means-End-Kette Ausdruck des Selbst eines Kunden sind (Houston und Walker 1996; Huffman, Ratneshwar und Mick 2000; Walker und Olson 1991). Gemeinsam stellen alle Autoren fest, dass die mit einem Produkt assoziierten Werte eines Kunden unabhängig von dem konkreten physischen Produkt und dem daraus resultierenden Nutzen existieren und in diesem Sinne äußerst abstrakt und subjektiv sind (Myers und Shocker 1981; Walker und Olson 1991).

Die wichtigsten und umfassendsten Beiträge zur Werteforschung der letzten Jahrzehnte haben Rokeach (1973) und Schwartz (1992; Schwartz und Bilsky 1987; 1990) geleistet. Aufbauend auf Rokeach hat Schwartz eine umfassende Theorie des Inhalts und der Struktur menschlicher Werte entwickelt. In dieser Arbeit wird zur Beschreibung motivationaler Werte auf die Wertetypologie von Schwartz (1992) zurückgegriffen (vgl. für alternative Typologien z.B. Kahle, Beatty und Homer 1986 und Rokeach 1973), da diese mit mehr als 70 unterschiedlichen kulturellen Gruppen und einer enorm hohen Anzahl an Stichproben besser als jede andere bestehende Typologie validiert wurde (Schwartz und Rubel 2005). Darüber hinaus wurde die Typologie von Schwartz (1992) bereits erfolgreich in der Marketingwissenschaft (Burroughs und Rindfleisch 2002; Kamakura und Novak 1992; Ralston und Holt 1997; Richins 2004; Steenkamp, Ter Hofstede und Wedel 1999) und im Rahmen der Means-End-Theorie angewandt (Overby, Gardial und Woodruff 2004).

Schwartz' (1992) Typologie umfasst zehn motivationale Werte, die er drei Wertebereichen zuordnet (für Definitionen der zehn motivationalen Werte vgl. Tab. 8): (1) Individuelle Werte (Hedonismus, Leistung, Macht, Selbstbestimmung, Stimulation), (2) kollektive Werte (Konformität, Tradition, Wohlwollen) und (3) gemischte Werte (Sicherheit, Universalismus). Während individuelle Werte dem Interesse des Einzelnen dienen, haben kollektive Werte eine Funktion für das Gemeinwohl. Gemischte Werte können sowohl dem Einzelnen als auch dem Gemeinwohl nützlich sein. Hier zeigen sich deutliche Bezüge zur Arbeit von Rokeach (1973), der zwischen persönlichen (d.h. selbstbezogen, intrapersonell) und sozialen (d.h. gesellschaftsbezogen, interpersonell) Werten unterscheidet.

bb) Struktur einer Means-End-Kette

Bei der Struktur einer Means-End-Kette geht es um die Frage, auf welche Weise Attribute, Nutzen und Werte miteinander verknüpft sind (Gutman 1991; Johnson 1989; Overby, Gardial und Woodruff 2004). Grundsätzlich gilt, dass zwischen Attributen und Nutzen bzw. Nutzen und Werten jeweils direkte Verknüpfungen bestehen, dass jedoch Attribute und Werte unabhängig voneinander sind (Gutman 1982; Overby, Gardial und Woodruff 2004; Walker und Olson 1991). Ter Hofstede et al. (1998) bestätigen diese Annahme empirisch, indem sie zeigen, dass eine gegebene Attribut-Nutzen-Verknüpfung keinerlei Information darüber beinhaltet, mit welchem Wert dieses Attribut zusammenhängt. Das Gleiche gilt für eine gegebene Nutzen-Wert-Verknüpfung; auch hieraus lassen sich keinerlei Informationen über eine Verknüpfung zwischen einem Wert und einem bestimmten Attribut ableiten.

Im Einklang mit der Forschung zur Means-End-Theorie wird in dieser Arbeit bei der Untersuchung der Struktur einer Means-End-Kette der Fokus auf das Nutzenkonzept gelegt, da der Nutzen für die Kaufentscheidung eines Kunden wichtiger ist als Attribute oder Werte (Cohen und Warlop 2001; Garbarino und Johnson 2001; Gutman 1991; 1997; Myers und Shocker 1981). Die zentrale Stellung des Nutzenkonzeptes begründet sich dadurch, dass Kunden eine Dienstleistung nicht um ihrer Attribute willen kaufen, sondern weil diese zur Befriedigung eines Nutzens beitragen. Die Befriedigung eines Nutzens ist wiederum die notwendige Voraussetzung zur Erfüllung motivationaler Werte, weswegen der Nutzen auch hier eine herausragende Stellung einnimmt. Zusätzliche Argumente für eine besondere Bedeutung des Nutzenkonzeptes lassen sich in der Kognitionsforschung finden, wonach kognitive Konzepte auf einem mittleren Abstraktionsniveau die meiste Aufmerksamkeit erfahren und am häufigsten im Kurzzeitgedächtnis in Anspruch genommen werden (Austin und Vancouver 1996; Bargh 1994; Newell 1990; Powers 1973). Ebenso betont die Motivationsforschung, dass vor allem Motive auf einem mittleren Abstraktionsniveau verhaltensbestimmend sind (Bagozzi und Dholakia 1999; Pieters 1993; Pieters, Baumgartner und Allen 1995; Vallacher und Wegner 1985; 1987). Mit einem Fokus auf den Nutzen in einer Means-End-Kette sind die Aussagen verbunden, dass (1) die Wichtigkeit eines Attributs durch seine Verknüpfung mit einem Nutzen bestimmt wird, und dass (2) nicht erst ein Wert aktiviert werden muss, um eine konkrete Motivation auszulösen (Gardial et al. 1994; Park und Smith 1989; Ratneshwar et al. 1997). Cohen und Warlop (2001, S. 395) untermauern die zweite Aussage, indem sic schreiben, dass „[...] higher order values that are judged to be important in the abstract are not necessarily active driving forces on a daily basis."

III. Bestimmung der allgemeinen Konzepte eines Bezugsrahmens der Determinanten des Wiederkaufverhaltens

1. Überblick über den Bezugsrahmen

In diesem Abschnitt wird der Grundstein für einen Bezugsrahmen der Determinanten des Wiederkaufverhaltens bei Dienstleistungsunternehmen gelegt, welcher aus Determinanten, Wiederkaufverhalten, Moderatoren und den Beziehungen zwischen diesen Konzepten besteht. Abb. 4 gibt einen Überblick über den Bezugsrahmen der Determinanten des Wiederkaufverhaltens.

Abb. 4: Bezugsrahmen der Determinanten des Wiederkaufverhaltens bei Dienstleistungsunternehmen

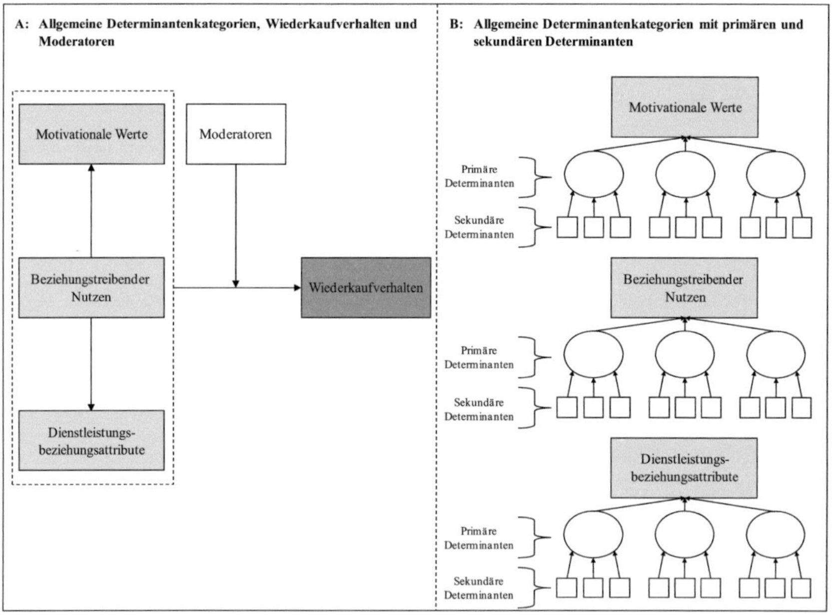

Quelle: Eigene Darstellung

Durch die nomologische Verortung in der Means-End-Theorie wurden Attribute, Nutzen und Werte als allgemeine Determinantenkategorien auf deduktive Weise bestimmt. Die Means-End-Theorie liefert darüber hinaus die Basis zur Bestimmung und Erklärung der Beziehungen zwischen den unterschiedlichen Determinanten als erklärenden Konzepten sowie den Determinanten und dem Wiederkaufverhalten als zu erklärendem Konzept. Es wird angenommen, dass die unterschiedlichen Determinanten durch Means-End-Ketten in kategorialer Weise (Verknüpfung „besteht" oder „besteht nicht") miteinander verknüpft sind. Beim Einfluss der Determinanten auf das Wiederkaufverhalten von Kunden wird hier ebenfalls von einem kategorialen Zusammenhang (Determinante ist „wichtig" oder „nicht wichtig") ausgegangen. Diese Annahmen über den Funktionsverlauf zwischen den Konzepten werden in dieser Form allein aus Vereinfachungsgründen getroffen und müssten in weiteren Studien ebenso wie der zeitliche Zusammenhang einer genaueren Betrachtung unterzogen werden.

Nachfolgend werden die allgemeinen Determinantenkategorien unter 2. weiter präzisiert und zwei hierarchische Ebenen innerhalb jeder allgemeinen Kategorie unterschieden. Unter 3. werden die Moderatoren des Bezugsrahmens definiert und erörtert. Um bestehende Erkenntnisse der Marketingdisziplin bestmöglich zu nutzen, werden ausschließlich die wichtigsten Moderatoren der Relationship Marketing-Forschung berücksichtigt (Palmatier et al. 2006).

2. Kategorien der Determinanten des Wiederkaufverhaltens

a) Allgemeine Determinantenkategorien

Als allgemeine Kategorien eines Bezugsrahmens der Determinanten des Wiederkaufverhaltens bei Dienstleistungsunternehmen werden in dieser Arbeit auf Basis der nomologischen Verortung in der Means-End-Theorie Dienstleistungsbeziehungsattribute, beziehungstreibender Nutzen und motivationale Werte eingeführt. Als allgemein werden diese Kategorien bezeichnet, um sie von den Determinanten zu unterscheiden, die sich speziell auf das Wiederkaufverhalten bei Dienstleistungsunternehmen beziehen. Letztere Determinanten werden unter IV. empirisch-induktiv identifiziert und den allgemeinen Kategorien zugeordnet. *Dienstleistungsbeziehungsattribute* beziehen sich auf das Wissen eines Kunden über die Eigenschaften eines Dienstleistungsanbieters, die sie oder ihn motivieren, wiederholt von diesem Anbieter zu kaufen. Dienstleistungsbeziehungsattribute können sowohl konkret als auch abstrakt sein und beinhalten sowohl produktbezogene als auch nicht-produktbezogene Attribute. Der *beziehungstreibende Nutzen* bezieht sich auf das Wissen eines Kunden über die von einem Dienstleistungsanbieter erhaltenen Vorteile, die über den Kernnutzen hinausgehen und sie oder ihn motivieren, wiederholt von diesem Anbieter zu kaufen. Der beziehungstreibende Nutzen beinhaltet sowohl den Transaktions- als auch den Beziehungsnutzen, schließt jedoch den Kernnutzen einer Dienstleistung aus. *Motivationale Werte* beziehen sich auf das Wissen eines Kunden über erwünschte situationsübergreifende Zielzustände, die sie oder ihn motivieren, wiederholt von einem Dienstleistungsanbieter zu kaufen (Schwartz und Bilsky 1990).

Die linke Seite von Abb. 4 zeigt die drei allgemeinen Kategorien der Determinanten des Wiederkaufverhaltens bei Dienstleistungsunternehmen. Dem hier gewählten konzeptuellen Fokus auf beziehungstreibenden Nutzen entsprechend, zeigen die Pfeile vom beziehungstreibenden Nutzen zu den Dienstleistungsbeziehungsattributen und vom beziehungstreibenden Nutzen zu den motivationalen Werten.

b) Primäre und sekundäre Determinantenkategorien

Wie auf der rechten Seite von Abb. 4 verdeutlicht, werden zur systematischen Organisation der Determinanten des Wiederkaufverhaltens innerhalb jeder der drei allgemeinen Determinantenkategorien mit sogenannten primären und sekundären Determinanten zwei hierarchische Ebenen unterschieden: Primäre Determinanten des Wiederkaufverhaltens sind allgemein und abstrakt und aggregieren eine Reihe von sekundären Determinanten, die spezifisch und konkret sind.

Der hierarchische Bezugsrahmen der Determinanten des Wiederkaufverhaltens leistet einen erheblichen Beitrag zur Erfüllung der Kriterien einer guten Theorie: Eine hierarchische Organisation von Inhalten ist gleichbedeutend mit einer kohärenteren und präziseren Darstellung der Beziehungen zwischen den Determinanten des Wiederkaufverhaltens, was der Erfüllung des ersten Kriteriums einer guten Theorie dient. Durch die Verknüpfung von spezifischen Determinanten des Wiederkaufverhaltens (wie sekundären Determinanten) mit zunehmend allgemeinen Konzepten (wie primären Determinanten und allgemeinen Determinantenkategorien) wird eine Brücke zwischen Konzepten geschlagen, die zum einen in der unmittelbaren Erfahrungswelt verankert und somit empirisch überprüfbar sind (Kriterium 3), und zum anderen Bestandteil der gesetzmäßigen Verallgemeinerungen (Kriterium 2) der Means-End-Theorie sind. Durch die Erfüllung der ersten drei Kriterien einer guten Theorie und die ausschließliche Verwendung marketingrelevanter Konzepte wird die Nützlichkeit (Kriterium 4) des Bezugsrahmens für die Marketingdisziplin gewährleistet. Die Nützlichkeit für Anwender wird unter anderem dadurch gesichert, dass insbesondere Dienstleistungsbeziehungsattribute auf der Ebene der sekundären Determinanten in konkrete, vom Unternehmen steuerbare Handlungen übersetzt werden können (Myers und Shocker 1981; Shocker und Srinivasan 1979). Schließlich reduziert die hierarchische Organisation des Bezugsrahmens die Anzahl der Determinanten des Wiederkaufverhaltens auf ein und derselben Abstraktionsebene, was gleichsam zur Übersichtlichkeit und somit Nützlichkeit des Bezugsrahmens beiträgt.

3. Moderatoren

Da es im Relationship Marketing mit Anbieter und Kunde per Definition stets um zwei Parteien einer Beziehung und um die Beziehung selbst geht, werden in dieser Arbeit sowohl anbieter- und kunden- als auch beziehungsbezogene Moderatoren berücksichtigt (Palmatier et al. 2006). Der leitende Gedanke bei allen Moderatoren ist hier, dass sie die Stärke des Zusammenhangs zwischen den Determinanten und dem Wiederkaufverhalten von Kunden beeinflussen. Alle drei Moderatorenarten verbessern die zu entwickelnde Theorie: Durch ihre Berücksichtigung sind kohärentere und präzisere Aussagen darüber möglich, unter welchen Bedingungen Determinanten in Beziehung zum Wiederkaufverhalten eines Kunden stehen (Kriterium 1), wodurch gleichzeitig ein Beitrag zur Verallgemeinerbarkeit (Kriterium 2) und zur Nützlichkeit (Kriterium 4) der Theorie geleistet wird. Empirische Überprüfbarkeit ist jeweils gegeben, da alle nachfolgend diskutierten Konzepte bereits vielfach empirisch untersucht wurden (Kriterium 3). Die Moderatoren des Bezugsrahmens werden im Folgenden definiert und erörtert; ihr Einfluss auf die Determinanten des Wiederkaufverhaltens wird dann bei der empirischen Entwicklung der Theorie im Detail untersucht.

a) Anbieterbezogen

Als anbieterbezogener Moderator wird der Dienstleistungstypus betrachtet. Der Dienstleistungstypus ist von zentraler Bedeutung für die Verallgemeinerbarkeit der Theorie, da Dienstleistungen sehr heterogen sind und nicht auszuschließen ist, dass sich die Wichtigkeit der Determinanten des Wiederkaufverhaltens zwischen verschiedenen Dienstleistungen unterscheidet. Um eine empirische Untersuchung von Aussagen über den Dienstleistungstypus zu ermöglichen, bedarf es einer geeigneten Dienstleistungsklassifikation. Hierzu können bestehende Klassifikationen genutzt werden (vgl. z.B. Cunningham et al. 2004; Lovelock 1983). In dieser Arbeit wird auf Bowen (1990) zurückgegriffen, der eine umfassende und empirisch basierte Klassifikation entwickelt hat, die bereits erfolgreich in der Dienstleistungsmarketingforschung angewandt wurde (Danaher, Conroy und McColl-Kennedy 2008; Gwinner, Gremler und Bitner 1998; Jones, Mothersbaugh und Beatty 2000).

Bowen (1990) hat mittels Clusteranalyse eine Taxonomie von drei Dienstleistungstypen entwickelt, die auf der kundenseitigen Wahrnehmung unterschiedlicher Dienstleistungscharakteristika basiert. Tab. 4 zeigt, dass zwischen drei Bowen-Typen differenziert wird, die sich systematisch unterscheiden hinsichtlich des Bezugsobjektes, an dem die Dienstleistung erbracht wird (am Kunden selbst oder an Gegenständen des Kunden), im Ausmaß des Kontaktes zwischen Personal und Kunden und im Ausmaß der Individualisierung der Leistung.

Tab. 4: Dienstleistungstypen nach Bowen (1990)

Dienstleistungscharakteristika	Bowen-Typ I	Bowen-Typ II	Bowen-Typ III
Bezugsobjekt	Dienstleistungserbringung am Kunden selbst	Dienstleistungserbringung an Gegenständen des Kunden	Dienstleistungserbringung am Kunden selbst
Kontaktintensität	Viel Kontakt zwischen Personal und Kunden	Wenig bis gar kein Kontakt zwischen Personal und Kunden	Wenig Kontakt zwischen Personal und Kunden
Individualisierung	Individualisierte Leistung	Nur geringfügig individualisierte Leistung	Standardisierte Leistung
	(z.B. Arzt, Friseur, Restaurant)	*(z.B. Änderungsschneiderei, Reinigung, Schuhreparatur)*	*(z.B. Fast-Food-Restaurant, Kino, Supermarkt)*

Quelle: Eigene Darstellung

b) Kundenbezogen

Mit der Beziehungsneigung und dem Involvement von Kunden werden zwei im Marketing weit verbreitete kundenbezogene Moderatoren untersucht. Das Konzept der Beziehungsneigung erfährt zunehmend Aufmerksamkeit in der Relationship Marketing-Forschung und wird definiert als „[…] a consumer's relatively stable and conscious tendency to engage in relationships with retailers of a particular product category“ (De Wulf, Odekerken-Schröder und Iacobucci 2001, S. 38; Bloemer und Odekerken-Schröder 2007; Bloemer, Odekerken-Schröder und Kestens 2003; Odekerken-Schröder, De Wulf und Schumacher 2003). Die Beziehungsneigung stellt demnach die psychologische Prädisposition eines Kunden dar, eine Beziehung mit Anbietern einer bestimmten Dienstleistungskategorie einzugehen. Mit Blick auf die Moderatorenrolle des Beziehungsneigungskonzeptes können Odekerken-Schröder, De Wulf und Reynolds (2005) zeigen, dass der Zusammenhang zwischen wahrgenommenem Beziehungsinvestment und dem Wiederkaufverhalten durch die Beziehungsneigung von Kunden positiv verstärkt wird. Der Begriff des Beziehungsinvestments wird definiert als „[…] a consumer’s perception of the extent to which a retailer devotes resources, efforts, and attention aimed at maintaining or enhancing relationships with regular customers that do not have outside value and cannot be recovered if these relationships are terminated“ (De Wulf, Odekerken-Schröder und Iacobucci 2001, S. 35). Es ist zu vermuten, dass viele Determinanten des Wiederkaufverhaltens von Kunden als ein Beziehungsinvestment wahrgenommen werden. Die Beziehungsneigung verstärkt auch den Zusammenhang zwischen wahrgenommenem Beziehungsinvestment und der Beziehungsqualität, welche üblicherweise als Konstrukt zweiter Ordnung mit Kundenzufriedenheit, Beziehungscommitment und Vertrauen als Konstrukte erster Ordnung konzeptualisiert wird (Hennig-Thurau, Gwinner und Gremler 2002). Da die Beziehungsqualität als ein zentraler Prädiktor des Wiederkaufverhaltens gilt, unterstreicht dieses Ergebnis die Relevanz der Beziehungsneigung als Moderator (Palmatier et al. 2006).

Das Involvement bezeichnet „[…] a person’s perceived relevance of the object based on inherent needs, values, and interests“ (Zaichkowsky 1985, S. 342). Im Rahmen dieser Arbeit geht es um das Involvement eines Kunden gegenüber einer bestimmten Dienstleistungskategorie. Das Involvement ist eines der meist genutzten Konzepte im gesamten Marketing und wird auch in der Relationship Marketing-Forschung verstärkt berücksichtigt (Diller 1996; Ganesh, Arnold und Reynolds 2000; Varki und Wong 2003). Eine mögliche Rolle des Involvements als Moderator der Determinanten des Wiederkaufverhaltens wird durch eine Studie von Gordon, McKeage und Fox (1998) unterstützt, die feststellen, dass die Effektivität von Relationship Marketing-Maßnahmen durch das Involvement eines Kunden gesteigert wird. Ebenso zeigen De Wulf, Odekerken-Schröder und Iacobucci (2001), dass das Involvement eines Kunden den Zusammenhang zwischen wahrgenommenem Beziehungsinvestment und der Beziehungsqualität verstärkt. Bayón und von Wangenheim (2005) und Seiders et al. (2005) zeigen darüber hinaus, dass das Involvement eine Moderatorwirkung auf den Zusammenhang zwischen der Kundenzufriedenheit und einer Reihe zu erklärender Konzepte des Relationship Marketings hat. Das Konzept der Kundenzufriedenheit ist wahrscheinlich der am besten erforschte Prädiktor des Wiederkaufverhaltens, was einen guten Beleg für die allgemeine Moderatorfunktion des Involvements in diesem Phänomenbereich liefert (Gupta und Zeithaml 2006).

c) Beziehungsbezogen

Als beziehungsbezogener Moderator wird die Beziehungsdauer betrachtet, welche in zahlreichen Studien des Relationship Marketings untersucht wurde und definiert wird als „[…] [l]ength of time that the relationship between the exchange partners has existed" (Palmatier et al. 2006, S. 138; vgl. zum Konzept der Beziehungsdauer auch Anderson und Weitz 1989; Bhattacharya 1998; Doney und Cannon 1997; Ganesh, Arnold und Reynolds 2000; Kumar, Scheer und Steenkamp 1995; Reinartz und Kumar 2000; 2003). Eine moderierende Wirkung der Beziehungsdauer auf die Determinanten des Wiederkaufverhaltens wird unterstützt durch Rust und Verhoef (2005), die feststellen, dass die Wirkung unterschiedlicher Relationship Marketing-Instrumente durch die Beziehungsdauer gesteigert wird. Johnson, Herrmann und Huber (2006) modellieren die Beziehungsdauer als dynamisches Konstrukt und zeigen, dass die Bindungsabsichten eines Kunden zu Beginn einer Beziehung eher durch den wahrgenommenen Wert einer Dienstleistung bestimmt werden, und dass dieser Zusammenhang mit zunehmender Beziehungsdauer durch eine emotionale Einstellung gegenüber der Marke und der Beziehung zu dem Anbieter mediiert wird. Darüber hinaus zeigt eine Reihe von Studien, dass die Beziehungsdauer den Einfluss von Kundenzufriedenheit auf zentrale zu erklärende Konzepte des Relationship Marketings wie dem Wiederkaufverhalten (Bolton 1998; Bayón und von Wangenheim 2005; Verhoef 2003), der Wiederkaufabsicht (Seiders et al. 2005), dem Cross-Buying (Verhoef, Franses und Hoekstra 2001) und der Anzahl gekaufter Dienstleistungen (Verhoef 2003; Verhoef, Franses und Hoekstra 2002) verstärkt, was die Bedeutung der Beziehungsdauer als Moderator untermauert.

IV. Identifikation primärer und sekundärer Determinanten des Wiederkaufverhaltens durch qualitative Studien

1. Ladderingmethode

Auf Basis der allgemeinen Kategorien des Bezugsrahmens werden in diesem Abschnitt konkrete primäre und sekundäre Determinanten des Wiederkaufverhaltens bei Dienstleistungsunternehmen auf empirisch-induktive Weise bzw. durch Gruppierung identifiziert. Hierzu wurden zwei Ladderingstudien mit insgesamt 188 persönlichen Interviews in Deutschland und den USA durchgeführt. Laddering ist eine Tiefeninterviewmethode, die speziell zur Untersuchung von Means-End-Ketten entwickelt wurde. In einem Ladderinginterview wird beginnend mit einem bestimmten Attribut dem Befragten immer wieder die Frage *„Warum ist das wichtig für Sie?"* gestellt, wodurch die im Kundenwissen bestehenden Verknüpfungen zwischen Attributen, Nutzen und Werten freigelegt werden (Reynolds und Gutman 1988).

Es existieren zwei unterschiedliche Ansätze des Ladderings. Während das sogenannte „weiche" Laddering ein semi-strukturiertes, persönliches Interview darstellt, handelt es sich beim „harten" Laddering um eine fragebogenbasierte Befragungsform (Grunert und Grunert 1995; Reynolds und Gutman 1988; Walker und Olson 1991). Bei der Wahl einer dieser beiden Ladderingmethoden muss zwischen verschiedenen Vor- und Nachteilen abgewogen werden (Grunert und Grunert 1995): So können beim weichen Laddering zwar unerwünschte Interviewereffekte auftreten, andererseits begünstigt hartes Laddering ein strategisches Antwortverhalten der Befragten. Weiches Laddering ist im Gegensatz zum harten Laddering deutlich zeitaufwändiger und teurer, da trainierte Interviewer benötigt werden und die Auswertung der oftmals unstrukturierten Antworten der Befragten deutlich mehr Zeit erfordert. Die Datenredundanz beim weichen Laddering führt jedoch zu valideren Ergebnissen, da die Aussagen der Befragten besser interpretiert und rekonstruiert werden können. Gruber, Szmigin und Voss (2006) stellen zudem fest, dass beim weichen Laddering mehr Konzepte und mehr Means-End-Ketten pro Person genannt werden als beim harten Laddering und dass Befragte in der fragebogengestützten Form des harten Ladderings Schwierigkeiten haben, die Ebene der Werte zu erreichen.

Ladderinginterviews sind ein maßgeschneidertes Instrument zur Untersuchung der Means-End-Theorie, sodass es nahe liegend ist, hier diese Methode zu wählen. Es findet auf diese Weise eine selten enge Verzahnung zwischen den gesetzmäßigen Aussagen einer spezifischen Theorie und der empirischen Untersuchung derselben statt, was zur Erfüllung des zweiten und dritten Kriteriums einer guten Theorie beitragen sollte. Da es bei der Entwicklung eines Bezugsrahmens im Entdeckungszusammenhang darauf ankommt, eine größtmögliche Anzahl, möglichst valide konzeptualisierter Konzepte zu identifizieren (Kriterium 1), soll in dieser Arbeit auf die Methode des weichen Ladderings zurückgegriffen werden. Mögliche Interviewereffekte sollen durch ein bestmögliches Interviewertraining vermieden werden.

2. Interviewdurchführung, Beschreibung der Stichproben und Identifikation sekundärer Determinanten

Zu Beginn eines Interviews wurde dem Befragten eine Liste von 33 unterschiedlichen Dienstleistungen aller drei Bowen-Typen vorgelegt, aus der die Dienstleistung ausgewählt werden sollte, bei der er sich *„am ehesten als treuer Kunde eines ganz bestimmten Anbieters"* bezeichnen würde und zu dem ihm die Beziehung *„persönlich wichtig"* ist. Der Zusatz, dass die gewählte Dienstleistung persönlich wichtig sein sollte, wurde hinzugefügt, da bei einer größeren persönlichen Bedeutung die Wahrscheinlichkeit steigt, dass die Ebene der motivationalen Werte in einem Ladderinginterview erreicht wird (Grunert und Grunert 1995; Pieters, Baumgartner und Allen 1995). Auf diesem Wege wird sichergestellt, dass möglichst viele Determinanten auf allen drei Ebenen des Bezugsrahmens identifiziert werden. Tab. 5 zeigt die 33 Dienstleistungen, die zur Auswahl standen, und wie viel Prozent der Befragten jede Dienstleistung jeweils gewählt haben.

Tab. 5: Gewählte Dienstleistungen in den Ladderingstudien in Prozent

	Ladderingstudie Deutschland (n = 100)	Ladderingstudie USA (n = 88)
Bowen-Typ I	**65,0**	**28,5**
Arzt/Zahnarzt	40,0	11,4
Ferienwohnung	1,0	0,0
Friseur	12,0	13,7
Gesundheitsdienstleistung (z.B. Massage, Physiotherapie)	4,0	0,0
Hotel	0,0	0,0
Rechtsberatung	0,0	0,0
Reisebüro	2,0	0,0
Restaurant	5,0	1,1

	Ladderingstudie Deutschland (n = 100)	Ladderingstudie USA (n = 88)
Versicherungsmakler	1,0	2,3
Bowen-Typ II	**10,0**	**34,1**
Änderungsschneiderei	0,0	0,0
Bank	3,0	17,1
Fahrradwerkstatt	0,0	0,0
Fotogeschäft	0,0	1,1
Kfz-Werkstatt	5,0	6,8
Optiker	0,0	2,3
PC-Service	0,0	0,0
Reinigung	0,0	1,1
Schuhreparatur	1,0	1,1
Tierarzt	1,0	4,6
Bowen-Typ III	**25,0**	**37,4**
Apotheke	3,0	2,3
Bekleidungsgeschäft	1,0	1,1
Bringdienst	0,0	0,0
Buchhandel	3,0	3,4
Café/Kneipe	7,0	4,6
Copy-Shop	1,0	0,0
Elektronikfachhandel	0,0	2,3
Energieversorger	0,0	1,1
Fast-Food-Restaurant	0,0	1,1
Fluggesellschaft	1,0	10,2
Kino	2,0	0,0
Solarium	0,0	0,0
Supermarkt	7,0	10,2
Videothek	0,0	1,1

Anmerkung: Die Werte stellen den prozentualen Anteil der Befragten dar, die eine bestimmte Dienstleistung gewählt haben. Gesamtwerte für die drei Bowen-Typen sind in fett gedruckt.
Quelle: Eigene Darstellung

Nachdem der Befragte einen Dienstleistungsanbieter genannt hatte, wurden die Dienstleistungsbeziehungsattribute ermittelt, aufgrund derer der Befragte ein treuer Kunde bei diesem Anbieter ist. Zur Ermittlung der Attribute wurde die Direct Elicitation-Technik eingesetzt, welche im Vergleich zu anderen Verfahren effizienter und effektiver ist (Breivik und Supphellen 2003; Steenkamp und Van Trijp 1997) und insbesondere dann empfohlen wird, wenn das Ziel einer Studie wie hier in der Identifikation von Konzepten liegt (Bech-Larsen und Nielsen 1999). Die Anzahl, der auf diesem Wege genannten Attribute, liegt üblicherweise zwischen fünf und sieben, da das menschliche Gehirn nicht mehr als sieben Konzepte gleichzeitig verarbeiten kann (Bech-Larsen und Nielsen 1999; Simon 1992). Die Reihenfolge, in der die Attribute vom Befragten genannt werden, gibt oft einen Hinweis auf die Wichtigkeitsrangfolge der Attribute (Ajzen und Fishbein 1980; Bech-Larsen und Nielsen 1999). Zur Ermittlung von Attributen wurde dem Befragten die Frage „*Was konkret macht [NAME DES ANBIETERS], dass Sie ein „treuer Kunde" bei ihm sind?*" gestellt. Der Interviewer notierte zunächst alle Attribute in der vom Befragten genannten Reihenfolge, wählte dann das zuerst genannte Attribut und fragte, warum dieses Attribut wichtig dafür ist, dass er ein treuer Kunde bei diesem Anbieter ist. Bei jeder Antwort wurde der Befragte wiederholt gefragt, warum das wichtig für ihn ist, bis die Ebene des beziehungstreibenden Nutzens und schließlich der motivationalen Werte erreicht wurde. Wenn ein Befragter ein Attribut (bzw. einen Nutzen) nicht mit einem Nutzen (bzw. einem motivationalen Wert) verknüpfen konnte, hat der Interviewer nicht weitergefragt. Jede Antwort des Befragten stellt eine Aussage dar, welche dann als Analyseeinheit in die Inhaltsanalyse einfließt.

In Deutschland wurden 100 Ladderinginterviews von drei aufwändig trainierten Interviewern durchgeführt. Vor Beginn der Studie wurden im März 2004 Testinterviews durchgeführt, bei denen die Interviewtechnik des Ladderings im Kontext der Determinanten des Wiederkaufverhaltens erprobt wurde. Aufbauend auf diesen Erfahrungen wurden die Interviewer in der Ladderingmethode trainiert, die dann eine weitere Reihe von Testinterviews durchgeführt haben. Alle Testinterviews wurden von den Interviewern gemeinsam ausgewertet und diskutiert, um die Interviewtechnik zu verbessern. Insbesondere wurden die Interviewer dahingehend sensibilisiert, mögliche Interviewereffekte zu vermeiden. Es wurden zudem ein Interviewleitfaden und ein halb-standardisierter Fragebogen entwickelt (vgl. Appendix 1), die den Interviewern während der Durchführung der Interviews zur Verfügung standen.

Die Befragten wurden im Zeitraum vom 04. bis 16. August 2004 täglich zwischen 9:00 Uhr und 21:00 Uhr auf einer belebten Einkaufsstraße im Zentrum Weimars (Thüringen) angesprochen. Die Auswahl der Befragten erfolgte gemäß eines Quotenplans, der eine für Deutschland annähernd repräsentative Verteilung mit Blick auf Alter und Geschlecht gewährleisten sollte. Tab. 6 gibt einen Überblick über die Demografika der Ladderingstichproben.

Tab. 6: Demografika der Ladderingstichproben in Prozent

	Ladderingstudie Deutschland (n = 100)	Ladderingstudie USA (n = 88)
Alter in Jahren		
18–29	24,0	37,9
30–39	19,0	19,5
40–49	22,0	15,0
50–64	30,0	21,8
> 65	5,0	5,8
Geschlecht		
Weiblich	50,0	52,3
Männlich	50,0	47,7
Bildung		
Abgeschlossenes Studium	61,0	65,4
Abitur	39,0	34,6
Kein Schulabschluss	0,0	0,0
Beruf		
Angestellte/r	44,0	14,1
Arbeitslose/r	7,0	0,0
Beamte/r	5,0	31,7
Rentner/in	12,0	2,4
Selbstständige/r	10,0	9,4
Student/in	17,0	40,0
Sonstiges	5,0	2,4
Familienstand		
Ledig	50,5	43,9
Verheiratet	35,4	51,2
Verwitwet/geschieden	14,1	4,9

Anmerkung: Alle Werte stellen den prozentualen Anteil der Befragten innerhalb der jeweiligen demografischen Kategorie (z.B. „Beruf") dar.
Quelle: Eigene Darstellung

Um die für Tiefeninterviews notwendige angenehme Interviewatmosphäre zu gewährleisten, wurden alle Interviews in einem separaten Raum eines Cafés in der besagten Einkaufsstraße durchgeführt. Jedes Interview wurde vollständig digital aufgezeichnet und dauerte im Durchschnitt 33 Minuten (Minimum = 12 Minuten; Maximum = 63 Minuten; Standardabweichung = 10 Minuten). Die Befragten waren im Durchschnitt 10 Jahre Kunde bei dem betreffenden Dienstleistungsanbieter (Minimum = 1 Jahr; Maximum = 40 Jahre; Standardabweichung = 8 Jahre).

Alle 100 Interviews wurden vollständig transkribiert und vom Autor und zwei weiteren Dienstleistungsmarketingforschern einer Inhaltsanalyse unterzogen (Glaser und Strauss 1967; Lincoln und Guba 1985; Spiggle 1994). Bei der Analyse der Interviews wurden, wie in der Ladderingliteratur empfohlen, (1) mehrere Forscher eingesetzt, von denen (mit dem Autor) einer auch Interviews geführt hat, (2) iterativ vorgegangen und (3) die Kategorien sprachlich gehaltvoll für Forscher, Unternehmen und Kunden bezeichnet (Grunert, Beckmann und Sørensen 2001; Grunert und Grunert 1995).

Für die Analyse der Interviews wurde eine schriftliche Anleitung ausgearbeitet. Entsprechend dieser Anleitung hat der Autor in einem ersten Schritt für jedes Interview in einer Tabelle alle Aussagen eines Befragten in einer Spalte zusammengetragen und in den daneben liegenden Spalten diese Aussagen paraphrasiert und in Kurzform zusammengefasst. Auf Basis dieser Notizen hat dann der Autor für jedes Interview eine Powerpointfolie erstellt, in der Means-End-Ketten abgebildet wurden. Jede dieser Folien wurde von zwei weiteren Analysten mit Hilfe der Transkripte und der Originalaufnahmen der Interviews hinsichtlich ihrer Vollständigkeit (alle Aussagen eines Befragten wurden identifiziert) und semantischen Angemessenheit (eine Kurzform erfasst die Bedeutung einer Aussage inhaltlich valide) unabhängig voneinander überprüft. Die durch den ersten Analysten identifizierten Aussagen waren zu 94,7 % vollständig und zu 98,1 % angemessen durch Kurzformen bezeichnet. Alle Diskrepanzen wurden von den drei Analysten durch Diskussionen gelöst.

Im nächsten Schritt wurden die Aussagen der Befragten durch Gruppierung zu sekundären Determinantenkategorien verdichtet (Lincoln und Guba 1985). Bei jedem Interview hat der Autor zunächst entschieden, welcher allgemeinen Determinantenkategorie (d.h. Dienstleistungsbeziehungsattribute, beziehungstreibender Nutzen oder motivationale Werte) eine Aussage zugeordnet werden sollte. Gleichzeitig hat der Autor ausgehend von den konkreten Aussagen aus den Interviews erste Kategorien auf der Ebene der sekundären Determinanten gebildet, indem die Gemeinsamkeiten und Unterschiede einer Aussage mit anderen Aussagen verglichen wurden. Um eine sekundäre Determinantenkategorie zu begründen, mussten Aussagen von mindestens zwei Befragten vorliegen. Im Einklang mit der Definition beziehungstreibender Nutzen wurden alle Aussagen, die sich auf den Kernnutzen einer Dienstleistung beziehen, von der Analyse ausgeschlossen. Alle anderen Aussagen entsprachen den Definitionen der allgemeinen Determinantenkategorien und konnten zur Bildung von sekundären Determinantenkategorien genutzt werden. Primäre Determinantenkategorien wurden hier noch nicht identifiziert, sondern erst im nächsten Schritt durch die Gruppierung aller sekundären Determinantenkategorien gebildet (vgl. den nachfolgenden Abschnitt 3.). Auf der Ebene der motivationalen Werte wurde eine andere Vorgehensweise gewählt: Hier wurde aufgrund des situationsübergreifenden Charakters motivationaler Werte (Rokeach 1973; Schwartz und Bilsky 1990) und gemäß anderer Ladderingstudien (Overby, Gardial und Woodruff 2004), Schwartz' (1992) Typologie von zehn motivationalen Werten zur Klassifikation von Aussagen auf der Werteebene eingesetzt, anstatt neue Wertekategorien zu identifizieren.

Die beiden anderen Analysten haben mit Unterstützung der Powerpointfolien, der Interviewtranskripte und der Originalaufnahmen der Interviews die Definitionen der sekundären Kategorien und die Zuordnung jeder einzelnen Aussage auf ihre Angemessenheit hin überprüft und Veränderungsvorschläge entwickelt (Holloway und Beatty 2008). Alle drei Analysten haben sich dann regelmäßig während eines Zeitraums von sechs Monaten getroffen, um sich über ihre Definitionen und Klassifikationen auszutauschen. Jedes Mal, wenn sich die Analysten nicht auf eine bestimmte Definition oder Klassifikation einigen konnten, haben sich alle drei Analysten erneut mit den Originalaufnahmen und den Interviewtranskripten beschäftigt und ihre eigenen Interpretationen überdacht. Da in den Interviews einige aus bestehender Forschung bekannte Determinantenkategorien identifiziert wurden, haben die Analysten zusätzlich Literatur zu den Determinanten des Wiederkaufverhaltens zu Rate gezogen, um ihre Interpretationen zu verbessern. Die drei Analysten haben sich dann erneut getroffen und auf Basis ihrer aktualisierten Erkenntnisse aus den Interviews und der Literatur versucht, eine endgültige Entscheidung herbeizuführen. Im Einklang mit Empfehlungen aus der Klassifikationsforschung wurde dieser iterative Prozess der Kategorienbildung und Zuordnung von Aussagen so lange fortgeführt, bis ein zufrieden stellendes Ausmaß an Übereinstimmung zwischen den Analysten erreicht war (Holloway und Beatty 2008; Lincoln und Guba 1985). Vor der letzten Klassifikationsrunde, in der sich die Analysten endgültig auf eine finale Auswahl sekundärer Determinantenkategorien und die Zuordnung jeder einzelnen Aussage geeinigt haben, betrug die Übereinstimmung zwischen allen drei Analysten insgesamt 95,8 %. In der Inhaltsanalyseliteratur ist man sich einig, dass solch einfache Übereinstimmungswerte um die Anzahl der involvierten Kategorien und Analysten korrigiert werden sollten, um ein realistischeres Abbild der Interrater-Reliabilität zu erhalten (Grayson und Rust 2001). Rust und Cooil (1994) haben mit dem Konzept des Proportional Reduction of Loss (PRL) ein Kriterium entwickelt, mit dem sowohl die Kategorien als auch die Analysten in beliebiger Anzahl berücksichtigt werden können. Wird der ermittelte Übereinstimmungswert von 95,8 % entsprechend der Vorschläge von Rust und Cooil um die Anzahl der hier vorliegenden Determinantenkategorien (= 50) und Analysten (= 3) korrigiert, dann beträgt die Interrater-Reliabilität nahezu 100 %. Im Rahmen dieser Analyse wurden insgesamt 1.393 Aussagen verarbeitet, was durchschnittlich 13,9 Aussagen pro Befragten entspricht.

Um herauszufinden, ob die auf diese Weise in Deutschland identifizierten sekundären Determinanten auch in anderen Kulturen Gültigkeit haben, d.h. konzeptuell äquivalent sind (Harkness, Mohler und Van de Vijver 2003), und ob noch weitere Determinanten existieren, haben drei Interviewer eine zweite Ladderingstudie in Manhattan (Kansas, USA) durchgeführt. Die Einwohnerzahl von Manhattan ist vergleichbar mit Weimar und in beiden Fällen handelt es sich um Universitätsstädte, sodass eine vergleichbare demografische Struktur vorliegt. Manhattan ist zudem aus forschungsökonomischer Sicht eine günstige Wahl, da bestehende Kontakte zur dort ansässigen Kansas State University genutzt werden konnten, um die Ladderinginterviews professionell vorzubereiten und kostengünstig durchzuführen. Die Interviewer wurden aufbauend auf den Erfahrungen aus der Deutschlandstudie umfassend in der Ladderingmethode trainiert. Es wurden wieder Testinterviews durchgeführt, die von den Interviewern gemeinsam ausgewertet und diskutiert wurden. Der Interviewleitfaden und der halb-standardisierte Fragebogen wurden in die englische Sprache übersetzt. Die Vorgehensweise bei der Befragung und Analyse der US-amerikanischen Interviews war identisch zur Ladderingstudie in Deutschland. Die Interviews wurden von zwei US-amerikanischen Dienstleistungsmarketingforschern ausgewertet, die nicht an der deutschen Ladderingstudie beteiligt waren. 88 Personen wurden persönlich interviewt; Tab. 6 gibt einen Überblick über die Demografika der US-amerikanischen Stichprobe. Insgesamt wurden 857 Aussagen verarbeitet, d.h. durchschnittlich 9,7 Aussagen pro Befragten. Die von den beiden Analysten vorgenommenen Zuordnungen der Aussagen zu den sekundären Determinantenkategorien stimmten zu 92,0 % überein. Bei 50 Determinantenkategorien und zwei Analysten entspricht dies einer Interrater-Reliabilität von mehr als 95,0 % (Rust und Cooil 1994). Im nächsten Schritt haben alle fünf Dienstleistungsmarketingforscher die sekundären Determinantenkategorien der deutschen und der US-amerikanischen Ladderingstudien mit Blick auf ihre konzeptuelle Äquivalenz verglichen.

3. Identifikation primärer Determinanten und Validierung durch eine Expertenbefragung

Um primäre Determinantenkategorien zu identifizieren, wurde das Verfahren der Gruppierung auf die sekundären Determinantenkategorien angewandt (Lincoln und Guba 1985). Gemeinsam wurde von den fünf Analysten auf diese Weise ein Kategorienset primärer Determinanten entwickelt, zu denen jede der sekundären Determinantenkategorien zugeordnet wurde. Zum Beispiel wurde die sekundäre Determinante Schnelligkeit der primären Determinante Dienstleistungserbringung zugeordnet (vgl. Tab. 8).

Um die Zuordnung der sekundären Determinanten zu den primären Determinanten zu validieren, wurden 53 Dienstleistungsmarketingforscher (Professoren, wissenschaftliche Assistenten und Doktoranden) aus sieben Ländern um ihr Expertenurteil gebeten. Jedem Befragten wurde ein Fragebogen gegeben (per Email oder persönlich), der die Definition jeder der sekundären und der primären Determinanten auf den Ebenen der Dienstleistungsbeziehungsattribute und des beziehungstreibenden Nutzens beinhaltete (vgl. Appendix 2). Alle Befragten wurden gebeten, jede der sekundären Determinanten zu der aus ihrer Sicht passendsten primären Determinante zuzuordnen. Aufgrund des situationsübergreifenden Charakters der motivationalen Werte und der umfassenden empirischen und theoretischen Unterstützung für Schwartz' (1992) Typologie wurden die motivationalen Werte nicht in die Expertenbefragung aufgenommen. Die von den 53 Experten vorgenommenen Zuordnungen der sekundären Determinanten zu den primären Determinanten stimmten auf der Attributebene zu 61,2 % und auf der Nutzenebene zu 67,2 % überein. Bei sechs (= Attribute) bzw. drei (= Nutzen) Kategorien und 53 Experten entspricht dies einer Interrater-Reliabilität von nahezu 100% auf beiden Ebenen (Rust und Cooil 1994).

Die *inhaltliche Validität* der Zuordnung der sekundären Determinanten zu den primären Determinanten wurde anhand der beiden Gütemaße der Eindeutigkeit der Zuordnung (p_{sa}) und der inhaltlichen Relevanz (c_{sv}) gemessen (Anderson und Gerbing 1991; Fassott und Eggert 2005). Der Index p_{sa} zeigt den Anteil der Experten, die eine sekundäre Determinante zur vorgesehenen primären Determinantenkategorie zugeordnet haben. p_{sa} kann Werte zwischen 0,0 und 1,0 annehmen, größere Werte zeigen eine höhere Güte an. Der Index c_{sv} beschreibt das Ausmaß, in dem die Experten eine sekundäre Determinante zur vorgesehenen primären Determinantenkategorie häufiger als zu jeder anderen primären Determinantenkategorie zugeordnet haben. c_{sv} kann Werte zwischen -1,0 und +1,0 annehmen, wobei größere positive Werte wiederum eine höhere Güte anzeigen. Die Formeln (1) und (2) zeigen im Detail, wie diese beiden Gütemaße ermittelt werden:

$$(1)\ p_{sa} = \frac{n_c}{N}$$

n_c = Anzahl der richtigen Zuordnungen

N = Anzahl der Experten

$$(2)\ c_{sv} = \frac{n_c - n_o}{N}$$

n_c = Anzahl der richtigen Zuordnungen

n_o = Anzahl der am häufigsten genannten falschen Zuordnung

N = Anzahl der Experten

Für den Index c_{sv} kann ein Binomialtest auf statistische Signifikanz durchgeführt werden (Anderson und Gerbing 1991). Inhaltlich steckt hinter einem solchen Binomialtest die Frage, ob die Experten eine sekundäre Determinante zu einer primären Determinantenkategorie signifikant häufiger als zu jeder anderen primären Determinantenkategorie zugeordnet haben. Tab. 7 beinhaltet die Berechnungen der Gütemaße und die Ergebnisse der Binomialtests ($p < 0{,}05$; zweiseitig).

Tab. 7: Gütemaße und Binomialtests der Expertenbefragung

	N	n_c	n_o	p_{sa}	c_{sv}	Binomialtest
Dienstleistungsprodukt						
Einmaligkeit	53	45	3	0,85	0,79	signifikant
Fairness	53	0	23	0,00	-0,43	n.s.
Individualisierung	53	34	14	0,64	0,38	n.s.
Preisgünstigkeit	53	48	4	0,91	0,83	signifikant
Preis-Leistungs-Verhältnis	53	47	6	0,89	0,77	signifikant
Sortiment	52	39	12	0,75	0,52	signifikant

	N	n_c	n_o	p_{sa}	c_{sv}	Binomialtest
Technische Ausstattung und Einsatzstoffe	52	25	16	0,48	0,17	n.s.
Zeitliche Verfügbarkeit	53	25	19	0,47	0,11	n.s.
Zusätzliche Serviceleistungen	53	41	5	0,77	0,68	signifikant
Zuverlässigkeit	53	25	22	0,47	0,06	n.s.
Dienstleistungserbringung						
Authentizität	53	43	9	0,81	0,64	signifikant
Empathie	53	35	13	0,66	0,42	signifikant
Expertise	53	39	11	0,74	0,53	signifikant
Fairness	53	23	16	0,43	0,13	n.s.
Motivation	53	45	4	0,85	0,77	signifikant
Schnelligkeit	53	37	14	0,70	0,43	signifikant
Unaufdringlichkeit	53	42	9	0,79	0,62	signifikant
Dienstleistungsumgebung						
Publikum	53	47	4	0,89	0,81	signifikant
Sauberkeit	53	43	7	0,81	0,68	signifikant
Servicescape	53	46	5	0,87	0,77	signifikant
Dienstleistungsstandort						
Lage	53	51	2	0,96	0,92	signifikant
Beziehungseigenschaften						
Ähnlichkeit	51	35	14	0,68	0,41	signifikant
Freunde oder Verwandte	50	37	9	0,74	0,56	signifikant
Kundenhistorie	51	45	2	0,88	0,84	signifikant
Sonderbehandlung	52	42	6	0,81	0,69	signifikant
Verbindung	53	49	2	0,92	0,89	signifikant
Unternehmenseigenschaften						
Anbietergröße	53	41	7	0,77	0,64	signifikant
Reputation	53	51	1	0,96	0,94	signifikant
Sozial-ökologische Verantwortung	53	51	1	0,96	0,94	signifikant

	N	n_c	n_o	p_{sa}	c_{sv}	Binomialtest
Funktionaler Nutzen						
Geld sparen	53	52	1	0,98	0,96	signifikant
Information	53	43	9	0,81	0,64	signifikant
Zeit und Mühe sparen	53	51	1	0,96	0,94	signifikant
Psychologischer Nutzen						
Autonomie	53	42	11	0,79	0,58	signifikant
Comfort	53	47	6	0,89	0,77	signifikant
Privilegiertheit	53	37	11	0,70	0,49	signifikant
Vertrauen	52	47	3	0,90	0,85	signifikant
Willkommenheit	53	36	16	0,68	0,38	signifikant
Sozialer Nutzen						
Altruismus	53	27	26	0,51	0,02	n.s.
Gemeinde	53	42	8	0,79	0,64	signifikant
Kommunikation	53	49	2	0,92	0,89	signifikant
Verbundenheit	52	38	14	0,73	0,46	signifikant

Anmerkung: n.s. = nicht signifikant ($p < 0{,}05$; zweiseitig).
Quelle: Eigene Darstellung

Die inhaltliche Validität der Zuordnungen der sekundären Determinanten zu den primären Determinanten wird durch die Ergebnisse der Expertenbefragung weitestgehend bestätigt. Die Binomialtests zeigen, dass 23 von 28 sekundären Dienstleistungsbeziehungsattributen signifikant ($p < 0{,}05$; zweiseitig) häufiger zur vorgesehenen primären Determinantenkategorie zugeordnet wurden als zu allen anderen primären Determinantenkategorien zusammen. Vier der fünf sekundären Dienstleistungsbeziehungsattribute, bei denen die Binomialtests nicht signifikant waren, weisen hohe positive p_{sa}- und c_{sv}-Werte auf, sodass eine Eindeutigkeit der Zuordnung und eine inhaltliche Relevanz gegeben sind (Individualisierung, p_{sa} = 0,64, c_{sv} = 0,38; technische Ausstattung und Einsatzstoffe, p_{sa} = 0,48, c_{sv} = 0,17; zeitliche Verfügbarkeit, p_{sa} = 0,47, c_{sv} = 0,11; Zuverlässigkeit, p_{sa} = 0,47, c_{sv} = 0,06). Die vorgesehene Zuordnung des Dienstleistungsbeziehungsattributs Fairness zur primären Determinantenkategorie Dienstleistungsprodukt wird hingegen nicht bestätigt (p_{sa} = 0,00; c_{sv} = -0,43).

Dem Urteil der Experten folgend werden bis auf Fairness alle sekundären Determinanten zu der vorgesehenen primären Determinantenkategorie zugeordnet. Fairness wird abweichend von der ursprünglich vorgesehenen Kategorie des Dienstleistungsproduktes der primären Determinantenkategorie der Dienstleistungserbringung zugeordnet, bei der die Gütemaße der Eindeutigkeit der Zuordnung und der inhaltlichen Relevanz am besten erfüllt sind (p_{sa} = 0,43; c_{sv} = 0,13). Eine solche Zuordnung erscheint inhaltlich gerechtfertigt, da sich ein Eindruck der Fairness in erster Linie durch das Handeln der beteiligten Personen wie Dienstleistungsmitarbeitern einstellt und nicht unbedingt dem Dienstleistungsprodukt innewohnt (für Definitionen der Konzepte vgl. Tab. 8). Beim beziehungstreibenden Nutzen zeigen die Binomialtests, dass bis auf Altruismus alle sekundären Determinanten signifikant ($p < 0,05$; zweiseitig) häufiger zu der vorgesehenen primären Determinantenkategorie zugeordnet wurden als zu allen anderen primären Determinantenkategorien zusammen. Aufgrund hoher positiver p_{sa}- (0,51) und c_{sv}-Werte (0,02) können eine Eindeutigkeit der Zuordnung und eine inhaltliche Relevanz für Altruismus dennoch als gegeben gelten. In Tab. 8 sind die finalen Determinantenkategorien gemeinsam mit Definitionen, veranschaulichenden Zitaten aus den Ladderinginterviews und ähnlichen bestehenden Konzepten aus der Literatur dargestellt. Um keine unnötige Sprachverwirrung zu stiften, wurden die bestehenden Konzepte in der Spalte ganz rechts in englischer Sprache belassen statt sie ins Deutsche zu übersetzen.

4. Ergebnisse

Es wurden insgesamt 12 primäre und 50 sekundäre Determinanten des Wiederkaufverhaltens identifiziert. Bis auf Altruismus wurden alle sekundären Determinantenkategorien, die in Deutschland identifiziert wurden, auch in den USA gefunden. Altruismus wurde in Deutschland von 12 % der Befragten und in den USA von keinem der Befragten genannt. Die umfassende wissenschaftliche Literatur, die in den USA zum Thema Altruismus existiert, verdeutlicht jedoch den kulturübergreifenden Charakter dieses Konzeptes (vgl. z.B. Paul, Miller und Paul 1993). Es besteht daher kein Grund zur Annahme, dass Altruismus nicht auch in den USA eine Determinante des Wiederkaufverhaltens bei Dienstleistungsunternehmen ist. In den USA wurden keine zusätzlichen Kategorien identifiziert. Es ist somit festzuhalten, dass die hier identifizierten Konzepte für Deutschland und die USA Gültigkeit haben.

Tab. 8: Primäre und sekundäre Determinanten des Wiederkaufverhaltens

Primäre **und sekundäre Determinanten**	**Definitionen**	**Veranschaulichende Kundenzitate**[9]	**Ähnliche bestehende Konzepte und Literatur**
Dienstleistungsbeziehungsattribute			
Dienstleistungsprodukt	*Attribute, die sich auf das geplante Dienstleistungsangebot beziehen*		Service product [Rust und Oliver 1994]; outcome quality [Brady und Cronin 2001]
Einmaligkeit	Seltenes oder einmaliges Dienstleistungsangebot	„Diese Art von Haarschnitt ist schwer zu bekommen in dieser Stadt" (*Friseur*)	Customer knowledge about alternatives [Capraro, Broniarczyk und Srivastava 2003]; quality meat and produce [Arnold, Oum und Tigert 1983]; quality store brands [Corstjens und Lal 2000]; merchandise quality [Sirohi, McLaughlin und Wittink 1998]
Individualisierung	Allen Kunden angebotene Anpassung des Dienstleistungsergebnisses gemäß den Kundenbedürfnissen	„Sie schneidet meine Haare so wie ich es möchte" (*Friseur*)	Customized offers [Simonson 2005]
Preisgünstigkeit	Preis ist niedriger als bei alternativen Anbietern	„Ist billiger als andere Blumenläden" (*Supermarkt*)	Low overall price and weekly specials [Arnold, Oum und Tigert 1983]; sales promotion [Sirohi, McLaughlin und Wittink 1998]; retail promotion [Drèze und Hoch 1998]; short term promotion [Lewis 2004]
Preis-Leistungs-Verhältnis	Verhältnis von Preis und Leistung ist besser als bei alternativen Anbietern	„Mir wird nicht zu viel berechnet" (*Kfz-Werkstatt*)	Price, quality, and value perceptions [Varki und Colgate 2001]; relative price [Sirohi, McLaughlin und Wittink 1998]; value for money in generics [Arnold, Oum und Tigert 1983]; perceived value [Parasuraman und Grewal 2000; Sirohi, McLaughlin und Wittink 1998]; value [Blackwell et al. 1999; Sirdeshmuk, Singh und Sabol 2002]
Sortiment	Breite und Tiefe der angebotenen Dienstleis-	„Sie haben eine ausgewogene	Overall assortment or variety of food products [Arnold,

[9] Die Kundenzitate sind zum Teil aus dem Englischen übersetzt.

Primäre **und sekundäre Determinanten**	**Definitionen**	**Veranschaulichende Kundenzitate**[9]	**Ähnliche bestehende Konzepte und Literatur**
	tungen und Produkte	Auswahl an Produkten" (*Supermarkt*)	Oum und Tigert 1983]; product assortment [Borle et al. 2005]
Technische Ausstattung und Einsatzstoffe	Technische Ausstattung und Einsatzstoffe, die benutzt werden, um die Dienstleistung zu erstellen	„Sie haben die modernste technische Ausstattung" (*Tierarzt*)	Tangibles [Boulding et al. 1993; Cronin und Taylor 1992; Zeithaml, Berry und Parasuraman 1996]
Zeitliche Verfügbarkeit	Zeiten, zu denen die Dienstleistung verfügbar ist	„Man kann jederzeit Termine vereinbaren" (*Friseur*)	Store operations [Sirohi, McLaughlin und Wittink 1998]; mobile channel addition [Nysveen et al. 2005]
Zusätzliche Serviceleistungen	Zusätzliche Serviceangebote, die über die Standardleistung hinausgehen	„Er ruft mich auch zu Hause an" (*Arzt/ Zahnarzt*)	Direct mailing [De Wulf, Odekerken-Schröder und Iacobucci 2001; Verhoef 2003]
Zuverlässigkeit	Beständiges, verlässliches und fehlerfreies Dienstleistungsergebnis	„Sie sind immer pünktlich" (*Fluggesellschaft*)	Reliability [Boulding et al. 1993; Cronin und Taylor 1992; Zeithaml, Berry und Parasuraman 1996]
Dienstleistungserbringung	*Attribute, die sich auf die Kunden-Mitarbeiter-Interaktion beziehen, durch welche die Dienstleistung produziert wird*		Service delivery [Rust und Oliver 1994]; interaction quality [Brady und Cronin 2001]
Authentizität	Mitarbeiter zeigen authentische Emotionen gegenüber allen Kunden	„Sie tun nicht nur so, als wären sie freundlich" (*Bekleidungsgeschäft*)	Authenticity of the emotional labor display [Hennig-Thurau et al. 2006]
Empathie	Mitarbeiter kümmern sich und zeigen Interesse gegenüber allen Kunden	„Er zeigt, dass er sich für mich interessiert und nimmt sich Zeit, um mit mir zu reden" (*Tierarzt*)	Empathy [Boulding et al. 1993; Cronin und Taylor 1992; Zeithaml, Berry und Parasuraman 1996]; employee warmth during service encounter [Lemmink und Mattsson 1998]; friendly, courteous staff [Arnold, Oum und Tigert 1983]; personalization [Mittal und Lassar 1996]
Expertise	Mitarbeiter haben Fach- und Beratungskompetenz	„Die Mitarbeiter kennen sich aus" (*Buch-*	Assurance [Boulding et al. 1993; Cronin und Taylor 1992; Zeithaml, Berry und

Primäre und sekundäre Determinanten	Definitionen	Veranschaulichende Kundenzitate[9]	Ähnliche bestehende Konzepte und Literatur
		handel)	Parasuraman 1996]; personnel service perception [Sirohi, McLaughlin und Wittink 1998]; service domain expertise [Crosby, Evans und Cowles 1990]
Fairness	Integrität, Ehrlichkeit und Gerechtigkeit des Dienstleistungsanbieters gegenüber allen Kunden hinsichtlich der angebotenen Dienstleistung	„Er ist integer und ehrlich" (*Arzt/ Zahnarzt*)	Payment equity [Verhoef 2003]; perceived equity [Olsen und Johnson 2003]; complaint management [Fornell und Wernerfelt 1987; 1988; Homburg und Fürst 2005; Tax, Brown und Chandrashekaran 1998]
Motivation	Mitarbeiter haben eine positive Arbeitseinstellung und zeigen gegenüber allen Kunden, dass sie sich bei der Dienstleistungserbringung bemühen	„Sie bemühen sich ganz besonders" (*Versicherungsmakler*)	Responsiveness [Boulding et al. 1993; Cronin und Taylor 1992; Zeithaml, Berry und Parasuraman 1996]
Schnelligkeit	Umgehende Dienstleistungserbringung und kurze Wartezeiten	„Der Check-in ist sehr schnell" (*Fluggesellschaft*)	Fast checkout counters [Arnold, Oum und Tigert 1983]; wait expectations [Grewal et al. 2003]
Unaufdringlichkeit	Mitarbeiter üben auf die Kunden keinen Druck aus zu kaufen	„Sie erwarten nicht von mir, dass ich etwas kaufe" (*Buchhandel*)	Customer orientation [Beatty et al. 1996; Brady und Cronin 2001]
Dienstleistungsumgebung	*Attribute, die sich auf das Ambiente beziehen, in dem die Dienstleistung erbracht wird*		Service environment [Rust und Oliver 1994]; physical environment quality [Brady und Cronin 2001]; store environment cues [Baker et al. 2002]
Publikum	Andere Kunden, die zu einer guten Dienstleistungsatmosphäre beitragen	„Ich mag die anderen Kunden dort" (*Café/ Kneipe*)	Other customers [Grove und Fisk 1997; Gruen, Osmonbekov und Czaplewski 2007]
Sauberkeit	Saubere Dienstleistungsräumlichkeiten	„Die Arztpraxis ist steril" (*Arzt/ Zahnarzt*)	Store appearance [Sirohi, McLaughlin und Wittink 1998]
Servicescape	Insgesamt gute physische Umgebung und Atmos-	„Sie spielen dort klassische Mu-	Pleasant shopping environment [Arnold, Oum und Ti-

Primäre **und sekundäre Determinanten**	**Definitionen**	**Veranschaulichende Kundenzitate**[9]	**Ähnliche bestehende Konzepte und Literatur**
	phäre	sik in einer historischen Atmosphäre" (*Café/ Kneipe*)	gert 1983]; store atmosphere [Grewal et al. 2003]
Dienstleistungsstandort	*Attribute, die sich auf den geographischen Ort beziehen, an dem die Dienstleistung erbracht wird*		Retail location [Craig, Ghosh und McLafferty 1984]
Lage	Geographischer Ort, an dem die Dienstleistung erbracht wird	„Sie liegen auf dem Weg zur Arbeit" (*Reinigung*)	Easy to get to from home [Arnold, Oum und Tigert 1983]
Beziehungseigenschaften	*Attribute, die sich auf eine laufende Beziehung beziehen, die der Dienstleistungsanbieter mit einem Kunden und anderen Personen von Bedeutung für diesen Kunden führt*		Relationship characteristics [Reinartz und Kumar 2003; Seiders et al. 2005]
Ähnlichkeit	Kunde mag den Mitarbeiter und/oder hat etwas gemeinsam mit ihm/ihr	„Wir sind beide Griechen" (*Restaurant*)	Customer-employee similarity [Crosby, Evans und Cowles 1990]; rapport [Gremler und Gwinner 2000]
Freunde oder Verwandte	Freunde oder Verwandte sind auch Kunden (besuchen den Dienstleistungsanbieter aber nicht unbedingt zur selben Zeit)	„Freunde von mir sind auch bei ihm Patient" (*Arzt/ Zahnarzt*)	Social influence [Evans, Christiansen und Gill 1996]; social factor [Heitman, Lehmann und Herrmann 2007]
Kundenhistorie	Dienstleistungsanbieter speichert und verwendet Informationen über frühere Besuche der einzelnen Kunden	„Sie kennen mein Auto sehr gut" (*Kfz-Werkstatt*)	Relational information processes [Jayachandran et al. 2005]; loyalty programs [Bolton, Kannan und Bramlett 2003; Kim, Shi und Srinivasan 2001; Lewis 2004; Liu 2007; Sharp und Sharp 1997; Yi und Jeon 2003; Verhoef 2003]; tangible rewards [De Wulf, Odekerken-Schröder und Iacobucci 2001]
Sonderbehand-	Dienstleistungsanbieter	„Ich bekomme	Preferential treatment [De

Primäre und sekundäre Determinanten	Definitionen	Veranschaulichende Kundenzitate[9]	Ähnliche bestehende Konzepte und Literatur
lung	behandelt regelmäßige Kunden besser als nichtregelmäßige Kunden	kurzfristig Termine, weil ich schon seit vielen Jahren Kunde bin“ (*Friseur*)	Wulf, Odekerken-Schröder und Iacobucci 2001]
Verbindung	Kunde hat eine persönliche Verbindung zu einem Mitarbeiter oder eine symbolische Beziehung zum Ort	„Ich kenne den Leiter der Bank persönlich“ (*Bank*)	Commercial friendship [Price und Arnould 1999]; interpersonal relationship [Jones, Mothersbaugh und Beatty 2000]; rapport [Gremler und Gwinner 2000]; third place [Rosenbaum 2006]
*Unternehmenseigenschaften**	*Attribute, die sich auf das gesamte Unternehmen beziehen (<u>nicht</u> die Qualität der durch das Unternehmen erbrachten Dienstleistung)*		Corporate associations [Brown und Dacin 1997]
Anbietergröße*	Dienstleistungsanbieter ist klein, lokal und in Privatbesitz	„Das ist ein einzelner Laden in Privatbesitz, keine Kette“ (*Friseur*)	Hometown ideology [Arnold, Kozinets und Handelman 2001]; hegemonic brandscape and consumers' anticorporate experience of glocalization [Thompson und Arsel 2004]; urban periodic farmer's market [McGrath, Sherry und Heisley 1993]
Reputation*	Dienstleistungsanbieter hat eine gute Reputation	„Sie haben einen guten Ruf“ (*Versicherungsmakler*)	Corporate reputation [Walsh und Beatty 2007]
Sozial-ökologische Verantwortung*	Dienstleistungsanbieter unterstützt seine Mitarbeiter, die Gemeinschaft und die Umwelt	„Sie unterstützen die Gemeinschaft“ (*Bank*)	Perception of corporate social responsibility [Maignan und Ferrell 2004]
Beziehungstreibender Nutzen			
Funktionaler Nutzen	*Nutzen, der utilitaristischer oder materieller Art ist*		Functional benefits [Reynolds und Beatty 1999a]; functional motives [Beatty et al. 1996]; switching costs [Jones, Mothersbaugh und Beatty 2000]; perceived relationship investment [De

Primäre und sekundäre Determinanten	Definitionen	Veranschaulichende Kundenzitate[9]	Ähnliche bestehende Konzepte und Literatur
			Wulf, Odekerken-Schröder und Iacobucci 2001]
Geld sparen	Der Kunde hat einen Nutzen, weil er/sie Geld spart	„Ich habe keinen finanziellen Verlust" (*Fluggesellschaft*)	Economic benefits [Gwinner, Gremler und Bitner 1998]
Information	Der Kunde hat einen Nutzen, weil er/sie Informationen über eine Dienstleistung erhält	„Ich kann neue Fähigkeiten lernen" (*Elektronikfachhandel*)	Consumer knowledge [Chiou, Droge und Hanvanich 2002; Ratchford 2001]
Zeit und Mühe sparen	Der Kunde hat einen Nutzen, weil er/sie Zeit und Mühe spart	„Es spart mir Zeit" (*Bank*)	Convenience [Berry, Seiders und Grewal 2002; Seiders et al. 2007]
Psychologischer Nutzen	*Nutzen, der wichtige intrinsische, selbstbezogene Ziele des Kunden zufrieden stellt*		Psychological benefits [Gwinner, Gremler und Bitner 1998]; delight [Oliver, Rust und Varki 1997]; perceived relationship investment [De Wulf, Odekerken-Schröder und Iacobucci 2001]
Autonomie	Der Kunde hat einen Nutzen, weil er/sie das Gefühl hat, dass der Dienstleistungsanbieter es ihm/ihr hinsichtlich der Dienstleistung ermöglicht, selbst zu entscheiden und zu handeln	„Ich werde nicht verführt, etwas zu kaufen" (*Supermarkt*)	Self-determination [Dholakia 2006]
Comfort	Der Kunde hat einen Nutzen, weil seine/ihre Angst hinsichtlich einer Dienstleistungsbegegnung gemildert wird	„Mein Stress wird beseitigt oder zumindest vermindert" (*Fluggesellschaft*)	Comfort [Spake et al. 2003]
Privilegiertheit	Der Kunde hat einen Nutzen, weil er/sie sich als treuer Kunde privilegiert und besonders im Vergleich zu anderen Kunden fühlt	„Er gibt mir das Gefühl, dass ich als treuer Kunde etwas besonderes bin" (*Friseur*)	Special treatment benefits [Hennig-Thurau, Gwinner und Gremler 2002]
Vertrauen	Der Kunde hat einen Nutzen, weil er/sie Zutrauen	„Ich kann ihnen vertrauen"	Confidence benefits [Hennig-Thurau, Gwinner und Grem-

Primäre **und sekundäre Determinanten**	**Definitionen**	**Veranschaulichende Kundenzitate[9]**	**Ähnliche bestehende Konzepte und Literatur**
	und ein Gefühl des Vertrauens in den Dienstleistungsanbieter hat	(*Apotheke*)	ler 2002]; trust [Beatty et al. 1996; Garbarino und Johnson 1999; Macintosh und Lockshin 1997; Morgan und Hunt 1994]; trust in frontline employees or management policies and practices [Sirdeshmuk, Singh und Sabol 2002]
Willkommenheit*	Der Kunde hat einen Nutzen, weil er/sie sich willkommen, geschätzt oder umkümmert bei dem Dienstleistungsanbieter fühlt	„Ich habe das Gefühl, dass sie mich gerne sehen" (*Arzt/ Zahnarzt*)	Relatedness [Thomson 2006]; relational cultural model [Ringberg, Odekerken-Schröder und Christensen 2007]
Sozialer Nutzen	*Nutzen, der Menschen emotional näher zueinander bringt oder anderen ein gewünschtes Bild von sich selbst vermittelt*		Social benefits [Gwinner, Gremler und Bitner 1998; Hennig-Thurau, Gwinner und Gremler 2002; Reynolds und Beatty 1999a]; social motives [Beatty et al. 1996]; perceived relationship investment [De Wulf, Odekerken-Schröder und Iacobucci 2001]
Altruismus*	Der Kunde hat einen Nutzen, weil er/sie durch die Nutzung des Dienstleistungsanbieters anderen Personen helfen kann	„Es ist ein gutes Gefühl, wenn man andere damit unterstützen kann" (*Café/ Kneipe*)	Altruistic motive [Bendapudi, Singh und Bendapudi 1996]; moral identity [Reed, Aquino und Levy 2007]; gift giving as agapic love [Belk und Coon 1993]
Gemeinde*	Der Kunde hat einen Nutzen, weil er/sie durch die Nutzung des Dienstleistungsanbieters die Gemeinde, in der er/sie lebt, unterstützen kann	„Das Geld bleibt in der Stadt" (*Friseur*)	Market embeddedness [Frenzen und Davis 1990]; brand community [Muniz und O'Guinn 2001]; social capital [Mathwick, Wiertz und De Ruyter 2008]; consumer ethnocentrism [Shimp und Sharma 1987]
Kommunikation	Der Kunde hat einen Nutzen, weil der soziale Austausch und die Gespräche mit den Dienstleistungsmitarbeitern oder anderen Kunden	„Ich habe sehr unterhaltsame Gespräche mit den Leuten dort" (*Bank*)	Communication [Duncan und Moriarty 1998]; interaction/ communication [Crosby und Stephens 1987]; interpersonal communication [De Wulf, Odekerken-Schröder und Ia-

Primäre und sekundäre Determinanten	Definitionen	Veranschaulichende Kundenzitate[9]	Ähnliche bestehende Konzepte und Literatur
	ihm/ihr Freude bereiten		cobucci 2001]
Verbundenheit	Der Kunde hat einen Nutzen, weil er/sie ein Gefühl der Zugehörigkeit, Verbundenheit oder Identifikation mit dem Dienstleistungsanbieter oder anderen Kunden hat	„Ich fühle mich dieser Fluggesellschaft verbunden" (*Fluggesellschaft*)	Consumer identification [Arnett, German und Hunt 2003; Bhattacharya 1998; Bhattacharya und Sen 2003]
Motivationale Werte (Schwartz 1992)			
Individuelle Werte	*Values that primarily serve the interests of the individual*		
Hedonismus*	Pleasure or sensuous gratification for oneself	„Ich möchte mein Leben genießen" (*Kino*)	Overby, Gardial und Woodruff 2004; Steenkamp, Ter Hofstede und Wedel 1999
Leistung*	Personal success through demonstrating competence according to social standards	„Ich will erfolgreich bei der Arbeit sein" (*Optiker*)	Overby, Gardial und Woodruff 2004; Steenkamp, Ter Hofstede und Wedel 1999
Macht*	Attainment of social status and prestige, and control or dominance over people and resources	„Ich will ein hohes Ansehen in der Gemeinde genießen" (*Bank*)	Overby, Gardial und Woodruff 2004; Steenkamp, Ter Hofstede und Wedel 1999
Selbstbestimmung*	Independent thought and action – choosing, creating, exploring	„Ich habe mehr Unabhängigkeit und Freiheit im Leben" (*Kfz-Werkstatt*)	Overby, Gardial und Woodruff 2004; Steenkamp, Ter Hofstede und Wedel 1999
Stimulation*	Excitement, novelty, and challenge in life	„Ich mag Abwechslung im Leben" (*Fluggesellschaft*)	Overby, Gardial und Woodruff 2004; Steenkamp, Ter Hofstede und Wedel 1999
Kollektive Werte	*Values that primarily serve the interests of some collectivity*		
Konformität*	Restraint of actions, inclinations, and impulses likely to upset or harm others and violate social expectations or norms	„Ich möchte andere nicht verletzen" (*Kfz-Werkstatt*)	Overby, Gardial und Woodruff 2004; Steenkamp, Ter Hofstede und Wedel 1999
Tradition*	Respect, commitment, and acceptance of the customs and ideas that	„Es ehrt Gott, wenn man andere gut behan-	Overby, Gardial und Woodruff 2004; Steenkamp, Ter Hofstede und Wedel 1999

Primäre **und sekundäre Determinanten**	**Definitionen**	**Veranschaulichende Kundenzitate**[9]	**Ähnliche bestehende Konzepte und Literatur**
	one's culture or religion impose on the individual	delt" (*Buchhandel*)	
Wohlwollen*	Preservation and enhancement of the welfare of people with whom one is in frequent personal contact	„Ich möchte anderen helfen" (*Arzt/ Zahnarzt*)	Overby, Gardial und Woodruff 2004; Steenkamp, Ter Hofstede und Wedel 1999
Gemischte Werte	*Values that serve both the interests of the individual and some collectivity*		
Sicherheit*	Safety, harmony, and stability of society, of relationships, and of self	„Ich möchte mir keine Sorgen machen müssen" (*Friseur*)	Overby, Gardial und Woodruff 2004; Steenkamp, Ter Hofstede und Wedel 1999
Universalismus*	Understanding, appreciation, tolerance, and protection of welfare of all people and for nature	„Ich möchte die Umwelt schützen" (*Bank*)	Overby, Gardial und Woodruff 2004; Steenkamp, Ter Hofstede und Wedel 1999

Anmerkung: * = In dieser Arbeit neu identifizierte Determinanten des Wiederkaufverhaltens; bei diesen Determinanten werden in der Spalte ganz rechts außen jeweils ähnliche Konzepte aus anderen Forschungsgebieten des Marketings aufgeführt, die jedoch bislang nicht im Zusammenhang mit Wiederkaufverhalten betrachtet wurden. Die Definitionen der motivationalen Werte sind von Schwartz (1992).
Quelle: Eigene Darstellung

Auf der Ebene der Dienstleistungsbeziehungsattribute wurden sechs primäre und 28 sekundäre Determinanten identifiziert. Die primäre Determinante des Dienstleistungsproduktes umfasst alle sekundären Determinanten, die sich auf das geplante Dienstleistungsangebot beziehen, wie die Einmaligkeit, die Individualisierung, die Preisgünstigkeit, die zeitliche Verfügbarkeit und die Zuverlässigkeit des Dienstleistungsangebots, das Sortiment des Dienstleistungsanbieters, die technische Ausstattung und Einsatzstoffe, das Preis-Leistungs-Verhältnis und zusätzliche Serviceleistungen. Die Dienstleistungserbringung beinhaltet Attribute, die sich auf die Kunden-Mitarbeiter-Interaktion beziehen, durch welche die Dienstleistung erstellt wird. Sekundäre Determinanten in dieser Kategorie sind die Authentizität, die Empathie, die Expertise, die Fairness, die Motivation, die Schnelligkeit und die Unaufdringlichkeit der Dienstleistungsmitarbeiter. Die primäre Determinantenkategorie Dienstleistungsumgebung umfasst Attribute, die das Ambiente ausmachen, in dem die Dienstleistung erbracht wird, d.h. das Publikum, die Sauberkeit und das Servicescape des Dienstleistungsanbieters. Der Dienstleistungsstandort bezieht sich auf den geographischen Ort, an dem die Dienstleistung erbracht wird und stellt eine primäre Determinante dar, der in dieser Studie nur die sekundäre Determinante Lage zugeordnet wird. Die Beziehungseigenschaften beinhalten alle Attribute, die sich auf eine laufende Beziehung des Dienstleistungsanbieters mit einem Kunden oder anderen Personen von Bedeutung für diesen Kunden beziehen. Sekundäre Determinanten in dieser Kategorie sind die Ähnlichkeit oder Verbindung zwischen Kunde und Dienstleistungsanbieter, die Kundenhistorie, die Sonderbehandlung regelmäßiger Kunden und die Freunde oder Verwandten des Kunden, die ebenfalls Kunde bei dem Dienstleistungsanbieter sind. Das sechste primäre Dienstleistungsbeziehungsattribut stellen die Unternehmenseigenschaften dar, die sich auf das gesamte Unternehmen beziehen und die sekundären Attribute der Anbietergröße, der Reputation und der sozial-ökologischen Verantwortung umfassen.

Auf der Ebene des beziehungstreibenden Nutzens wurden drei primäre und 12 sekundäre Determinanten identifiziert. Die primäre Determinante funktionaler Nutzen beinhaltet Nutzen von utilitaristischer oder materieller Art. Dies betrifft Nutzen wie Geld sparen, Zeit und Mühe sparen oder den Nutzen, der durch den Erhalt zusätzlicher Informationen über eine Dienstleistung entsteht. Psychologischer Nutzen umfasst Nutzen, der wichtige intrinsische, selbstbezogene Ziele des Kunden anspricht, wie Autonomie, Comfort, Privilegiertheit, Vertrauen und Willkommenheit. Sozialer Nutzen betrifft Nutzen, der Menschen emotional näher zueinander bringt oder anderen ein gewünschtes Bild von sich selbst vermittelt. Diese Kategorie beinhaltet die sekundären Determinanten Altruismus, Gemeinde, Kommunikation und Verbundenheit.

Auf der Ebene der motivationalen Werte wurden drei primäre und zehn sekundäre Determinanten von Schwartz (1992) übernommen und hier im Kontext des Wiederkaufverhaltens bei Dienstleistungsunternehmen repliziert. Die Definitionen der Kategorien von Schwartz (1992) gelten unverändert, sodass in Tab. 8 auf eine Übersetzung in die deutsche Sprache verzichtet wurde. Die primäre Determinante der individuellen Werte umfasst die sekundären Determinanten Hedonismus, Leistung, Macht, Selbstbestimmung und Stimulation, die alle dem Interesse des Einzelnen dienen. Die Kategorie der kollektiven Werte beinhaltet die dem Gemeinwohl dienenden Werte Konformität, Tradition und Wohlwollen. Sicherheit und Universalismus sind den gemischten Werten zugeordnet, die sowohl dem Interesse des Einzelnen als auch dem Gemeinwohl dienen können. In den Ladderinginterviews in Deutschland und den USA wurden alle zehn sekundären Werte von Befragten genannt, und es tauchten keine neuen Werte auf.

V. Diskussion des Beitrags zu einer Theorie der Determinanten des Wiederkaufverhaltens bei Dienstleistungsunternehmen

Mit der Entwicklung eines Bezugsrahmens wurde in diesem Hauptkapitel ein wesentlicher Schritt zu einer marketingeigenen Theorie der Determinanten des Wiederkaufverhaltens bei Dienstleistungsunternehmen unternommen. Der Bezugsrahmen unterscheidet zwischen den allgemeinen Determinantenkategorien der Dienstleistungsbeziehungsattribute, beziehungstreibendem Nutzen und motivationalen Werten. Mittels zweier qualitativer Studien in Deutschland und den USA wurden konkrete Determinanten innerhalb aller drei allgemeinen Kategorien auf zwei Hierarchieebenen identifiziert und klassifiziert. Wie ein Abgleich mit der Literatur zeigt, integriert der Bezugsrahmen eine große Anzahl bestehender und neuer Determinanten des Wiederkaufverhaltens. Darüber hinaus erfüllt der Bezugsrahmen die Kriterien einer guten Theorie.

1. Integration bestehender und neuer Determinanten

Auf der Ebene der *Dienstleistungsbeziehungsattribute* korrespondieren die drei primären Determinanten Dienstleistungsprodukt, Dienstleistungserbringung und Dienstleistungsumgebung mit der Konzeptualisierung des Konstruktes der Dienstleistungsqualität von Rust und Oliver (1994). Dass drei von sechs primären Determinanten auf der Ebene der Dienstleistungsbeziehungsattribute mit der Dienstleistungsqualität in Zusammenhang gebracht werden können, entspricht der bedeutenden Rolle, welche die Dienstleistungsqualität in der bestehenden Forschung zu den Determinanten des Wiederkaufverhaltens spielt (Boulding et al. 1993; Cronin und Taylor 1992; Zeithaml, Berry und Parasuraman 1996). Viele der sekundären Determinanten, die den primären Determinanten Dienstleistungsprodukt, Dienstleistungserbringung und Dienstleistungsumgebung in dieser Arbeit zugeordnet sind, wurden bereits in früheren Studien als Facetten der Dienstleistungsqualität diskutiert (*Publikum*, Grove und Fisk 1997; *Sauberkeit* und *zeitliche Verfügbarkeit*, Sirohi, McLaughlin und Wittink 1998; *Schnelligkeit* und *Servicescape*, Grewal et al. 2003; *Empathie*, *Expertise*, *Motivation*, *technische Ausstattung und Einsatzstoffe* und *Zuverlässigkeit*, Zeithaml, Berry und Parasuraman 1996). Alle anderen sekundären Determinanten innerhalb der Kategorien des Dienstleistungsproduktes und der Dienstleistungserbringung wurden bislang nur in isolierter Weise betrachtet (*Authen-*

tizität, Hennig-Thurau et al. 2006; *Einmaligkeit*, Capraro, Broniarczyk und Srivastava 2003; *Individualisierung*, Simonson 2005; *Fairness*, Olsen und Johnson 2003; *Preisgünstigkeit* und *Sortiment*, Arnold, Oum und Tigert 1983; *Preis-Leistungs-Verhältnis*, Varki und Colgate 2001; *Unaufdringlichkeit*, Beatty et al. 1996; *zusätzliche Serviceleistungen*, De Wulf, Odekerken-Schröder und Iacobucci 2001). Durch ihre Berücksichtigung im Bezugsrahmen werden diese Determinanten auf ein höheres und allgemeineres konzeptuelles Niveau gebracht, wodurch sie systematisch in bestehendes Wissen der Marketingforschung integriert werden können.

Der Dienstleistungsstandort als weitere primäre Determinante auf der Ebene der Dienstleistungsbeziehungsattribute wurde nur in der frühen Handelsmarketingforschung als eine Determinante des Wiederkaufverhaltens benannt und hat seither kaum weitere Beachtung erfahren (Craig, Ghosh und McLafferty 1984). Die primäre Determinante der Beziehungseigenschaften bildet eine inhaltliche Klammer um eine ganze Reihe bisher unverknüpfter Konzepte (*Ähnlichkeit*, Crosby, Evans und Cowles 1990; *Freunde oder Verwandte*, Evans, Christiansen und Gill 1996; *Kundenhistorie*, Jayachandran et al. 2005; *Sonderbehandlung*, De Wulf, Odekerken-Schröder und Iacobucci 2001; *Verbindung*, Price und Arnould 1999). Es werden hiermit erstmals Verbindungen zwischen diesen Determinanten aufgezeigt, wodurch der Boden für weitergehende Vergleiche und Synthesen in diesem Forschungsbereich bereitet wird. Besonders hervorzuheben ist, dass die mit der primären Determinante Unternehmenseigenschaften assoziierten sekundären Determinanten bislang noch gar nicht als Determinanten des Wiederkaufverhaltens konzeptualisiert wurden. *Reputation* (Walsh und Beatty 2007) und *sozial-ökologische Verantwortung* (Maignan und Ferrell 2004) wurden in anderen Kontexten untersucht, für die Determinante *Anbietergröße* lassen sich Ansatzpunkte in der Konsumkulturforschung finden, die ein Verständnis davon ermöglichen, warum die Größe und der lokale Bezug eines Anbieters von Bedeutung für Kunden sind (z.B. Thompson und Arsel 2004).

Auf der Ebene des *beziehungstreibenden Nutzens* ist zunächst festzuhalten, dass die allgemeine Determinante des beziehungstreibenden Nutzens sowohl das Konzept des Beziehungsnutzens als auch des Beziehungsinvestments umfasst. Während Beziehungsnutzen per Definition auf den Nutzen aus einer bereits bestehenden Beziehung beschränkt ist (Hennig-Thurau, Gwinner und Gremler 2000; 2002), beinhaltet beziehungstreibender Nutzen zusätzlich einen Transaktionsnutzen. Das Beziehungsinvestment lässt sich ebenfalls dem Konzept des beziehungstreibenden Nutzens zuordnen, da es sich hierbei lediglich um den spezifischen

Nutzen handelt, der sich für einen Kunden aus den Bemühungen eines Anbieters, ihn als Kunden zu binden, ergibt (De Wulf, Odekerken-Schröder und Iacobucci 2001).

Des Weiteren zeigt sich das integrative Potential des in dieser Arbeit entwickelten Bezugsrahmens auf der Ebene des primären beziehungstreibenden Nutzens. Zunächst ist festzuhalten, dass funktionaler Nutzen, psychologischer Nutzen und sozialer Nutzen mit bestehenden Nutzentypologien aus der Forschung zur Means-End-Theorie korrespondieren (Olson und Reynolds 1983; Overby, Gardial und Woodruff 2004; Walker und Olson 1991). Diese drei Kategorien ermöglichen es, bislang unverknüpftes bestehendes und neues Wissen zum beziehungstreibenden Nutzen zu integrieren: Die primäre Determinante funktionaler Nutzen integriert eine ganze Reihe bestehender Konzepte (*Geld sparen*, Gwinner, Gremler und Bitner 1998; *Information*, Ratchford 2001; *Zeit und Mühe sparen*, Berry, Seiders und Grewal 2002). Psychologischer Nutzen bündelt als zweite primäre Determinante auf der Nutzenebene die etablierten Determinanten *Privilegiertheit* und *Vertrauen* (Hennig-Thurau, Gwinner und Gremler 2002) und die bislang für sich stehenden Konzepte *Autonomie* (Dholakia 2006) und *Comfort* (Spake et al. 2003). Die primäre Determinante sozialer Nutzen integriert die sekundären Determinanten *Kommunikation* (Duncan und Moriarty 1998) und *Verbundenheit* (Arnett, German und Hunt 2003), die in der bestehenden Forschung noch nicht zueinander in Beziehung gesetzt wurden.

Es wurden auch neue Kategorien beziehungstreibenden Nutzens auf der Ebene der sekundären Determinanten identifiziert: Als sekundäre Determinante des psychologischen Nutzens stellt *Willkommenheit* ein in der Relationship Marketing-Forschung bislang vollkommen unberücksichtigtes Konzept dar. Diese Determinante könnte durch das Konzept der sozialen Eingebundenheit („relatedness") theoretisch untermauert werden, bei dem es um Gefühle der Wertschätzung und des Umkümmertseins als grundlegende menschliche Bedürfnisse geht (Thomson 2006). *Altruismus* und *Gemeinde*, die beide mit sozialem Nutzen assoziiert sind, sind ebenso neue Determinanten des Wiederkaufverhaltens. Während ein Altruismusnutzen dann entsteht, wenn ein Kunde aufgrund wiederholter Nutzung eines Dienstleistungsanbieters entweder diesem Anbieter selbst oder jemand anderem etwas Gutes tun kann, erfährt ein Kunde einen Gemeindenutzen, wenn er die Gemeinschaft, in der er lebt, unterstützen kann. Beide Konzepte tauchen in anderen Forschungsbereichen des Marketings auf: Eine altruistische Motivation spielt zum Beispiel eine wichtige Rolle in Studien, die sich mit dem Erfolg von Wohltätigkeitsorganisationen beschäftigen (Bendapudi, Singh und Bendapudi 1996), und dass Konsumenten nicht nur Individuen sondern stets auch Teil von Gemeinden sind, ist ein leitender Gedanke der Forschung zu sogenannten „embedded markets“ (Frenzen und Davis 1990). Die neuen beziehungstreibenden Nutzenkategorien vervollständigen das bestehende Wissen über die Determinanten des Wiederkaufverhaltens insbesondere aus einer sozialen, den Kunden als Teil einer Gruppe begreifenden Perspektive und leisten somit einen wichtigen Beitrag in diesem Forschungsbereich.

Auf der Ebene der *motivationalen Werte* wird durch den in dieser Arbeit entwickelten Bezugsrahmen deutlich, dass alle motivationalen Werte, wie sie von Schwartz (1992) typologisiert wurden, als Determinanten des Wiederkaufverhaltens fungieren. Obwohl Werte einen bedeutenden Teil menschlicher Kognitionen einnehmen und allgemein wichtige Determinanten des Konsumentenverhaltens sind, wurden Werte bislang nicht als Determinanten des Wiederkaufverhaltens betrachtet (Overby, Gardial und Woodruff 2004; Steenkamp, Ter Hofstede und Wedel 1999). Im Gegensatz zu Attributen und Nutzen, die durch den Dienstleistungsanbieter bestimmt werden, erfassen motivationale Werte stabile, eng mit der Identität eines Kunden verbundene Teile seiner kognitiven Struktur, die zwar vom Dienstleistungsanbieter unabhängig sind, aber dennoch das Wiederkaufverhalten eines Kunden beeinflussen (Rokeach 1973; Schwartz 1992; Schwartz und Bilsky 1990). Motivationale Werte repräsentieren demnach die im Zeitverlauf und in unterschiedlichen Kontexten konstant bleibende Wiederkaufneigung eines Kunden, die sich aus der persönlichen Bedeutung speist, die der wiederholte Kauf von Produkten oder Dienstleistungen für einen Kunden hat. Die Integration von Werten in den Bezugsrahmen dieser Arbeit stellt somit einen völlig neuen Aspekt in der Forschung zu den Determinanten des Wiederkaufverhaltens dar und ermöglicht ein deutlich tieferes und vollständigeres Verständnis dieses Phänomens.

Einige in der Literatur diskutierte Determinanten des Wiederkaufverhaltens tauchen in dem Bezugsrahmen nicht auf. Der Grund hierfür ergibt sich daraus, dass es sich um Beziehungseinstellungen handelt, die im Rahmen dieser Arbeit nicht als Determinanten, sondern vielmehr als zusätzliche zu erklärende Konzepte neben dem Wiederkaufverhalten betrachtet werden. Berücksichtigt werden in dieser Arbeit die Kundenzufriedenheit (Bolton 1998; Lemon, White und Winer 2002; Mittal und Kamakura 2001; Oliver 1999; Rust und Zahorik 1993), das Beziehungscommitment (Gustafsson, Johnson und Roos 2005; Pritchard, Havitz und Howard 1999) und die Bindungsabsichten eines Kunden (Evanschitzky und Wunderlich 2006; Kalwani und Silk 1982; Morwitz und Schmittlein 1992; Young, DeSarbo und Morwitz

1998). In einem engen Zusammenhang mit diesen Konstrukten steht die Beziehungsqualität, welche Kundenzufriedenheit, Beziehungscommitment und Vertrauen als Konstrukte erster Ordnung beinhaltet (Crosby, Evans und Cowles 1990; De Wulf, Odekerken-Schröder und Iacobucci 2001; Hennig-Thurau, Gwinner und Gremler 2002).

2. Güte des Bezugsrahmens

Der in dieser Arbeit entwickelte Bezugsrahmen der Determinanten des Wiederkaufverhaltens bei Dienstleistungsunternehmen erfüllt die Kriterien einer guten Theorie.

Kriterium 1: Systematisch zueinander in Beziehung stehende Aussagen. Der Bezugsrahmen der Determinanten des Wiederkaufverhaltens ist kohärent, präzise und vollständig. Alle Determinanten wurden klar definiert und voneinander abgegrenzt. Die Unterscheidung zwischen primären und sekundären Determinanten innerhalb jeder der drei allgemeinen Determinantenkategorien trägt im starken Maße zur Kohärenz des Bezugsrahmens bei. Auf der Ebene der allgemeinen Determinantenkategorien kann auf Basis der umfassenden Unterstützung für die Means-End-Theorie davon ausgegangen werden, dass diese Kategorien als solche existieren und sich voneinander unterscheiden (Gutman 1982; Overby, Gardial und Woodruff 2004; Ter Hofstede, Steenkamp und Wedel 1999). Ebenso kann die Existenz und Unterschiedlichkeit der hier identifizierten primären und sekundären Determinanten aufgrund ihrer sehr soliden empirischen Basis, zufrieden stellender Interrater-Reliabilitätswerte und der zahlreichen Bezüge zu bestehenden Konzepten als gesichert gelten. Die inhaltliche Validität der Zuordnung der sekundären Determinanten zu den primären Determinanten wurde empirisch durch die Ergebnisse der Expertenbefragung demonstriert. Der Bezugsrahmen kann des Weiteren innerhalb der definierten Grenzen des Phänomenbereichs als vollständig gelten, da er eine Vielzahl bestehender und im Rahmen der Ladderinginterviews neu identifizierter Determinanten des Wiederkaufverhaltens integriert. Unter anderem beinhaltet der Bezugsrahmen motivationale Werte, die in der Relationship Marketing-Forschung bislang keine Berücksichtigung gefunden haben. Einen guten Beleg dafür, dass durch mehr Interviews keine zusätzlichen Determinanten identifiziert worden wären, liefert die Beobachtung, dass nach der Analyse der Hälfte der 188 Ladderinginterviews alle weiteren Aussagen der Befragten redundant waren. Die Means-End-Theorie liefert auch die Grundlage zur präzisen und vollständigen Erfassung der Beziehungen zwischen den Determinanten des Wiederkaufverhaltens. Demnach sind sowohl Attribute als auch Werte mit Nutzen verknüpft, es besteht jedoch keine direkte Beziehung zwischen Attributen und Werten.

Kriterium 2: *Gesetzmäßige Verallgemeinerung.* Der Bezugsrahmen der Determinanten des Wiederkaufverhaltens basiert auf den allgemeinen Konzepten der Means-End-Theorie und beinhaltet somit deren gesetzmäßige Verallgemeinerungen als Erklärungen dafür, wie und warum die Konzepte der Theorie miteinander zusammenhängen. Der kognitionstheoretische Teil der Means-End-Theorie erklärt, wie und warum die unterschiedlichen Determinanten des Wiederkaufverhaltens miteinander verknüpft sind: Demnach repräsentiert eine Means-End-Kette den Inhalt und die Struktur des im Langzeitgedächtnis gespeicherten Produktwissens eines Kunden. Die Means-End-Theorie liefert darüber hinaus eine motivationstheoretische Erklärung für das Wiederkaufverhalten von Kunden: Der wiederholte Kauf einer Dienstleistung kommt dadurch zu Stande, dass ein Kunde die Dienstleistungsattribute eines Anbieters als geeignete Mittel zur Erreichung positiv bewerteter Ziele wie Nutzen und Werte wahrnimmt. Für beide Aussagen der Means-End-Theorie liegen zahlreiche Belege in der Means-End-Forschung vor (Cohen und Warlop 2001; Gutman 1982; Perkins und Reynolds 1988; Overby, Gardial und Woodruff 2004), welche durch Erkenntnisse der Kognitions- und Motivationsforschung zusätzlich fundiert und zum Teil erweitert werden (Anderson 1983a; Fishbein und Ajzen 1975; Quillian 1968; Rosenberg 1956).

Kriterium 3: *Empirische Überprüfbarkeit.* Alle Konzepte des Bezugsrahmens der Determinanten des Wiederkaufverhaltens sind empirisch überprüfbar. Die allgemeinen Konzepte und Aussagen der Means-End-Theorie wurden bereits in zahlreichen Studien erfolgreich empirisch operationalisiert und untersucht (Overby, Gardial und Woodruff 2004; Ter Hofstede, Steenkamp und Wedel 1999). Die in dieser Arbeit identifizierten konkreten Determinanten des Wiederkaufverhaltens, das Konzept des Wiederkaufverhaltens und die Beziehungen zwischen diesen Konzepten sind ganz offensichtlich ebenfalls einer empirischen Beobachtung zugänglich, da sie auf empirisch-induktive Weise generiert wurden. Im nachfolgenden Kapitel E wird die Theorie der Determinanten des Wiederkaufverhaltens empirisch entwickelt, was die Operationalisierung der konkreten Konzepte und die Quantifizierung der Wichtigkeit der Determinanten des Wiederkaufverhaltens und der Stärke der Beziehungen zwischen den Determinanten beinhaltet.

Kriterium 4: *Nützlichkeit.* Der Bezugsrahmen der Determinanten des Wiederkaufverhaltens ist sowohl aus theoretischer als auch aus angewandter Sicht nützlich: Aus theoretischer Sicht ist der Bezugsrahmen nützlich, weil er die ersten drei Kriterien zur Bewertung einer Theorie zu weiten Teilen erfüllt und ausschließlich auf Konzepten der Marketingdisziplin basiert. Auf diese Weise leistet er einen wesentlichen Beitrag zu einem ganzheitlichen Verständnis des Phänomens Wiederkaufverhalten bei Dienstleistungsunternehmen. Darüber hinaus ist der Bezugsrahmen aufgrund seines heuristischen Potentials von Interesse für Marketingwissenschaftler, d.h. der Bezugsrahmen kann zur Identifikation von Forschungslücken und zur Formulierung von Forschungsfragen herangezogen werden: Zahlreiche konkrete Vorschläge zur Weiterentwicklung der Theorie der Determinanten des Wiederkaufverhaltens werden am Ende von Hauptkapitel E diskutiert. Aus einer angewandten Sicht ist der Bezugsrahmen nützlich, weil er aufzeigt, dass zahlreiche hierarchisch zueinander in Beziehung stehende Konzepte das Wiederkaufverhalten von Kunden beeinflussen. Managern wird auf diese Weise erstmals eine überschneidungsfreie und vollständige Klassifikation der Determinanten des Wiederkaufverhaltens zur Verfügung gestellt. Die große Bedeutung solcher Klassifikationsschemata für Manager verdeutlichen die 4 P's des Marketing-Mix als womöglich prominenteste und erfolgreichste Klassifikation im Marketing (McCarthy 1960). Eine besondere Stärke des hier entwickelten Bezugsrahmens liegt in der Vollständigkeit der identifizierten Determinanten des Wiederkaufverhaltens, die es Unternehmen ermöglicht, die Effektivität jeder einzelnen Determinante einzuschätzen und alle denkbaren Alternativen bei der Optimierung ihres Kundenbindungsmanagements durchzuspielen. Der Bezugsrahmen vermindert sowohl die Unsicherheit darüber, welche Determinanten existieren und wie sie miteinander zusammenhängen, als auch die Gefahr, wichtige Determinanten zu übersehen. Der Bezugsrahmen ist darüber hinaus nützlich für Anwender, weil mit dem Wiederkaufverhalten von Kunden auf ein für den Unternehmenserfolg zentrales zu erklärendes Konzept abgestellt wird und insbesondere die sekundären Dienstleistungsbeziehungsattribute direkt von Unternehmen gesteuert werden können. Von Interesse ist der Bezugsrahmen daher sowohl für alle klassischen Dienstleistungsunternehmen als auch für Unternehmen anderer Branchen, insofern sie auf Basis ihrer Dienstleistungsangebote miteinander konkurrieren (Bitner, Brown und Meuter 2000; Briones 1999; Henkoff 1994; Karmarkar 2004). Die hier identifizierten Konzepte können aufgrund ihrer konzeptuellen Äquivalenz in Deutschland und den USA von Unternehmen in beiden Ländern genutzt werden. Schließlich wird die Nützlichkeit des Bezugsrahmens dadurch gesteigert, dass er einfach zu verstehen und zu kommunizieren ist. Im Hauptkapitel E werden zahlreiche weitere Handlungsempfehlungen für Unternehmen formuliert.

E. Empirische Entwicklung einer Theorie der Determinanten des Wiederkaufverhaltens bei Dienstleistungsunternehmen

In diesem Kapitel wird die im Hauptkapitel D konzeptuell entwickelte Theorie der Determinanten des Wiederkaufverhaltens bei Dienstleistungsunternehmen empirisch entwickelt. Dies beinhaltet die Sicherstellung der empirischen Überprüfbarkeit der Theorie durch die Entwicklung von Messinstrumenten und die Quantifizierung der Wichtigkeit der Determinanten des Wiederkaufverhaltens, der Stärke der Beziehungen zwischen den Determinanten und des Einflusses der Moderatoren. Des Weiteren wird im Sinne einer explorativen Entdeckung von Zusammenhängen, die den Bezugsrahmen der Determinanten des Wiederkaufverhaltens erweitern, die Wichtigkeit der Determinanten für die Beziehungseinstellungen Kundenzufriedenheit, Beziehungscommitment und Bindungsabsicht untersucht.

I. Beschreibung der Vorgehensweise

1. Bedeutung des Bezugsrahmens

Der fragmentarische Forschungsstand zu den Determinanten des Wiederkaufverhaltens hat sowohl eine valide Operationalisierung der Konzepte als auch die Untersuchung der relativen Wichtigkeit der Determinanten des Wiederkaufverhaltens und der Beziehungen zwischen den Determinanten bislang schwierig bzw. sogar unmöglich gemacht (MacKenzie 2003). Zeithaml (2000, S. 76) beklagt beispielsweise, „[...] no studies have incorporated all or even most potential explanatory variables to examine their relative importance in keeping customers." Die wenigen bestehenden Studien, die den Einfluss einer größeren Determinantenanzahl gleichzeitig berücksichtigt haben, sind kritisch zu bewerten, weil sie vor der empirischen Untersuchung keinen Bezugsrahmen entwickelt haben, der das erste Kriterium (systematisch zueinander in Beziehung stehende Aussagen) einer guten Theorie erfüllt. Dies betrifft sowohl Studien, die im Rahmen einer einzigen Befragung eine größere Anzahl an Determinanten berücksichtigt haben (Arnold, Oum und Tigert 1983), als auch Metaanalysen, die auf der Basis einer Reihe bestehender Studien eine verallgemeinerbare Schätzung für die Stärke des Zusammenhangs zwischen unterschiedlichen Determinanten und dem Wiederkaufverhalten von Kunden zu ermitteln versuchen (Palmatier et al. 2006; Pan und Zinkhan 2006). Der in dieser Arbeit entwickelte Bezugsrahmen hingegen erfüllt das erste Kriterium einer guten Theorie und ermöglicht somit erstmals eine valide Operationalisierung der Konzepte und eine Untersuchung der relativen Wichtigkeit unterschiedlicher Determinanten des Wiederkaufverhaltens und der Beziehungen zwischen den Determinanten.

2. Methodik, Stichprobe und Messung der Konzepte

a) Methodik und Stichprobe

Um die Theorie der Determinanten des Wiederkaufverhaltens empirisch zu entwickeln, wurde gemeinsam mit einem Marktforschungsunternehmen, das Mitglied im Berufsverband Deutscher Markt- und Sozialforscher e.V. (BVM) ist, eine computergestützte Telefonbefragung („computer-assisted telephone interviewing" = CATI) mit einer für Deutschland repräsentativen Zufallsstichprobe durchgeführt. Die interessierende Grundgesamtheit beinhaltete alle Personen in der Bundesrepublik Deutschland, die älter als 18 Jahre alt sind und wiederholt eine Dienstleistung kaufen bzw. in Anspruch nehmen. Aus forschungsökonomischen Gründen wurde in einem ersten Schritt eine Klumpenstichprobe auf der Ebene der Bundesländer gezogen, indem je ein altes und ein neues Bundesland ausgewählt wurden, statt die Befragung in allen Bundesländern durchzuführen. Als Repräsentant für Westdeutschland wurde das Bundesland Hessen herangezogen, für Ostdeutschland wurde Thüringen ausgewählt. Ein sogenannter Klumpeneffekt ist nicht zu befürchten, da es keinen theoretischen Grund zur Annahme gibt, dass sich die Wichtigkeit der Determinanten des Wiederkaufverhaltens zwischen den Bundesländern unterscheidet (Lehmann, Gupta und Steckel 1998). Die Erstellung des Auswahlrahmens der Stichprobe aus den beiden ausgewählten Bundesländern basiert auf dem sogenannten Gabler-Häder-Design (Häder und Gabler 1998), d.h. mit Hilfe der Randomize-Last-Digits-Methode wurde eine Zufallsstichprobe an west- und ostdeutschen Haushalten gezogen, welche die Grundgesamtheit der Klumpenstichprobe repräsentiert.

Der zu Grunde gelegte Stichprobenplan beschreibt eine zweifach geschichtete Stichprobe. Zum einen wird die Grundgesamtheit in verschiedene Regionen aufgeteilt: In Thüringen waren dies Nord-, Süd-, Mittel- und Ostthüringen, in Hessen die drei Regierungsbezirke Darmstadt, Gießen und Kassel. Die einzelnen Gebiete gingen entsprechend ihrer Besiedlungsdichte in die Stichprobe ein. Die zweite Schichtung erfolgt nach der Größe der Gemeinden, die in vier Ortsgrößenklassen unterteilt wurden. Innerhalb der so entstandenen Zellen wurden nun zufällig Gemeinden ausgewählt, aus denen eine nach Einwohnerzahl gewichtete

Anzahl von Befragten in die Stichprobe einging. Aus den Gemeinden wurde dann eine achtfach übersteuerte Bruttostichprobe gezogen. Bei der Auswahl von Befragten in den Haushalten kam durch den Einsatz der Last-Birthday-Methode erneut das Zufallsprinzip zum Tragen (Sudman und Blair 1998). Bei der Last-Birthday-Methode wird die Person aus dem Haushalt befragt, die zuletzt Geburtstag hatte. Tab. 9 und Tab. 10 zeigen die Stichprobenpläne für Hessen und Thüringen und deren Erfüllung.

Tab. 9: Stichprobenplan und Erfüllung (Hessen)

Einwohnerzahl	**Regierungsbezirk Darmstadt**	**IST/ SOLL**	**Regierungsbezirk Gießen**	**IST/ SOLL**	**Regierungsbezirk Kassel**	**IST/ SOLL**	**IST/ SOLL**
Unter 10.000	Sinntal	12/12	Staufenberg	12/10	Niederaula	7/7	
	Erzhausen	9/8	Leun	8/7	Waldkappel	6/6	
	Ranstadt	6/6	Münchhausen	6/5	Oberweser	5/4	
	Fränkisch-Crumbach	4/4	Antrifttal	3/3	Cornberg	2/2	
Gesamt		31/30		29/25		20/19	80/74
10.000 bis 30.000	Gelnhausen	12/12	Kirchhain	9/9	Baunatal	15/15	
	Gründau	9/8	Lich	7/7	Hofgeismar	8/9	
	Raunheim	5/7	Reiskirchen	6/6	Künzell	9/9	
	Roßdorf	9/7	Hünfelden	5/6	Kaufungen	9/7	
	Bad Schwalbach	6/6	Mücke	6/6	Felsberg	6/6	
Gesamt		41/40		33/34		47/46	121/120
30.000 bis 50.000	Oberursel (Taunus)	11/11	Limburg an der Lahn	9/9	Bad Hersfeld	8/8	
	Maintal	10/10					
	Langen	9/9					
	Dietzenbach	8/8					
Gesamt		38/38		9/9		8/8	55/55
Über 50.000	Frankfurt am Main	19/25	Marburg	3/3	Kassel	7/8	
	Wiesbaden	8/11	Gießen	4/3	Fulda	0/2	
	Darmstadt	7/5	Wetzlar	2/2			
	Offenbach am Main	6/5					
	Hanau	2/4					
	Rüsselsheim	1/2					
	Bad Homburg v. d. Höhe	2/2					
Gesamt		45/54		9/8		7/10	61/72
GESAMT							**317/321**

Quelle: Eigene Darstellung

Tab. 10: Stichprobenplan und Erfüllung (Thüringen)

Einwohnerzahl	Nordthüringen	IST/ SOLL	Südthüringen	IST/ SOLL	Mittelthüringen	IST/ SOLL	Ostthüringen	IST/ SOLL	IST/ SOLL
Unter 10.000	Clingen	3/3	Creuzburg	7/7	Apfelstädt	4/4	Auma	9/9	
	Heringen	8/7	Dermbach	9/9	Bufleben	3/3	Bad Blankenburg	21/21	
	Körner	4/5	Dippach	3/3	Geschwenda	6/6	Blankenberg	3/3	
	Oldisleben	6/7	Fambach	6/6	Ichtershausen	11/11	Krölpa	9/9	
	Schönstedt	4/4	Frankenheim	3/4	Saaleplatte	7/9	Oberweißbach	5/5	
	Sollstedt	9/9	Neuhaus-Schierschnitz	7/10	Wipfratal	8/8	Pölzig	4/4	
Gesamt		34/35		35/39		39/41		51/51	159/ 166
10.000 bis 30.000	Leinefelde	3/3	Hildburghausen	3/3	Arnstadt	6/6	Pößneck	3/3	
	Heiligenstadt	3/4	Bad Salzungen	4/4	Apolda	5/6	Saalfeld	6/7	
	Sondershausen	5/5	Meiningen	5/5	Sömmerda	5/5	Schmölln	3/3	
Gesamt		11/12		12/12		16/17		12/13	51/55
30.000 bis 50.000	Nordhausen	7/7	Suhl	9/8	Gotha	8/8	Altenburg	7/7	
	Mühlhausen	6/6	Eisenach	7/7					
Gesamt		13/13		16/15		8/8		7/7	44/43
Über 50.000					Erfurt	23/23	Jena	12/12	
					Weimar	7/7	Gera	13/12	
Gesamt						30/30		25/24	55/54
GESAMT									**309/ 318**

Quelle: Eigene Darstellung

Die Befragung wurde über einen Zeitraum von zwei Wochen montags bis samstags zwischen 13:00 und 21:00 Uhr durchgeführt. Bis zu acht Rückrufe zu unterschiedlichen Tageszeiten und Tagen wurden unternommen, um eine Berücksichtigung auch schwierig erreichbarer Personen zu gewährleisten. Um einen verzerrenden Einfluss der Interviewer auszuschließen, wurden alle Interviewer vor Beginn der Befragung aufwändig trainiert und während der Befragung durchgehend von einer Chefinterviewerin kontrolliert. Die Dauer eines Interviews variierte zwischen 7,6 und 63,7 Minuten, mit einem Mittelwert von 21,0 Minuten und einer Standardabweichung von 5,5 Minuten. Die Ausschöpfungsquote lag bei 38,1 %, was vergleichbar mit anderen CATI-Studien ist. So berichtet das Council for Marketing and

Opinion Research (2001) eine durchschnittliche Ausschöpfungsquote von 12,2 % für Befragungen, die auf Random-Digit-Dialing zurückgreifen. Das finale Sample beinhaltet 618 Dienstleistungskunden. Tab. 11 schlüsselt die Ausschöpfungsquote der Telefonbefragung detailliert auf.

Tab. 11: Ausschöpfungsquote der Telefonbefragung

	Anzahl	Prozent
Bruttoadressen	**13.922**	**100,0**
Qualitätsneutrale Ausfälle		
Kein Anschluss	4.984	35,8
Firmenanschluss	1.084	7,8
Fax	460	3,3
Kein Termin möglich bis Feldende	1.568	11,3
Zielperson spricht kein Deutsch	83	0,6
Kein treuer Kunde	34	0,2
Quote erfüllt	3.493	25,1
Trotz mehrfacher Versuche niemanden erreicht (Rufnummer wohl nicht vergeben)	516	3,7
Sonstiges	34	0,2
Qualitätsneutrale Ausfälle insgesamt	*12.256*	*88,0*
Bereinigte Stichprobe	**1.666**	**100,0**
Systematische Ausfälle		
Anrufbeantworter	28	1,7
Besetzt	76	4,6
Ohne Angabe der Zielperson verweigert	549	33,0
Zielperson verweigert	261	15,7
Abbruch während des Interviews	83	5,0
Abbruch, weil Befragter den Fragebogen nicht versteht	32	1,9
Termin, aber niemanden erreicht	3	0,2
Systematische Ausfälle insgesamt	*1.032*	*61,9*
Durchgeführte Interviews	**634**	**38,1**
Nicht auswertbare Interviews	**16**	
Ausgewertete Interviews	**618**	

Quelle: Eigene Darstellung

Um die Ausschöpfungsquote zu berechnen, werden von den Bruttoadressen sogenannte qualitätsneutrale Ausfälle abgezogen, wie beispielsweise nicht vergebene Rufnummern oder wenn kein Termin bis Feldende möglich war. Von dieser bereinigten Stichprobe sind im nächsten Schritt alle systematischen Ausfälle abzuziehen, wie sie sich zum Beispiel durch die Verweigerung des Interviews ohne Angabe der Zielperson oder eine Verweigerung durch die Zielperson selber ergeben. Die Ausschöpfungsquote ergibt sich schließlich aus dem Verhältnis der durchgeführten Interviews zur bereinigten Stichprobe.

Die Qualität der Stichprobe ist von großer Bedeutung für die empirische Entwicklung einer Theorie, wenn es wie in der vorliegenden Arbeit mit der Abschätzung der Wichtigkeit der Determinanten des Wiederkaufverhaltens um univariate Statistiken statt der Untersuchung von Korrelationen zwischen Variablen geht (Blair und Zinkhan 2006). Entsprechend war es das Ziel dieser Arbeit, eine Stichprobe zu gewinnen, die eine Verallgemeinerung der Ergebnisse für die deutsche Gesamtbevölkerung ermöglicht. Um Abweichungen zwischen der Stichprobe und der deutschen Gesamtbevölkerung auszugleichen, wurden die Antworten jedes Befragten hinsichtlich der demografischen Variablen Alter, Geschlecht, Anzahl der Personen im Haushalt und Einwohnerzahl des Wohnortes gemäß den Empfehlungen in der Literatur zur Stichprobenziehung gewichtet (Lehmann, Gupta und Steckel 1998). Tab. 12 gibt einen Überblick über die Demografika der Stichprobe. Die gewichteten Demografika der Stichprobe zeigen, dass die Stichprobe ein gutes Abbild der deutschen Gesamtbevölkerung liefert.

Tab. 12: Demografika der Telefonstichprobe in Prozent

	Telefonstichprobe (ungewichtet/gewichtet) (n = 618)	Bevölkerung in Deutschland
Alter in Jahren		
18–29	24,8 / 17,6	17,0
30–39	19,7 / 19,3	18,9
40–49	22,0 / 19,5	19,3
50–64	23,7 / 22,9	22,8
> 65	9,8 / 20,7	22,0
Geschlecht		
Weiblich	58,4 / 51,6	51,1
Männlich	41,6 / 48,4	48,9
Anzahl Personen im Haushalt		
1	18,6 / 17,9	17,5
2	32,6 / 31,7	31,9
3	22,2 / 19,7	19,9
4	18,3 / 20,8	20,7

	Telefonstichprobe (ungewichtet/gewichtet) (n = 618)	Bevölkerung in Deutschland
> 5	8,3 / 9,9	10,0
Einwohnerzahl des Wohnortes		
< 10.000	38,5 / 27,7	27,4
10.000–30.000	27,7 / 24,2	23,5
30.000–50.000	15,7 / 18,3	18,3
> 50.000	18,1 / 29,8	30,8
Bildung		
Abgeschlossenes Studium	21,3 / 23,9	n.v.
Abitur	75,3 / 73,3	n.v.
Kein Schulabschluss	3,4 / 2,8	n.v.
Beruf		
Angestellte/r	44,1 / 38,9	n.v.
Arbeitslose/r	7,0 / 5,5	n.v.
Beamte/r	5,7 / 6,1	n.v.
Rentner/in	17,2 / 27,7	n.v.
Selbstständige/r	8,1 / 7,8	n.v.
Student/in	4,7 / 3,6	n.v.
Sonstiges	13,2 / 10,4	n.v.

Anmerkung: Alle Werte stellen den prozentualen Anteil der Befragten innerhalb der jeweiligen demografischen Kategorie (z.B. „Beruf“) dar. n.v. = Daten sind nicht verfügbar.
Quelle: Eigene Darstellung

Die Telefoninterviews liefen wie folgt ab: Ein Befragter wurde gebeten, einen Dienstleistungsanbieter zu nennen, von dem er wiederholt Dienstleistungen kauft bzw. in Anspruch nimmt. Ein Befragter konnte zwischen drei Dienstleistungen aus den im Hauptkapitel D beschriebenen drei Bowen-Typen auswählen (Bowen 1990). Bei jedem Befragten wurden drei Dienstleistungen zufällig aus den 12 Dienstleistungen gezogen, die bei den qualitativen Studien in Deutschland und den USA am häufigsten gewählt wurden. Von jedem Bowen-Typ standen insgesamt vier Dienstleistungen zur Verfügung (Bowen-Typ I: Arzt/Zahnarzt, Friseur, Reisebüro, Restaurant; Bowen-Typ II: Bank, Kfz-Werkstatt, Schuhreparatur, Tierarzt; Bowen-Typ III: Apotheke, Buchhandel, Café/Kneipe, Supermarkt). Wenn ein Befragter angab, dass er bei keiner der drei zur Auswahl stehenden Dienstleistungen einen Anbieter hat, bei dem er schon wiederholt gekauft hat, bzw. den er wiederholt in Anspruch genommen hat, dann wurden bis zu zwei weitere Male drei Dienstleistungen mit je einer von jedem Bowen-Typ zufällig ausgewählt. Wenn der Befragte bei keiner dieser Dienstleistungen einen Anbieter hatte, bei dem er wiederholt kauft, bzw. den er wiederholt in Anspruch nimmt, dann wurde das Interview beendet.

Nachdem ein Befragter eine Dienstleistung ausgewählt hatte, wurde er gebeten, die Wichtigkeit jedes der 28 in Hauptkapitel D identifizierten Dienstleistungsbeziehungsattribute für sein Wiederkaufverhalten einzuschätzen. Dem Befragten wurde beispielsweise die Aussage vorgestellt „*Ich nutze [Anbieter] regelmäßig, weil [Anbieter] sehr gut gelegen ist* [= Lage als Dienstleistungsbeziehungsattribut]“. Der Befragte konnte auf diese Aussage auf einer fünfstufigen Skala von „5“ = „*Ist ein äußerst wichtiger Grund*“ bis „1“ = „*Ist überhaupt kein Grund*“ antworten. Für den Fall, dass zwei oder mehr Dienstleistungsbeziehungsattribute den Höchstwert erhielten, wurde der Befragte gebeten anzugeben, welches dieser Attribute am wichtigsten für den Wiederkauf bei dem Dienstleistungsanbieter ist. Dieselbe Prozedur wurde auf der Ebene des beziehungstreibenden Nutzens angewandt. Nachdem das für den Befragten wichtigste Dienstleistungsbeziehungsattribut identifiziert war, wurde der Befragte gebeten einzuschätzen, in welchem Ausmaß die Wichtigkeit dieses Attributs im Zusammenhang mit jedem der 12 in Hauptkapitel D identifizierten beziehungstreibenden Nutzen stand. Wenn beispielsweise die Lage des Dienstleistungsanbieters als wichtigstes Dienstleistungsbeziehungsattribut genannt wurde, wurde der Befragte gebeten, zum Beispiel der Aussage „*Dass [Anbieter] sehr gut gelegen ist, ist wichtig für mich, weil es mir hilft, Zeit und Mühe zu sparen* [= Zeit und Mühe sparen als beziehungstreibender Nutzen]“ auf einer fünfstufigen Skala (zwischen „5“ = „*Trifft voll und ganz zu*“ und „1“ = „*Trifft überhaupt nicht zu*“) zuzustimmen. Wenn ein Befragter angab, dass das Attribut gar nicht mit einem Nutzen in Verbindung steht, wurde der niedrigste Skalenwert („1“) festgehalten. Nachdem die am höchsten bewertete Attribut-Nutzen-Verknüpfung identifiziert war, wurde der Befragte gebeten einzuschätzen, in welchem Ausmaß die Wichtigkeit dieses Nutzens im Zusammenhang mit jedem der zehn motivationalen Werte nach Schwartz (1992) stand. Wenn beispielsweise Zeit und Mühe sparen als wichtigster beziehungstreibender Nutzen genannt wurde, wurde der Befragte gebeten zum Beispiel der folgenden Aussage „*Zeit und Mühe zu sparen ist wichtig für mich, weil es mir hilft, ein sicheres oder stabiles Leben zu führen* [= Sicherheit als motivationaler Wert]“ auf einer fünfstufigen Skala zwischen „5“= „*Trifft voll und ganz zu*“ und „1“ = „*Trifft überhaupt nicht zu*“ zuzustimmen. Die Befragten konnten auch hier angeben, dass der Nutzen gar nicht mit einem motivationalen Wert in Verbindung steht. Die Befragung endete mit Fragen zu den Beziehungseinstellungen Kundenzufriedenheit, Beziehungscommitment und Bindungsabsicht, den Moderatoren des Dienstleistungstypus, der Beziehungsneigung, des Involvements und der Beziehungsdauer und Demografika.

Die beschriebene Vorgehensweise ermöglichte es, die wichtigste Means-End-Kette für jeden Befragten zu identifizieren. Die Überlegung, einen Fokus auf die wichtigste Means-End-Kette für jeden Befragten zu legen und nicht alle Means-End-Ketten einer Person zu identifizieren, lässt sich durch den in der Literatur weit verbreiteten Gedanken sogenannter „determinant attributes" begründen, d.h. dass individuelle Kaufentscheidungen sich auf eine oder einige wenige Determinanten zurückführen lassen, und dass weitere Attribute vernachlässigbar sind (Alpert 1971; Arnold, Oum und Tigert 1983; Myers 1970; Myers und Shocker 1981; Shocker und Srinivasan 1979). In der Literatur zur Means-End-Theorie haben Aurifeille und Valette-Florence (1995) analog die Idee einer „dominance of a means-end chain" eingeführt. Die Wichtigkeit von Attributen, Nutzen und Werten für das Wiederkaufverhalten wurde hier durch eine direkte Befragung gemessen. Diese Vorgehensweise kann als angemessen angesehen werden, da sie in der Regel ebenso viel Varianz des Wiederkaufverhaltens erklärt wie Methoden, bei denen die Wichtigkeit durch Korrelationen bestimmt wird (Gustafsson und Johnson 2004). Zur Messung der Stärke der Beziehungen zwischen den Konzepten einer Means-End-Kette wurden trotz entsprechender Aufrufe bisher kaum methodische Vorschläge entwickelt, sodass hier keine Orientierung an bestehender Forschung möglich war (Claeys und Vanden Abeele 2001; Gutman 1991).

Mit Blick auf die Kriterien einer guten Theorie ist festzustellen, dass durch die hier gewählte Vorgehensweise ein maßgeschneidertes Instrument zur quantitativen Untersuchung der Konzepte der Means-End-Theorie geschaffen wurde. Auf diese Weise werden die gesetzmäßigen Aussagen der Means-End-Theorie (Kriterium 2) und deren empirische Untersuchung (Kriterium 3) eng miteinander verzahnt. Zum zweiten und vierten Kriterium einer guten Theorie tragen zudem die standardisierte Befragungsform und die Ziehung einer Zufallsstichprobe bei, welche eine möglichst genaue Quantifizierung der Zusammenhänge zwischen den Konzepten des Bezugsrahmens gewährleisten.

b) Messung der Konzepte

Im Einklang mit anderen quantitativen Means-End-Studien wurden die Definitionen der Determinanten des Wiederkaufverhaltens genutzt, um jeweils ein Item zur Messung jeder sekundären Determinante zu entwickeln (Ter Hofstede et al. 1998). In der Marketingforschung werden aus Gründen der Reliabilität, Validität und Genauigkeit oft mehrere Items zur Messung ein und desselben Konstruktes eingesetzt (Churchill 1979). Den Vorteilen einer solchen Multi-Item-Messung sind mögliche Nachteile gegenüberzustellen (Bergkvist und Rossiter 2007): (1) Jedes zusätzliche Item erhöht die Gefahr, dass schlechte Items aufgenommen werden; (2) ein Common Method Bias kann durch Multi-Item-Messungen verstärkt werden; (3) wenn das zu messende Phänomen sehr konkret ist, dann sind mehrere Items möglicherweise unnötig; (4) mehr Items erhöhen die Befragungsdauer und führen zu größeren Abbruchraten, wodurch die Kosten einer Befragung steigen und sich die Stichprobenqualität verschlechtert. In dieser Studie war das viertgenannte Argument ausschlaggebend für die Entscheidung, nur ein Item zur Messung jeder sekundären Determinante zu entwickeln. Mit einer durchschnittlichen Interviewdauer von 21 Minuten (Minimum = 8 Minuten; Maximum = 64 Minuten; Standardabweichung = 5 Minuten) waren die Befragten einer für Telefonbefragungen maximalen Belastung ausgesetzt. Die Berücksichtigung eines zweiten Items für jede sekundäre Determinante hätte die Interviewdauer nahezu verdoppelt und zu enormen Abbruchraten geführt.

Mit der Entwicklung von Items zur Messung der Konzepte der Theorie ist der erste Schritt einer empirischen Entwicklung der Theorie vollzogen (vgl. Abb. 2). Aufgrund der Ergebnisse eines zweitägigen Pretests mit 36 vollständigen Testinterviews, der vor Beginn der Telefonbefragung durchgeführt wurde, wurde der Wortlaut einzelner Items leicht verändert. Die Reihenfolge der Itempräsentation innerhalb der drei Kategorien Dienstleistungsbeziehungsattribute, beziehungstreibender Nutzen und motivationale Werte war während der Telefonbefragung vollständig zufallsgesteuert. Tab. 13 gibt einen Überblick über die verwendeten Items.

Tab. 13: Verwendete Items zur Messung sekundärer Determinanten

	Ich nutze [Anbieter] regelmäßig, weil ...
Dienstleistungsprodukt	
Einmaligkeit	... [Anbieter] Sachen anbietet, die ansonsten nur sehr schwer zu bekommen sind.
Individualisierung	... [Anbieter] den Service im starken Maße auf die individuellen Wünsche der Kunden zuschneidet.
Preisgünstigkeit	... [Anbieter] sehr billig ist.
Preis-Leistungs-Verhält-	... [Anbieter] ein exzellentes Preis-Leistungs-Verhältnis bietet.

	Ich nutze [Anbieter] regelmäßig, weil ...
nis	
Sortiment	... [Anbieter] eine tolle Auswahl an Produkten und Dienstleistungen hat.
Technische Ausstattung und Einsatzstoffe	... [Anbieter] die bestmögliche technische Ausstattung und/oder Materialien einsetzt.
Zeitliche Verfügbarkeit	... weil [Anbieter] stets erreichbar ist, wenn ich ihn/sie brauche.
Zusätzliche Serviceleistungen	... [Anbieter] seinen/ihren Kunden besonders tolle Services zusätzlich zur eigentlichen Leistung bietet.
Zuverlässigkeit	... [Anbieter] außerordentlich zuverlässig ist.
Dienstleistungserbringung	
Authentizität	... die Mitarbeiter sich durch und durch natürlich verhalten.
Empathie	... die Mitarbeiter sich sehr um mich kümmern.
Expertise	... die Mitarbeiter besonders fachkompetent sind und/oder hervorragend beraten.
Fairness	... [Anbieter] seine/ihre Kunden außergewöhnlich fair behandelt.
Motivation	... die Mitarbeiter sich riesig ins Zeug legen, um einen guten Job zu tun.
Schnelligkeit	... es sehr schnell geht und/oder die Wartezeiten sehr kurz sind.
Unaufdringlichkeit	... mir dort absolut nichts aufgedrängt wird.
Dienstleistungsumgebung	
Publikum	... wegen der anderen Kunden.
Sauberkeit	... weil es dort außergewöhnlich sauber ist.
Servicescape	... weil [Anbieter] eine tolle Einrichtung und/oder Atmosphäre hat.
Dienstleistungsstandort	
Lage	... weil [Anbieter] sehr gut gelegen ist.
Beziehungseigenschaften	
Ähnlichkeit	... ich die Mitarbeiter sehr mag, und/oder wir viel gemeinsam haben.
Freunde oder Verwandte	... Familienmitglieder und/oder Freunde auch dort Kunden sind.
Kundenhistorie	... man bei [Anbieter] aus früheren Besuchen ganz genau weiß, was ich brauche.
Sonderbehandlung	... ich bei [Anbieter] im Vergleich zu anderen Kunden ganz besonders behandelt werde.
Verbindung	... ich mit [Anbieter] sehr vertraut bin und/oder man mich dort gut kennt.
Unternehmensgröße	
Anbietergröße	... es sich um einen kleinen und/oder lokalen Anbieter handelt.
Reputation	... [Anbieter] einen hervorragenden Ruf hat.
Sozial-ökologische Verantwortung	... [Anbieter] besonders sozial engagiert und/oder umweltbewusst ist.

	Dass [Anbieter] [wichtigstes Attribut], ist wichtig für mich, weil ...
Funktionaler Nutzen	
Geld sparen	... es mir hilft, Geld zu sparen.
Information	... es dazu beiträgt, dass ich mich informiert fühle.
Zeit und Mühe sparen	... es mir hilft, Zeit und Mühe zu sparen.
Psychologischer Nutzen	
Autonomie	... es mir ermöglicht, selbst entscheiden und handeln zu können.
Comfort	... es mir hilft, innerlich weniger angespannt zu sein, wenn ich dort bin.
Privilegiertheit	... es mir das Gefühl gibt, ein bevorzugter Kunde zu sein.
Vertrauen	... es mir hilft, [Anbieter] zu vertrauen.
Willkommenheit	... es mir das Gefühl gibt, als Kunde willkommen zu sein.
Sozialer Nutzen	
Altruismus	... es mir ermöglicht, [Anbieter] oder anderen etwas Gutes zu tun.
Gemeinde	... es dazu beiträgt, dass ich in einer attraktiven Stadt oder Gemeinde leben kann.
Kommunikation	... es mir ermöglicht, gute Gespräche mit den Mitarbeitern oder anderen Menschen dort zu führen.
Verbundenheit	... es ein Gefühl der Verbundenheit mit [Anbieter] oder anderen Menschen dort schafft.
	[Wichtigster Nutzen] ist wichtig für mich, weil ...
Individuelle Werte	
Hedonismus	... es mir hilft, das Leben zu genießen.
Leistung	... es mir hilft, etwas zu leisten im Leben oder erfolgreich zu sein.
Macht	... es mir hilft, von anderen anerkannt zu werden oder andere zu beeinflussen.
Selbstbestimmung	... es mir hilft, unabhängig zu sein oder meine eigenen Ziele im Leben zu wählen.
Stimulation	... es mir hilft, ein aufregendes Leben mit viel Abwechslung zu führen.
Kollektive Werte	
Konformität	... es meinem Streben entspricht, andere nicht zu verärgern oder zu verletzen.
Tradition	... es meinem Streben entspricht, Traditionen zu respektieren.
Wohlwollen	... es meinem Streben entspricht, Freunden oder Bekannten etwas Gutes zu tun und meine Beziehungen zu Ihnen zu pflegen.
Gemischte Werte	
Sicherheit	... es mir hilft, ein sicheres oder stabiles Leben zu führen.
Universalismus	... es meinem Streben nach Frieden, Gerechtigkeit, Toleranz oder dem Schutz der Natur entspricht.

Quelle: Eigene Darstellung

Die Konstrukte Beziehungsneigung („*Ich bin grundsätzlich eine Person, die es mag, treuer Kunde bei ein und demselben [Dienstleistung] zu sein*“; „*Mir gefällt es, stets den gleichen [Dienstleistung] zu nutzen*“; De Wulf, Odekerken-Schröder und Iacobucci 2001) und Involvement („*[Dienstleistung] sind für mich von großer Bedeutung*“; „*[Dienstleistung] sind wichtig für mich*“; Zaichkowsky 1985) wurden mit jeweils zwei etablierten reflektiven Items operationalisiert. Die Antworten der Befragten wurden auf einer fünfstufigen Likert-Skala von „5“ = „*Trifft voll und ganz zu*“ bis „1“ = „*Trifft überhaupt nicht zu*“ erfasst. Die Cronbachs Alpha-Werte zeigen, dass für beide Konstrukte Skalenreliabilität gegeben ist ($\alpha_{Beziehungsneigung} = 0{,}83$; $\alpha_{Involvement} = 0{,}86$). Die Beziehungsdauer wurde anhand der Jahre, die ein Befragter bereits Kunde bei einem Dienstleistungsunternehmen war, gemessen. Der komplette bei der Telefonbefragung eingesetzte Fragebogen befindet sich in Appendix 3.

Der Share-of-Wallet, d.h. der Anteil der Käufe bei dem betreffenden Dienstleistungsanbieter an den Gesamtkäufen eines Kunden in der jeweiligen Dienstleistungskategorie beträgt durchschnittlich 86 % (Standardabweichung = 20 %). Es kann damit festgehalten werden, dass es sich bei der Stichprobe wie angestrebt um Personen mit einem ausgeprägten Wiederkaufverhalten bei ein und demselben Anbieter handelt. Die zufällige Auswahl der präsentierten Dienstleistungen hat zu einer annähernden Gleichverteilung über die drei Bowen-Typen geführt (Bowen-Typ I = 32,1 %; Bowen-Typ II = 31,7 %; Bowen-Typ III = 36,2 %)[10]. Um zu prüfen, ob die Dienstleistungen gemäß der Bowen-Typologie wahrgenommen wurden, wurden die Befragten nach ihrer Zustimmung zu den beiden Aussagen „*Bei [Anbieter] ist die Leistung auf meine individuellen Bedürfnisse zugeschnitten*“ (Individualisierung) und „*Bei [Anbieter] habe ich intensiven Kontakt zu den Mitarbeitern*“ (Kontaktintensität) gefragt. Die Ergebnisse bestätigen die erwarteten Unterschiede zwischen den Bowen-Typen (Bowen 1990). Sowohl bei der Individualisierung ($MW_{Typ\ I} = 4{,}30$; $MW_{Typ\ II} = 4{,}07$; $MW_{Typ\ III} = 3{,}70$; $F = 16{,}684$; $p < 0{,}05$, zweiseitig) als auch bei der Kontaktintensität ($MW_{Typ\ I} = 3{,}85$; $MW_{Typ\ II} = 3{,}35$; $MW_{Typ\ III} = 3{,}29$; $F = 10{,}806$; $p < 0{,}05$, zweiseitig) sind die Mittelwertunterschiede in der erwarteten Richtung und signifikant. Eine empirische Überprüfung der dritten nach Bowen (1990) relevanten Dienstleistungseigenschaft, ob eine Dienstleistung an einer Person oder an einem Gegenstand erbracht wird, ist hier aufgrund ihrer Evidenz nicht erfolgt.

[10] Die zur Auswahl stehenden Dienstleistungen wurden von den Befragten ungefähr gleich häufig gewählt. Bowen-Typ I: Arzt/Zahnarzt = 8,6 %, Friseur = 7,9 %, Reisebüro = 7,3 %, Restaurant = 8,3 %; Bowen-Typ 2: Bank = 8,3 %, Kfz-Werkstatt = 8,4 %, Schuhreparatur = 7,1 %, Tierarzt = 7,9 %; Bowen-Typ 3: Apotheke = 8,7 %, Buchhandel = 9,2 %, Café/Kneipe = 9,1 %, Supermarkt = 9,2 %.

II. Wichtigkeit der Determinanten des Wiederkaufverhaltens

1. Ergebnisse auf der Ebene der primären Determinanten

Zur Darstellung der Ergebnisse auf der Ebene der primären Determinanten werden die Daten, die auf der Ebene der sekundären Determinanten gesammelt wurden, durch Summation aggregiert. Zum Beispiel werden bei der Bestimmung der Wichtigkeit der Unternehmenseigenschaften alle Befragten summiert, welche in der Befragung die sekundären Attribute Anbietergröße, Reputation oder sozial-ökologische Verantwortung als wichtigstes Dienstleistungsbeziehungsattribut genannt haben. Die Ergebnisse für die einzelnen sekundären Determinanten werden im nächsten Abschnitt dargestellt. Tab. 14 zeigt die relative Wichtigkeit der primären Determinanten des Wiederkaufverhaltens bei Dienstleistungsunternehmen.

Tab. 14: Relative Wichtigkeit primärer Determinanten des Wiederkaufverhaltens

Determinante	Alle Dienstleistungen	Bowen-Typ I	Bowen-Typ II	Bowen-Typ III
Dienstleistungsbeziehungsattribute				
Dienstleistungsprodukt	34,5	33,4	37,9	32,5
Dienstleistungserbringung	30,1	31,3	35,0	24,7
Dienstleistungsumgebung[a,c]	3,9	6,6	0,0	5,0
Dienstleistungsstandort[a,b]	14,8	5,7	14,1	23,2
Beziehungseigenschaften[a,b]	13,4	20,8	9,8	10,1
Unternehmenseigenschaften	3,3	2,2	3,2	4,5
Beziehungstreibender Nutzen				
Funktionaler Nutzen[a,b]	45,5	30,9	50,6	53,7
Psychologischer Nutzen[b,c]	43,0	57,6	44,1	29,2
Sozialer Nutzen[a,c]	11,5	11,5	5,3	17,1
Motivationale Werte				
Individuelle Werte	52,8	49,9	53,5	54,3
Kollektive Werte	26,4	28,7	25,3	25,4
Gemischte Werte	20,8	21,4	21,2	20,3

Anmerkung: Alle Werte stellen den prozentualen Anteil einer primären Determinante innerhalb der jeweiligen allgemeinen Kategorie dar (Dienstleistungsbeziehungsattribute, beziehungstreibender Nutzen, motivationale Werte). Das hochgestellte „a" bedeutet, dass die Wichtigkeit dieser Determinante sich signifikant ($p < 0,05$; zweiseitig) zwischen Bowen-Typ I und II unterscheidet, „b" steht für einen signifikanten Unterschied zwischen Bowen-Typ I und III, „c" bezieht sich auf signifikante Unterschiede zwischen Bowen-Typ II und III. Alle anderen Unterschiede sind nicht signifikant.

Quelle: Eigene Darstellung

Auf der Ebene der *Dienstleistungsbeziehungsattribute* zeigt sich, dass das Dienstleistungsprodukt für 34,5 % der Befragten die wichtigste Determinante des Wiederkaufverhaltens ist, gefolgt von der Dienstleistungserbringung (30,1 %), dem Dienstleistungsstandort (14,8 %), den Beziehungseigenschaften (13,4 %), der Dienstleistungsumgebung (3,9 %) und den Unternehmenseigenschaften (3,3 %). Auf der Ebene des *beziehungstreibenden Nutzens* stellt funktionaler Nutzen für 45,5 % der Befragten die wichtigste primäre Determinante des Wiederkaufverhaltens dar. Während psychologischer Nutzen (43,0 %) von nahezu gleicher Bedeutung wie funktionaler Nutzen ist, wird sozialer Nutzen nur von 11,5 % der Befragten als wichtigste Determinante des Wiederkaufverhaltens genannt. Auf der Ebene der *motivationalen Werte* zeigt sich, dass für 52,8 % der Befragten individuelle Werte am wichtigsten sind, gefolgt von kollektiven Werten (26,4 %) und gemischten Werten (20,8 %).

2. Ergebnisse auf der Ebene der sekundären Determinanten

Tab. 15 gibt einen Überblick über die relative Wichtigkeit der sekundären Determinanten.

Tab. 15: Relative Wichtigkeit sekundärer Determinanten des Wiederkaufverhaltens

Determinante	Alle Dienstleistungen	Bowen-Typ I	Bowen-Typ II	Bowen-Typ III
Dienstleistungsbeziehungsattribute				
Dienstleistungsprodukt				
Einmaligkeit	0,8	0,3	0,5	1,5
Individualisierung	2,6	3,1	3,2	1,6
Preisgünstigkeit[b]	2,3	0,8	1,7	4,1
Preis-Leistungs-Verhältnis	8,8	12,2	7,1	7,3
Sortiment[c]	3,3	3,9	0,0	5,7
Technische Ausstattung und Einsatzstoffe	0,7	0,6	1,6	0,0
Zeitliche Verfügbarkeit[a]	6,0	3,1	10,0	5,1
Zusätzliche Serviceleistungen	1,4	2,0	0,7	1,5
Zuverlässigkeit[c]	8,6	7,6	13,0	5,7
Dienstleistungserbringung				
Authentizität	0,6	1,0	0,0	0,7
Empathie[c]	2,2	2,4	0,7	3,4
Expertise[c]	17,3	18,5	21,5	12,7
Fairness	1,0	0,9	1,1	1,0
Motivation	2,2	3,2	2,2	1,2
Schnelligkeit	3,4	2,1	4,8	3,5

Determinante	Alle Dienstleistungen	Bowen-Typ I	Bowen-Typ II	Bowen-Typ III
Unaufdringlichkeit	3,3	3,2	4,9	2,2
Dienstleistungsumgebung				
Publikum	0,4	0,4	0,0	0,7
Sauberkeit	1,0	1,9	0,0	1,1
Servicescape[a]	2,5	4,3	0,0	3,1
Dienstleistungsstandort				
Lage[a,b]	14,8	5,7	14,1	23,2
Beziehungseigenschaften				
Ähnlichkeit	0,6	1,2	0,0	0,6
Freunde oder Verwandte[a,c]	2,6	4,1	0,0	3,5
Kundenhistorie[b]	2,6	4,7	2,5	0,9
Sonderbehandlung	0,9	1,6	0,9	0,3
Verbindung	6,7	9,3	6,4	4,8
Unternehmenseigenschaften				
Anbietergröße	1,8	0,9	2,0	2,4
Reputation	1,3	1,2	1,1	1,6
Sozial-ökologische Verantwortung	0,2	0,0	0,0	0,4
Beziehungstreibender Nutzen				
Funktionaler Nutzen				
Geld sparen[a]	12,9	8,4	15,9	14,3
Information	7,4	8,0	6,4	7,7
Zeit und Mühe sparen[a,b]	25,1	14,5	28,2	31,7
Psychologischer Nutzen				
Autonomie	7,1	6,2	8,0	7,1
Comfort	6,1	8,7	4,3	5,3
Privilegiertheit[b]	2,7	4,4	2,5	1,3
Vertrauen[b,c]	15,6	18,5	23,4	6,2
Willkommenheit[a,b]	11,5	19,8	5,9	9,2
Sozialer Nutzen				
Altruismus	0,6	0,5	0,0	1,1
Gemeinde	1,8	1,0	0,7	3,4
Kommunikation[c]	5,6	4,9	1,8	9,6
Verbundenheit	3,6	5,2	2,8	3,0
Motivationale Werte				
Individuelle Werte				
Hedonismus	66,6	61,7	66,5	70,9
Leistung	33,4	30,9	39,1	30,7
Macht	10,9	11,8	11,1	10,0
Selbstbestimmung	43,2	39,0	45,1	45,4
Stimulation	15,3	13,8	15,1	16,7
Kollektive Werte				
Konformität	26,5	28,2	27,3	24,4

Determinante	Alle Dienstleis-tungen	Bowen-Typ I	Bowen-Typ II	Bowen-Typ III
Tradition	18,7	18,7	20,1	17,4
Wohlwollen	40,0	43,6	36,4	39,9
Gemischte Werte				
Sicherheit	41,3	42,8	42,9	38,4
Universalismus	26,0	24,5	26,9	26,5

Anmerkung: Bei den Dienstleistungsbeziehungsattributen und dem beziehungstreibenden Nutzen stellen alle Werte den prozentualen Anteil einer sekundären Determinante innerhalb der jeweiligen allgemeinen Kategorie dar. Bei den motivationalen Werten stellen die Werte den prozentualen Anteil der Befragten dar, welche dem jeweiligen Wert einen Höchstwert zugeordnet haben; ein Befragter konnte mehreren Werten einen Höchstwert geben. Das hochgestellte „a" bedeutet, dass die Wichtigkeit dieser Determinante sich signifikant ($p < 0,05$; zweiseitig) zwischen Bowen-Typ I und II unterscheidet, „b" steht für einen signifikanten Unterschied zwischen Bowen-Typ I und III und „c" bezieht sich auf signifikante Unterschiede zwischen Bowen-Typ II und III. Alle anderen Unterschiede sind nicht signifikant.
Quelle: Eigene Darstellung

Auf der Ebene der *Dienstleistungsbeziehungsattribute* zeigt sich, dass die Expertise (17,3 %) der Mitarbeiter und die Lage (14,8 %) des Dienstleistungsanbieters am wichtigsten sind. Mit einigem Abstand folgen das Preis-Leistungs-Verhältnis (8,8 %) und die Zuverlässigkeit (8,6 %) des Dienstleistungsanbieters. Beim *beziehungstreibenden Nutzen* wird deutlich, dass Zeit und Mühe sparen (25,1 %), Vertrauen (15,6 %), Geld sparen (12,9 %) und ein Gefühl der Willkommenheit (11,5 %) von besonders großer Bedeutung als Determinanten des Wiederkaufverhaltens sind. Unter den *motivationalen Werten* ragen die sekundären Determinanten Hedonismus (66,6 %), Selbstbestimmung (43,2 %), Sicherheit (41,3 %) und Wohlwollen (40,0 %) heraus.

3. Einfluss von Moderatoren

a) Anbieterbezogen

In diesem Abschnitt wird untersucht, ob der Dienstleistungstypus einen Einfluss auf die Wichtigkeit der primären und sekundären Determinanten des Wiederkaufverhaltens hat. Um dies zu testen, wurde eine Reihe von χ^2-Tests durchgeführt, bei denen jeweils die Ergebnisse für zwei Bowen-Typen verglichen wurden. Mit einem χ^2-Test wird allgemein überprüft, ob eine empirisch beobachtete Häufigkeitsverteilung von einer erwarteten Verteilung abweicht (Lehmann, Gupta und Steckel 1998). Hier wird die grundlegende Annahme getroffen, dass die Wichtigkeit einer Determinante des Wiederkaufverhaltens (d.h. die relative Häufigkeit, mit der sie als wichtigste Determinante genannt wird) für alle Dienstleistungstypen identisch ist. Diese Annahme wird dann durch einen Vergleich der bei den Dienstleistungstypen beobachteten Wichtigkeit dieser Determinante getestet. Alle nachfolgend dargestellten Ergebnisse sind signifikant ($p < 0,05$; zweiseitig)[11].

Wie Tab. 14 verdeutlicht, bestehen bei drei der sechs *primären Determinanten* des Wiederkaufverhaltens auf der Ebene der *Dienstleistungsbeziehungsattribute* signifikante Unterschiede hinsichtlich ihrer Wichtigkeit in Abhängigkeit vom Dienstleistungstypus: Die Dienstleistungsumgebung ist wichtiger für die Bowen-Typen I und III als für II, der Dienstleistungsstandort ist wichtiger für die Bowen-Typen II und III als für I und Beziehungseigenschaften sind wichtiger für Bowen-Typ I als für II und III. Auf der Ebene des *beziehungstreibenden Nutzens* zeigen sich in den χ^2-Tests für alle primären Determinanten signifikante Unterschiede zwischen den Dienstleistungstypen: Funktionaler Nutzen ist wichtiger für die Bowen-Typen II und III als für Bowen-Typ I, psychologischer Nutzen ist wichtiger für die Bowen-Typen I und II als für Bowen-Typ III und sozialer Nutzen ist wichtiger für die Bowen-Typen I und III als für Bowen-Typ II. Bei den *motivationalen Werten* wurden keine signifikanten Unterschiede zwischen den Dienstleistungstypen nach Bowen (1990) gefunden.

Tab. 15 veranschaulicht, dass bei den χ^2-Tests auf der Ebene der *sekundären Determinanten* für zehn der 28 *Dienstleistungsbeziehungsattribute* Unterschiede zwischen den Bowen-Typen bestehen, und zwar für Preisgünstigkeit (wichtiger für Bowen-Typ III als für I), Sortiment (wichtiger für Bowen-Typ III als für II), zeitliche Verfügbarkeit (wichtiger für Bowen-Typ II als für I), Zuverlässigkeit (wichtiger für Bowen-Typ II als für III), Empathie (wichtiger für Bowen-Typ III als für II), Expertise (wichtiger für Bowen-Typ II als für III), Servicescape (wichtiger für Bowen-Typ I als für II), Lage (wichtiger für die Bowen-Typen II und III als für I), Freunde oder Verwandte (wichtiger für die Bowen-Typen I und III als für II) und Kundenhistorie (wichtiger für Bowen-Typ I als für III). Unter den 12 sekundären *beziehungstreibenden Nutzen* bestehen bei der Hälfte Unterschiede zwischen den Bowen-Typen: Geld sparen ist wichtiger für Bowen-Typ II als für I, Zeit und Mühe sparen ist wichtiger für die Bowen-Typen II und III als für I, Privilegiertheit ist wichtiger für Bowen-Typ I als für III, Vertrauen ist wichtiger für die Bowen-Typen I und II als für III, Willkommenheit ist wichtiger für die Bowen-Typen I und III als für II und Kommunikation ist wichtiger für Bowen-Typ III als für II. Bei den *motivationalen Werten* wurden wiederum keine signifikanten Unterschiede zwischen den Dienstleistungstypen nach Bowen (1990) gefunden.

[11] Die kompletten Ergebnisse mit allen χ^2-Tests sind auf Nachfrage vom Autor erhältlich.

b) Kundenbezogen

In diesem Abschnitt wird untersucht, ob die kundenbezogenen Moderatoren Beziehungsneigung und Involvement einen Einfluss auf die Wichtigkeit der Determinanten des Wiederkaufverhaltens haben. Hierzu wurden logistische Regressionsanalysen durchgeführt mit jeweils einer der beiden Größen (d.h. Beziehungsneigung oder Involvement) als erklärende Variable und jeweils einer Determinante als zu erklärende Variable. Die zu erklärende Variable konnte die Werte „1“ (= wichtigster Grund für das Wiederkaufverhalten innerhalb der jeweiligen allgemeinen Determinantenkategorie) und „0“ (= nicht der wichtigste Grund für das Wiederkaufverhalten innerhalb der jeweiligen allgemeinen Determinantenkategorie) annehmen. Mit Hilfe einer logistischen Regression kann ermittelt werden, ob eine erklärende Variable die Wahrscheinlichkeit einer bestimmten kategorialen Ausprägung bei einer zu erklärenden Variable beeinflusst. In dieser Arbeit geht es um die Wahrscheinlichkeit, mit der ein Kunde eine Determinante als wichtigsten Grund für sein Wiederkaufverhalten betrachtet oder nicht. Nachfolgend werden nur signifikante Ergebnisse dargestellt ($p < 0{,}05$; zweiseitig)[12].

Auf der Ebene der *primären Dienstleistungsbeziehungsattribute* zeigt sich, dass sowohl Beziehungsneigung als auch Involvement einen Einfluss auf die Wichtigkeit bestimmter Determinanten des Wiederkaufverhaltens ausüben. Je höher die Beziehungsneigung, desto größer die Wahrscheinlichkeit, dass die Dienstleistungserbringung (B = 0,225) das wichtigste Attribut für das Wiederkaufverhalten ist. Andersherum verhält es sich mit dem Dienstleistungsstandort (B = -0,384)—hier sinkt die Wahrscheinlichkeit, dass dieser das wichtigste Attribut für das Wiederkaufverhalten ist mit zunehmender Beziehungsneigung des Kunden. Das Involvement eines Kunden hat ebenfalls einen negativen Einfluss auf die Wichtigkeit des Dienstleistungsstandorts (B = -0,246). Bei den *sekundären Dienstleistungsbeziehungsattributen* konnte für die Beziehungsneigung eine Reihe signifikanter Effekte ($p < 0{,}05$; zweiseitig) festgestellt werden: Die Wichtigkeit des Sortiments (B = -0,600), der Schnelligkeit (B = -0,617) und von Freunden oder Verwandten (B = -0,583) für das Wiederkaufverhalten nehmen mit zunehmender Beziehungsneigung ab, wohingegen die Bedeutung der Expertise (B = 0,435) und einer bestehenden Verbindung (B = 0,549) zum Dienstleistungsanbieter durch die Beziehungsneigung eines Kunden zunehmen. Das Involvement eines Kunden

12 Die kompletten Ergebnisse einschließlich aller B-Koeffizienten und Informationen zur Güte des jeweiligen Gesamtmodells sind auf Nachfrage vom Autor erhältlich.

vermindert die Wichtigkeit der Motivation (B = -0,486) der Dienstleistungsmitarbeiter, steigert hingegen die Bedeutung der zeitlichen Verfügbarkeit (B = 0,316).

Auf der Ebene des *primären beziehungstreibenden Nutzens* hat die Beziehungsneigung eines Kunden eine negative Wirkung auf funktionalen Nutzen (B = -0,289). Sowohl die Beziehungsneigung (B = 0,235) als auch das Involvement (B = 0,302) haben eine positive Wirkung auf psychologischen Nutzen. Unter den *sekundären beziehungstreibenden Nutzen* wird die Wichtigkeit von Vertrauen (B = 0,291) und Verbundenheit (B = 0,801) durch die Beziehungsneigung eines Kunden gesteigert, wohingegen sich die Bedeutung von Zeit und Mühe sparen (B = -0,436) vermindert.

Auf der Ebene der *primären motivationalen Werte* zeigt sich, dass die Beziehungsneigung eines Kunden sowohl die Wichtigkeit kollektiver Werte (B = 0,452) als auch gemischter Werte (B = 0,324) verstärkt. Die gleiche Wirkung hat das Involvement eines Kunden auf kollektive Werte (B = 0,145) und gemischte Werte (B = 0,335), wobei hier zusätzlich die Wichtigkeit individueller Werte (B = 0,196) gesteigert wird. Unter den *sekundären motivationalen Werte* wird durch die Beziehungsneigung eines Kunden die Wichtigkeit von Sicherheit (B = 0,212), Wohlwollen (B = 0,294), Universalismus (B = 0,453), Konformität (B = 0,450) und Tradition (B = 0,818) gesteigert. Ebenso hat das Involvement einen positiven Effekt auf die Wichtigkeit von Sicherheit (B = 0,227), Universalismus (B = 0,263), Konformität (B = 0,255) und Tradition (B = 0,250).

c) Beziehungsbezogen

In diesem Abschnitt wird untersucht, ob der beziehungsbezogene Moderator der Beziehungsdauer einen Einfluss auf die Wichtigkeit der Determinanten des Wiederkaufverhaltens hat. Hierzu wurden wiederum logistische Regressionen mit jeweils einer Determinante als zu erklärende Variable und Beziehungsdauer als erklärender Variable durchgeführt.

Auf der Ebene der *primären Dienstleistungsbeziehungsattribute* zeigt sich, dass sowohl die Wichtigkeit des Dienstleistungsstandorts (B = 0,023) als auch der Beziehungseigenschaften (B = 0,025) durch die Beziehungsdauer gesteigert werden. Einen negativen Effekt hat die Beziehungsdauer auf die Wichtigkeit des Dienstleistungsproduktes (B = -0,024). Unter den *sekundären Dienstleistungsbeziehungsattributen* steigert die Beziehungsdauer die Wichtigkeit der empfundenen Ähnlichkeit (B = 0,064) mit dem Dienstleistungspersonal, von Sonderbehandlung (B = 0,068) und einer bestehenden Verbindung (B = 0,042) zum Dienstleistungsanbieter. Die Bedeutung von Freunden oder Verwandten (B = -0,177) vermindert sich mit zunehmender Beziehungsdauer. Auf der Ebene des *beziehungstreibenden Nutzens* hat die Beziehungsdauer weder auf die Wichtigkeit primären Nutzens noch auf die Wichtigkeit sekundären Nutzens einen signifikanten Einfluss ($p < 0,05$; zweiseitig). Bei *den primären motivationalen Werten* zeigt sich, dass die Wichtigkeit kollektiver Werte (B = 0,020) mit der Beziehungsdauer erhöht wird. Unter den *sekundären motivationalen Werten* wird die Wichtigkeit von Universalismus (B = 0,025), Konformität (B = 0,027) und Tradition (B = 0,022) durch die Beziehungsdauer eines Kunden gesteigert, wohingegen die Wichtigkeit von Stimulation (B = -0,054) abnimmt.

4. Diskussion der Ergebnisse und Implikationen

a) Wichtigkeit der Determinanten

Der fragmentarische Forschungsstand zu den Determinanten des Wiederkaufverhaltens hat die Untersuchung ihrer relativen Wichtigkeit bislang verhindert (MacKenzie 2003; Zeithaml 2000). Es wird hier also ein wichtiger Beitrag zur Relationship Marketing-Forschung geleistet, indem erstmals eine umfassende Quantifizierung der Wichtigkeit unterschiedlicher Determinanten vorgenommen wird. Die Ergebnisse können Marketingwissenschaftlern für eine Einschätzung dienen, in welchem Verhältnis die Aufmerksamkeit gegenüber bestimmten Determinanten in der bisherigen Forschung zu ihrer Bedeutung für das Wiederkaufverhalten von Kunden steht. Aus einem solchen Vergleich lassen sich wichtige Hinweise für Forschungslücken und für zukünftigen Forschungsbedarf ableiten. Für Unternehmen ergibt sich der Wert der Ergebnisse zur Wichtigkeit der Determinanten des Wiederkaufverhaltens daraus, dass sie für eine effiziente und effektive Allokation von Kundenbindungsinvestitionen genutzt werden können (Fruchter und Sigué 2004; 2005; Reinartz, Thomas und Kumar 2005). Zur Bewertung alternativer Determinanteninvestitionen könnte der Return-on-Investment zu Grunde gelegt werden, d.h. das relative Ausmaß, in dem die Investition in eine bestimmte Determinante zur Steigerung interessierender Ergebnisgrößen (wie des Unternehmensgewinns oder des Kundenwerts) beiträgt (Rust, Lemon und Zeithaml 2004). Um unterschiedliche Kundenbindungsmanagementoptionen zu vergleichen, könnten primäre Determinanten als Kategorien zur Beschreibung strategischer Investitionen begriffen werden, wohingegen sekundäre Determinanten zur operativen Feinjustierung der Kundenbindungsmaßnahmen dienen. Nachfolgend sollen die Ergebnisse im Licht der bisherigen Relationship Marketing-Forschung diskutiert und Implikationen für Marketingwissenschaftler und Anwender aufgezeigt werden.

Die Ergebnisse dieser Studie zeigen, dass das Dienstleistungsprodukt und die Dienstleistungserbringung für mehr als zwei Drittel der Befragten die wichtigsten Gründe für das Wiederkaufverhalten auf der Ebene der primären Dienstleistungsbeziehungsattribute darstellen. Diese beiden Determinanten können somit als *conditio sine qua non* für das Wiederkaufverhalten bei Dienstleistungsunternehmen betrachtet werden, was sich in ihrer prominenten Rolle in der Relationship Marketing-Forschung widerspiegelt (vgl. z.B. Rust und Oliver 1994). Dienstleistungsunternehmen können hieraus ableiten, dass diese beiden Determinanten einen entsprechend großen Anteil an ihren Kundenbindungsressourcen erhalten sollten. Die Ergebnisse verweisen zudem auf die große Bedeutung von Beziehungseigenschaften und des Standorts eines Dienstleistungsanbieters für das Wiederkaufverhalten von Kunden. Während bereits einige Studien Beziehungseigenschaften betrachtet haben (vgl. z.B. Reinartz und Kumar 2003), hat der Dienstleistungsstandort vor dem Hintergrund dieser Ergebnisse bislang sicherlich zu wenig Aufmerksamkeit in der Relationship Marketing-Forschung erfahren. Unter den sekundären Determinanten kann die Expertise der Dienstleistungsmitarbeiter als wichtigste Determinante auf der Ebene der Dienstleistungsbeziehungsattribute besonders hervorgehoben werden. Die Fach- und Beratungskompetenz der Mitarbeiter stellt für viele Kunden offenbar einen zentralen Grund für einen Wiederkauf dar und sollte daher eine prominente Rolle sowohl in der Marketingforschung als auch in der Kundenbindungsstrategie von Dienstleistungsunternehmen spielen. Die als marginal zu bezeichnende Bedeutung von Unternehmenseigenschaften (weniger als 5,0 % für alle Dienstleistungstypen) befindet sich im Einklang mit dem geringen Forschungsinteresse, das diese Determinante bislang erfahren hat.

Auf der Ebene des beziehungstreibenden Nutzens kann konstatiert werden, dass die Entscheidung eines Kunden wiederholt bei einem bestimmten Dienstleistungsanbieter zu kaufen, vor allem durch funktionalen und psychologischen Nutzen beeinflusst wird. Dass sozialer Nutzen auf der Nutzenebene die geringste Bedeutung als Determinante des Wiederkaufverhaltens hat, scheint dem weit verbreiteten Verständnis der Begegnung zwischen Dienstleistungsanbieter und Kunde als einem in erster Linie sozialem Phänomen zu widersprechen (Czepiel 1990; Price und Arnould 1999). Die Relationship Marketing-Forschung sollte sich vor diesem Hintergrund verstärkt funktionalen und psychologischen beziehungstreibenden

Nutzen zuwenden, die bislang sicherlich zu wenig Aufmerksamkeit erfahren haben. Dienstleistungsmanager sollten mit Blick auf sekundären Nutzen sicherstellen, dass ihre Kunden sowohl Nutzen wie Zeit und Mühe sparen und Geld sparen als auch Gefühle des Vertrauens und der Willkommenheit empfangen, und sie müssen sich darüber im Klaren sein, dass sozialer Nutzen, wie er sich aus der Kommunikation zwischen Mitarbeitern und Kunden oder einem Gefühl der Verbundenheit ergibt, nicht den wichtigsten Grund für Kunden darstellt, wiederholt bei ihnen zu kaufen.

Auf der Ebene der motivationalen Werte wird durch die Ergebnisse der Befragung deutlich, dass individuelle Werte die wichtigsten Determinanten für das Wiederkaufverhalten von Dienstleistungskunden darstellen. Insbesondere Hedonismus und Selbstbestimmung sind die treibenden Kräfte unter den individuellen Werten, d.h. der wiederholte Kauf bei einem Dienstleistungsanbieter ermöglicht es einem Kunden, sein Leben zu genießen und unabhängig zu sein. Darin deutet sich an, dass die Mehrheit der Kunden wiederholt von einem Dienstleistungsanbieter kauft, um ihre eigenen Interessen zu befriedigen statt dem Gemeinwohl zu dienen. Neben individuellen Werten verfolgen Kunden mit ihrem Wiederkaufverhalten aber auch Sicherheit und Wohlwollen für andere, d.h. sie wollen ihnen nahe stehenden Menschen helfen und die Beziehung zu ihnen pflegen. Die Forschung zu den Determinanten des Wiederkaufverhaltens hat motivationale Werte bislang gar nicht berücksichtigt, sodass weitergehende Studien hierzu hochwillkommen wären. Dienstleistungsunternehmen sollten prüfen, ob die herausragende Bedeutung individueller Werte auch für ihre eigenen Kunden zutrifft und entsprechend berücksichtigen, wenn sie Kundenbindungsstrategien entwickeln.

Betrachtet man die Ergebnisse aller drei Ebenen gemeinsam, so kann gesagt werden, dass mit der Dienstleistungsqualität (vor allem dem Dienstleistungsprodukt und der Dienstleistungserbringung), funktionalem Nutzen und individuellen Werten das Wiederkaufverhalten eines Kunden überwiegend von Determinanten bestimmt wird, die nicht von einer bereits langfristig bestehenden Beziehung abhängen, sondern auch in einer einmaligen Transaktion für den Kunden erhältlich sind. Dieses Ergebnis der kundenseitigen Bedeutung von Determinanten stimmt mit der tatsächlichen Unternehmenspraxis überein, denn die Mehrheit der Dienstleistungsunternehmen, die sich an Endkunden richten, verfolgt eher einen transaktionsstatt beziehungsorientierten Marketingansatz (Coviello et al. 2002). Im Widerspruch steht dies allerdings zur Relationship Marketing-Forschung, die sich überwiegend auf stark beziehungsbezogene Determinanten wie Beziehungsnutzen und Vertrauen konzentriert hat, sodass hier ein Defizit der bisherigen Forschung offenbar wird (Palmatier et al. 2006).

b) Moderatoren

Ein wichtiges Ergebnis der empirischen Entwicklung der Theorie ist, dass die Determinanten des Wiederkaufverhaltens sowohl vom Dienstleistungstypus als auch von der Beziehungsneigung, dem Involvement und der Beziehungsdauer eines Kunden beeinflusst werden. Dies entspricht dem Erkenntnisstand der Relationship Marketing-Forschung und unterstreicht somit noch einmal die Relevanz der Berücksichtigung möglicher Heterogenitätsquellen in zukünftigen Studien dieses Forschungsbereichs (Palmatier et al. 2006). Diese Moderatoren sind aus einer theoretischen Perspektive von Bedeutung, weil sie eine Erklärung dafür liefern, unter welchen Bedingungen eine Determinante mehr oder weniger wichtig ist, wodurch Marketingwissenschaftlern die Randbedingungen der diskutierten Haupteffekte aufgezeigt werden. Die Moderatorenergebnisse dieser Studie sind im Einzelnen höchst plausibel und logisch nachvollziehbar, was ihnen Augenscheinvalidität verleiht. Es wird somit ein weiterer wichtiger Beitrag zur Entwicklung einer möglichst differenzierten Theorie der Determinanten des Wiederkaufverhaltens bei Dienstleistungsunternehmen geleistet. Für Unternehmen sind die Moderatorenergebnisse ebenfalls von wesentlicher Bedeutung, da sie eine noch effizientere und effektivere Allokation von Kundenbindungsressourcen ermöglichen.

Die *anbieterbezogenen* Moderatorenergebnisse zeigen, dass die Wichtigkeit von 50 % der primären und 32 % der sekundären Determinanten vom Dienstleistungstypus abhängt. Für Dienstleistungen vom Bowen-Typ I sind Beziehungseigenschaften wie die Kundenhistorie wichtiger als für andere Dienstleistungen, wohingegen funktionaler Nutzen wie Geld sparen und Zeit und Mühe sparen weniger wichtig ist. Ebenso sind bei solchen Dienstleistungen das Servicescape und ein Gefühl der Privilegiertheit von besonderer Relevanz, wohingegen die Preisgünstigkeit und zeitliche Verfügbarkeit von geringerer Bedeutung sind. Diese Ergebnisse erscheinen insgesamt äußerst plausibel, da Dienstleistungen vom Bowen-Typ I stark individualisiert sind und ein hohes Maß an Kunden-Mitarbeiter-Interaktion erfordern, sodass die anbieterseitige Berücksichtigung von Beziehungseigenschaften und die Schaffung einer angenehmen Dienstleistungsumgebung zu einer Verbesserung der Interaktion mit den Kunden beitragen dürften. Attribute und Nutzen, die eher auf technisch-funktionale Aspekte wie zeitliche Verfügbarkeit abstellen, verlieren vor diesem Hintergrund offenbar an Bedeutung. Für Dienstleistungen, die am Kunden selbst erbracht werden (Bowen-Typ I und III), sind sozialer Nutzen und die Dienstleistungsumgebung aber auch Freunde oder Verwandte und Willkommenheit von weitaus größerer Bedeutung als für Dienstleistungen, die an Gegenständen des Kunden erbracht werden (Bowen-Typ II). Dieser Zusammenhang erklärt sich dadurch, dass ein Kunde bei Dienstleistungen, die an ihm selbst erbracht werden, deutlich mehr Zeit beim Anbieter verbringt, wodurch die Dienstleistungsumgebung und der Austausch mit Mitarbeitern oder anderen Personen eine große Bedeutung erfahren. Schließlich sind bei Dienstleistungen vom Bowen-Typ III psychologischer Nutzen und die sekundären Dienstleistungsbeziehungsattribute Zuverlässigkeit und Expertise weniger wichtig für das Wiederkaufverhalten von Kunden als bei anderen Dienstleistungen. Diese Ergebnisse deuten darauf hin, dass sich die Bedeutung psychologischer Nutzen wie Vertrauen und vertrauensbildender Attribute wie Zuverlässigkeit vermindert, wenn nur ein geringer Kontakt mit dem Anbieter besteht und die Leistung weitestgehend standardisiert ist. Sowohl bei den primären als auch bei den sekundären motivationalen Werten gibt es keine signifikanten Unterschiede zwischen den Dienstleistungstypen nach Bowen (1990), was den situationsübergreifenden Charakter von motivationalen Werten unterstreicht.

Bei der Untersuchung des Einflusses der *kundenbezogenen* Moderatoren Involvement und Beziehungsneigung auf die Wichtigkeit der primären Determinanten des Wiederkaufverhaltens wurde deutlich, dass der Standort des Dienstleistungsanbieters für Kunden mit starker Beziehungsneigung und ausgeprägtem Involvement von geringerer Bedeutung ist. Hier zeigt sich, dass solche Kunden bereit sind, auch weite Wege zu ihrem präferierten Dienstleistungsanbieter auf sich zu nehmen. Der Einfluss einer ausgeprägten Beziehungsneigung spiegelt sich darüber hinaus in plausibler Weise bei zahlreichen anderen Determinanten wieder: So legen Kunden mit einer starken Beziehungsneigung besonderen Wert auf die Dienstleistungserbringung und insbesondere auf die Expertise der Mitarbeiter. Zudem steigert die Beziehungsneigung die Bedeutung einer persönlichen Verbindung zum Anbieter, der Vertrauens- und Verbundenheitsnutzen und aller drei kollektiver und der beiden gemischten sekundären Werte. Weniger wichtig ist für Kunden mit starker Beziehungsneigung Zeit und Mühe sparen. Das Involvement von Kunden beeinflusst vor allem die Wichtigkeit aller drei primären motivationalen Werte positiv. Dies ist im Einklang mit der Konzeptualisierung von Involvement als „[…] a person's perceived relevance of the object based on inherent needs, values, and interests" (Zaichkowsky 1985, S. 342; vgl. auch Celsi und Olson 1988).

Die Rolle der Beziehungsdauer als *beziehungsbezogenem* Moderator lässt sich als eine im Zeitverlauf zunehmende Personalisierung und Intensivierung der Beziehung eines Kunden zu einem Anbieter interpretieren, was sich an der zunehmenden Bedeutung von Beziehungseigenschaften und bei den sekundären Attributen an der zunehmenden Bedeutung einer persönlichen Verbindung, der empfundenen Ähnlichkeit mit dem Dienstleistungspersonal und von Sonderbehandlung und einer abnehmenden Relevanz von Freunden oder Verwandten ablesen lässt. Aus einer theoretischen Perspektive erscheint diese zunehmende Personalisierung und Intensivierung der Beziehung sehr gut nachvollziehbar, da bei einer zunehmenden Beziehungsdauer wahrscheinlich immer tiefere Schichten der Persönlichkeit eines Kunden angesprochen werden (Georgi 2000). Ein positiver Zusammenhang besteht auch zwischen der Wichtigkeit des Dienstleistungsstandorts und der Beziehungsdauer. Hier könnte eine Umdrehung des Kausalzusammenhangs eine Erklärung liefern, dass nämlich die günstige Lage eines Dienstleistungsanbieters dazu führt, dass Kunden eine lange Beziehung zu diesem Anbieter haben. Die Frage nach der Richtung des Kausalzusammenhangs kann in dieser Arbeit nicht endgültig beantwortet werden, sondern müsste durch weiterführende Experimente untersucht werden.

Die Ergebnisse zum anbieterbezogenen Moderator des Dienstleistungstypus können von Dienstleistungsunternehmen dazu genutzt werden, die Allokation ihrer Kundenbindungsressourcen an ihren spezifischen Typus anzupassen. Aus der Diskussion lässt sich beispielsweise für Anbieter vom Bowen-Typ I die Empfehlung ableiten, dass sie mehr in die Gestaltung des Servicescapes und weniger in die zeitliche Verfügbarkeit investieren sollten. Informationen über kunden- und beziehungsbezogene Moderatoren ermöglichen Dienstleistungsanbietern darüber hinaus die Identifikation segmentspezifischer Positionierungen für ihre Dienstleistungsangebote (Reynolds und Rochon 2001). Die hier beschriebenen Determinanten des Wiederkaufverhaltens haben als Segmentierungsgrundlage den Vorteil, dass sie in einer unmittelbaren Verbindung zum Wiederkaufverhalten stehen und eine äußerst feine Kundensegmentierung erlauben. Im Marketing ist sowohl die Nutzung von Attributen und Nutzen (Burton und Easingwood 2005; Haley 1968; 1984; Green, Krieger und Schaffer 1985) als auch von Werten (Kahle 1986; Kamakura und Novak 1992; Novak und MacEvoy 1990) zur Identifikation von Kundensegmenten weit verbreitet. Im Gegensatz zu diesen Ansätzen, bei denen üblicherweise nur *eine* der drei allgemeinen Determinantenkategorien (d.h. Attribute, Nutzen oder Werte) zur Kundensegmentierung genutzt wird, können auch ganze Means-End-Ketten genutzt werden, wodurch mehr Informationen in die Analyse einfließen und genauere Ergebnisse erzielt werden können (Reynolds und Craddock 1988; Reynolds und Gutman 1984). Konkrete Verfahren zur Identifikation von Kundensegmenten auf der Basis von Means-End-Ketten wurden beispielsweise von Aurifeille und Valette-Florence (1995), Botschen, Thelen und Pieters (1999), Ter Hofstede, Steenkamp und Wedel (1999), Reynolds (2006) und Valette-Florence und Rapacchi (1991) entwickelt.

III. Stärke der Beziehungen zwischen den Determinanten des Wiederkaufverhaltens

1. Ergebnisse auf der Ebene der primären Determinanten

Bei der Untersuchung der Stärke der Beziehungen zwischen Attributen, Nutzen und Werten wird der konzeptuelle Fokus auf den beziehungstreibenden Nutzen gelegt. Die Stärke der Beziehungen wird als Wahrscheinlichkeitsaussage darüber verstanden, dass Dienstleistungsbeziehungsattribute und motivationale Werte durch beziehungstreibenden Nutzen bestimmt werden (Gutman 1991). Entsprechend wird in diesem Abschnitt (a) der Anteil der Befragten, die ein bestimmtes Attribut mit einem gegebenen Nutzen verknüpfen und (b) der Anteil der Befragten, die einen gegebenen Nutzen mit einem bestimmten Wert verknüpfen, berechnet. Abb. 5 zeigt die Stärke der Attribut-Nutzen- und Nutzen-Wert-Verknüpfungen für die drei primären beziehungstreibenden Nutzen.

Es zeigt sich, dass 41,3 % der Kunden, die bei einem Dienstleistungsanbieter wiederholt auf Grund von funktionalem Nutzen kaufen, das Dienstleistungsprodukt als das wichtigste *Dienstleistungsbeziehungsattribut* zur Erreichung dieses Nutzens einschätzen. Die nächstwichtigsten Treiber für funktionalen Nutzen sind der Dienstleistungsstandort (27,0 %) und die Dienstleistungserbringung (25,8 %). Beziehungseigenschaften (4,5 %), die Dienstleistungsumgebung (0,8 %) und Unternehmenseigenschaften (0,6 %) spielen nur eine untergeordnete Rolle bei der Erbringung von funktionalem Nutzen. Mit psychologischem Nutzen ist die Dienstleistungserbringung (36,7 %) gefolgt vom Dienstleistungsprodukt (34,1 %) am stärksten verknüpft. Ebenso sind Beziehungseigenschaften hier mit 17,1 % von recht großer Bedeutung. Die Dienstleistungsumgebung (6,8 %), Unternehmenseigenschaften (4,2 %) und der Dienstleistungsstandort (3,8 %) sind nur schwach mit psychologischem Nutzen verknüpft.

Abb. 5: Stärke der Beziehungen zwischen primären Determinanten des Wiederkaufverhaltens

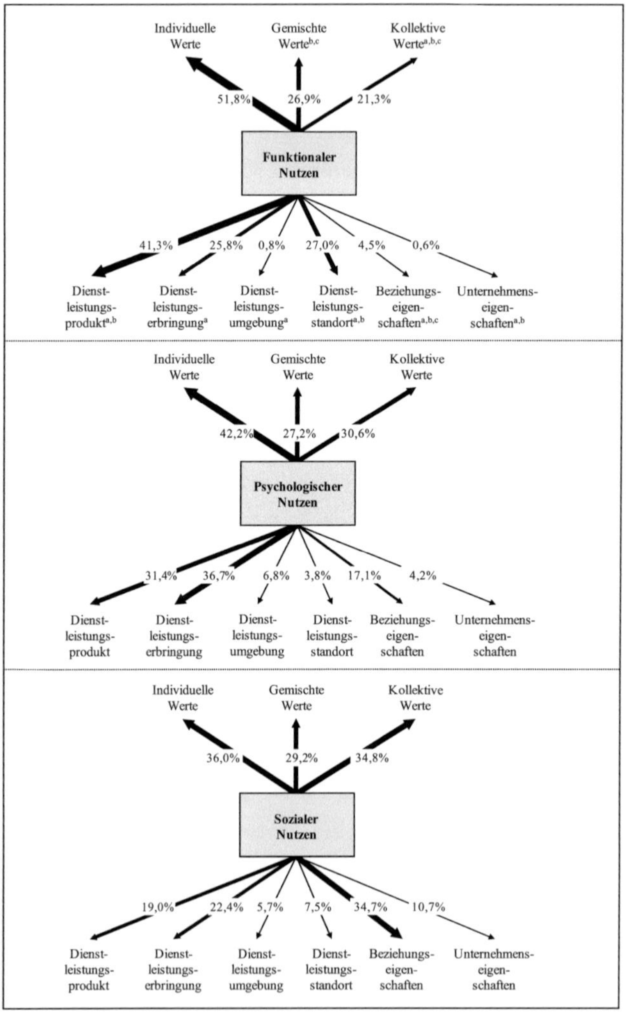

Anmerkung: Alle Werte stellen den prozentualen Anteil einer primären Determinante in Abhängigkeit vom jeweiligen beziehungstreibenden Nutzen dar. Das hochgestellte „a" bedeutet, dass die Stärke der Beziehung zwischen dieser Determinante und dem jeweiligen beziehungstreibenden Nutzen sich signifikant ($p < 0,05$; zweiseitig) zwischen funktionalem Nutzen und psychologischem Nutzen unterscheidet, „b" steht für einen signifikanten Unterschied zwischen funktionalem Nutzen und sozialem Nutzen, „c" bezieht sich auf signifikante Unterschiede zwischen psychologischem Nutzen und sozialem Nutzen. Alle anderen Unterschiede sind nicht signifikant.
Quelle: Eigene Darstellung

Sozialer Nutzen wird in 34,7 % der Fälle durch Beziehungseigenschaften geschaffen, womit die Dienstleistungserbringung (22,4 %) und das Dienstleistungsprodukt (19,0 %) erst an zweiter und dritter Stelle stehen. Unternehmenseigenschaften (10,7 %), der Dienstleistungsstandort (7,5 %) und die Dienstleistungsumgebung (5,7 %) tragen am wenigsten zum sozialen Nutzen bei.

Auf der Ebene der *motivationalen Werte* sind alle drei primären beziehungstreibenden Nutzen am stärksten mit individuellen Werten verknüpft (51,8 % funktionaler Nutzen; 42,2 % psychologischer Nutzen; 36,0 % sozialer Nutzen). Beim psychologischen und sozialen Nutzen folgen kollektive Werte (30,6 % psychologischer Nutzen; 34,8 % sozialer Nutzen) und gemischte Werte (27,2 % psychologischer Nutzen; 29,2 % sozialer Nutzen) an zweiter bzw. dritter Stelle. Beim funktionalen Nutzen sind hingegen gemischte Werte (26,9 %) von größerer Bedeutung als kollektive Werte (21,3 %).

Um zu testen, ob sich die Stärke der Verknüpfungen zwischen den drei primären beziehungstreibenden Nutzen (funktionaler Nutzen, psychologischer Nutzen und sozialer Nutzen) und den Dienstleistungsbeziehungsattributen und motivationalen Werten signifikant ($p < 0,05$; zweiseitig) unterscheidet, wurden auch hier χ^2-Tests durchgeführt[13]. Wie Abb. 5 verdeutlicht, liegen bis auf bei den individuellen Werten bei allen Verknüpfungen signifikante Unterschiede zwischen den primären beziehungstreibenden Nutzen vor: Funktionaler Nutzen ist stärker mit dem Dienstleistungsprodukt verknüpft als psychologischer und sozialer Nutzen, psychologischer Nutzen ist stärker mit der Dienstleistungserbringung verbunden als funktionaler Nutzen, funktionaler Nutzen steht in einer stärkeren Beziehung zum Dienstleistungsstandort als psychologischer oder sozialer Nutzen, psychologischer Nutzen ist stärker mit Beziehungseigenschaften verknüpft als funktionaler oder sozialer Nutzen und sozialer Nutzen ist stärker mit Beziehungseigenschaften verbunden als funktionaler Nutzen. Die Beziehung zur Dienstleistungsumgebung ist beim psychologischen Nutzen stärker als beim funktionalen Nutzen, und sowohl psychologischer als auch sozialer Nutzen sind stärker mit Unternehmenseigenschaften verknüpft als funktionaler Nutzen. Bei den motivationalen Werten sind funktionaler und psychologischer Nutzen stärker mit gemischten Werten verbunden als sozialer Nutzen, psychologischer Nutzen ist stärker mit kollektiven Werten verknüpft als funktionaler oder sozialer Nutzen und funktionaler Nutzen steht in einer engeren Beziehung zu kollektiven Werten als sozialer Nutzen.

[13]Die kompletten Ergebnisse mit allen χ^2-Tests sind auf Nachfrage vom Autor erhältlich.

2. Ergebnisse auf der Ebene der sekundären Determinanten

Tab. 16 gibt einen Überblick über die Stärke der Beziehungen zwischen den sekundären Determinanten des Wiederkaufverhaltens.

Tab. 16: Stärke der Beziehungen zwischen sekundären Determinanten des Wiederkaufverhaltens

	Geld sparen	Information	Zeit und Mühe sparen	Autonomie	Comfort	Privilegiertheit	Vertrauen	Willkommenheit	Altruismus	Gemeinde	Kommunikation	Verbundenheit
Dienstleistungsbeziehungsattribute												
Dienstleistungsprodukt												
Einmaligkeit	1,7	1,2	1,2	0,0	0,0	2,9	0,0	0,9	0,0	0,0	0,0	0,0
Individualisierung	0,0	1,0	3,2	5,2	5,9	0,0	2,0	2,5	0,0	0,0	5,7	2,2
Preisgünstigkeit	15,5[b]	0,0	0,5	0,0	0,0	0,0	0,9	0,0	0,0	0,0	0,0	0,0
Preis-Leistungs-Verhältnis	40,0	4,4	3,4	3,2	8,1	0,0	6,5	2,5	0,0	10,6	2,5	2,8
Sortiment	4,3	3,2	3,2	4,6	1,3	0,0	0,4	8,7	35,0	4,4	0,0	0,0
Technische Ausstattung und Einsatzstoffe	2,1	0,0	0,0	0,0	2,4	0,0	0,7	0,5	0,0	6,6	0,0	0,0
Zeitliche Verfügbarkeit	4,5	5,4	7,3	5,2	5,2	10,9	4,9	4,8	0,0	5,6	0,0	22,1
Zusätzliche Serviceleistungen	0,0	1,4	0,8	0,0	0,0	15,5	3,3	1,4	0,0	0,0	0,0	0,0
Zuverlässigkeit	8,0	15,9	6,4[c]	11,8	1,9	0,0	23,2[c]	1,4	0,0	0,0	0,0	2,5
Dienstleistungserbringung												
Authentizität	0,0	0,0	0,0	3,2	3,7	0,0	0,0	1,0	0,0	0,0	0,0	0,0
Empathie	0,0	0,0	0,4	0,0	1,7	0,0	0,0	7,4	0,0	0,0	13,7	10,5
Expertise	15,8[c]	53,6	6,5	13,0	7,3	3,2	36,7[b]	11,9	26,8	0,0	14,5	4,5
Fairness	0,6	1,8	0,0	2,3	0,0	0,0	2,3	2,6	0,0	0,0	0,0	0,0
Motivation	1,6	1,0	1,8	4,3	2,9	10,0	0,4	5,5	0,0	0,0	0,0	0,0

	Geld sparen	Information	Zeit und Mühe sparen	Autonomie	Comfort	Privilegiertheit	Vertrauen	Willkommenheit	Altruismus	Gemeinde	Kommunikation	Verbundenheit
Schnelligkeit	0,8	0,0	11,7	0,0	4,3	0,0	0,8	0,0	0,0	0,0	0,0	0,0
Unaufdringlichkeit	0,0	0,0	0,0	30,8	1,6	0,0	0,5	5,8	0,0	12,5	1,5	0,0
Dienstleistungsumgebung												
Publikum	0,0	1,9	0,0	0,0	2,1	0,0	0,0	0,0	0,0	0,0	2,6	0,0
Sauberkeit	0,0	0,0	0,8	0,0	4,0	0,0	1,9	2,2	0,0	0,0	0,0	0,0
Servicescape	0,0	0,0	0,0	0,8	20,3	0,0	1,4	4,1	11,4	0,0	8,1	0,0
Dienstleistungsstandort												
Lage	3,5	0,0	47,0[ab]	6,2	0,0	0,0	0,8	9,4	0,0	48,6	0,0	0,0
Beziehungseigenschaften												
Ähnlichkeit	0,0	0,0	0,0	0,0	2,2	0,0	1,5	0,4	0,0	0,0	3,1	0,0
Freunde oder Verwandte	0,0	1,2	0,3	0,0	1,7	27,0	0,0	2,4	0,0	0,0	15,5	11,8
Kundenhistorie	0,3	0,0	2,5	2,3	7,7	14,6	2,4	1,8	0,0	0,0	0,0	9,7
Sonderbehandlung	0,0	0,0	0,0	0,0	0,0	11,1	1,0	1,9	0,0	0,0	0,0	6,9
Verbindung	0,0	7,9	2,5	2,5	13,8	0,0	5,9	14,2[b]	0,0	0,0	25,9	13,5
Unternehmenseigenschaften												
Anbietergröße	0,0	0,0	0,5	4,7	1,8	0,0	0,0	0,7	26,8	11,6	6,9	11,9
Reputation	1,3	0,0	0,0	0,0	0,0	4,8	1,8	6,1	0,0	0,0	0,0	1,6
Sozial-ökologische Verantwortung	0,0	0,0	0,0	0,0	0,0	0,0	1,0	0,0	0,0	0,0	0,0	0,0
Motivationale Werte												
Individuelle Werte												
Hedonismus	48,8[ab]	63,1	81,5[ab]	66,3	74,8	92,3[b]	55,4[bc]	65,1[abc]	38,2	82,8	72,4[bc]	41,1
Leistung	28,6	63,2	32,0[ab]	44,2[c]	36,2	11,1	41,6[bc]	11,3	0,0	28,2	25,5	45,7
Macht	1,2	12,7	3,6	7,0	6,9	18,8	16,6	14,1	0,0	25,0	24,5	41,4
Selbstbestimmung	65,0	59,9	38,4[abc]	69,7	34,8	59,4[a]	39,1[bc]	20,4	0,0	55,6	27,3[c]	31,5[b]
Stimulation	19,0	15,6	17,0	12,5	9,3	9,8	10,3[a]	10,7	0,0	19,1	23,6	32,5
Kollektive Werte												
Konformität	7,1	38,7	13,2	28,6	30,4	14,0	45,8[bc]	26,8	26,8	27,3	28,7	73,9

	Geld sparen	Information	Zeit und Mühe sparen	Autonomie	Comfort	Privilegiertheit	Vertrauen	Willkommenheit	Altruismus	Gemeinde	Kommunikation	Verbundenheit
Tradition	7,0	14,5	7,7	18,9	22,3	24,9	30,0^{c}	21,8	0,0	24,1	30,5^{c}	56,2
Wohlwollen	23,3	42,2	26,8	26,2	43,6	47,3^{b}	55,2^{bc}	37,2^{a}	65,0	27,3	81,7^{bc}	83,0
Gemischte Werte												
Sicherheit	71,0^{a}	35,2	25,7^{b}	37,1	44,3^{a}	26,6	67,1^{bc}	19,4	0,0	19,1	30,2	62,0
Universalismus	15,0	25,9	13,5	24,0	26,0	14,0	47,7^{ac}	17,3	88,6	17,2	49,5^{c}	58,6

Anmerkung: Alle Werte stellen den prozentualen Anteil einer sekundären Determinante in Abhängigkeit vom jeweiligen beziehungstreibenden Nutzen dar. Ein Befragter konnte mehreren motivationalen Werten einen Höchstwert geben. Das hochgestellte „a“ bedeutet, dass die Stärke einer Beziehung sich signifikant ($p < 0,05$; zweiseitig) zwischen Bowen-Typ I und II unterscheidet, „b“ steht für einen signifikanten Unterschied zwischen Bowen-Typ I und III, „c“ bezieht sich auf signifikante Unterschiede zwischen Bowen-Typ II und III. Alle anderen Unterschiede sind nicht signifikant.
Quelle: Eigene Darstellung

Auf der Ebene der *Dienstleistungsbeziehungsattribute* zeigt sich, dass der Nutzen Geld sparen vor allem durch die Attribute Preis-Leistungs-Verhältnis (40,0 %), Expertise (15,8 %) und Preisgünstigkeit (15,5 %) erreicht wird. Während der Informationsnutzen überwiegend durch die Expertise (53,6 %) der Mitarbeiter geschaffen wird, wird Zeit und Mühe sparen durch die Lage (47,0 %) des Dienstleistungsanbieters und die Schnelligkeit (11,7 %) der Dienstleistungserbringung ermöglicht. Autonomie ist stark verknüpft mit Unaufdringlichkeit (30,8 %), Expertise (13,0 %) und Zuverlässigkeit (11,8 %). Comfort entsteht durch das Servicescape (20,3 %), eine bestehende persönliche Verbindung (13,8 %), ein gutes Preis-Leistungs-Verhältnis (8,1 %), die Berücksichtigung der Kundenhistorie (7,7 %) und die Expertise (7,3 %) der Dienstleistungsmitarbeiter. Privilegiertheit wird vom Kunden empfunden, wenn Freunde oder Verwandte (27,0 %) ebenfalls Kunde bei dem Anbieter sind, zusätzliche Serviceleistungen (15,5 %) angeboten und die Kundenhistorie (14,6 %) berücksichtigt werden. Vertrauen wird geschaffen durch die Expertise (36,7 %) der Dienstleistungsmitarbeiter und Zuverlässigkeit (23,2 %). Ein Gefühl der Willkommenheit entsteht durch eine bestehende persönliche Verbindung (14,2 %), die Expertise (11,9 %) der Dienstleistungsmitarbeiter, die Lage (9,4 %) des Dienstleistungsanbieters, das Sortiment (8,7 %) und die Empathie (7,4 %) der Dienstleistungsmitarbeiter. Altruismus wird ermöglicht durch das Sortiment (35,0 %), die Anbietergröße (26,8 %) und die Expertise (26,8 %) der Dienstleistungsmitarbeiter. Ein Kunde kann seine Gemeinde durch die Lage (48,6 %) des Dienstleistungsanbieters, die Unaufdringlichkeit (12,5 %) der Dienstleistungsmitarbeiter und die Anbietergröße (11,6 %) unterstützen.

Ein Kommunikationsnutzen stellt sich durch eine bestehende persönliche Verbindung (25,9 %), Freunde oder Verwandte (15,5 %) und die Expertise (14,5 %) und Empathie (13,7 %) der Dienstleistungsmitarbeiter ein. Schließlich ergibt sich ein Gefühl der Verbundenheit durch die zeitliche Verfügbarkeit (22,1 %) des Dienstleistungsanbieters, eine bestehende persönliche Verbindung (13,5 %), die Anbietergröße (11,9 %) und Freunde oder Verwandte (11,8 %), die ebenfalls Kunden bei dem Dienstleistungsanbieter sind.

Bei den *motivationalen Werten* werden durch den Nutzen Geld sparen insbesondere Sicherheit (71,0 %), Selbstbestimmung (65,0 %) und Hedonismus (48,8 %) angesprochen. Leistung (63,2 %), Hedonismus (63,1 %) und Selbstbestimmung (59,9 %) sind motivationale Werte, die im besonderen Maße mit Informationsnutzen verknüpft sind. Zeit und Mühe sparen führt zu Hedonismus (81,5 %), Selbstbestimmung (38,4 %) und Leistung (32,0 %). Der beziehungstreibende Nutzen Autonomie ist bei besonders vielen Befragten verknüpft mit Selbstbestimmung (69,7 %), Hedonismus (66,3 %) und Leistung (44,2 %). Comfort steht in Verbindung mit den Werten Hedonismus (74,8 %), Sicherheit (44,3 %) und Wohlwollen (43,6 %). Bei dem Gefühl der Privilegiertheit besteht ein starker Zusammenhang mit Hedonismus (92,3 %), Selbstbestimmung (59,4 %) und Wohlwollen (47,3 %). Durch Vertrauen werden insbesondere Sicherheit (67,1 %), Hedonismus (55,4 %) und Wohlwollen (55,2 %) geschaffen. Willkommenheit führt vor allem zu Hedonismus (65,1 %), Wohlwollen (37,2 %) und Konformität (26,8 %). Während Altruismus besonders eng mit Universalismus (88,6 %), Wohlwollen (65,0 %) und Hedonismus (38,2 %) verbunden ist, stehen bei Gemeindenutzen die motivationalen Werte Hedonismus (82,8 %) und Selbstbestimmung (55,6 %) im Vordergrund. Schließlich ist Kommunikation eng mit Wohlwollen (81,7 %), Hedonismus (72,4 %) und Universalismus (49,5 %) verknüpft, wohingegen Verbundenheit neben Wohlwollen (83,0 %) auch mit Konformität (73,9 %) und Sicherheit (62,0 %) in Verbindung steht.

Um zu testen, ob sich die Stärke der Verknüpfungen zwischen den 12 sekundären beziehungstreibenden Nutzen und den Dienstleistungsbeziehungsattributen und motivationalen Werten signifikant unterscheiden, wurden auch hier χ^2-Tests durchgeführt[14]. Für 19 der 28 sekundären Dienstleistungsbeziehungsattribute zeigen sich signifikante ($p < 0,05$; zweiseitig) Unterschiede in ihrer Verknüpfung mit beziehungstreibenden Nutzen. Betrachtet man für jede Attribut-Nutzen-Verknüpfung die jeweils stärkste Abweichung zwischen erwarteter Stärke und beobachteter Stärke, so zeigt sich, dass das Preis-Leistungs-Verhältnis und Preisgünstig-

[14] Die kompletten Ergebnisse mit allen χ^2-Tests sind auf Nachfrage vom Autor erhältlich.

keit besonders stark mit Geld sparen verknüpft sind, und dass zusätzliche Serviceleistungen und Sonderbehandlung stärker mit einem Gefühl der Privilegiertheit als mit anderen Nutzen verbunden sind. Expertise und Zuverlässigkeit führen insbesondere zu Vertrauen, das Gefühl der Willkommenheit stellt sich besonders durch die Motivation der Mitarbeiter ein und zwischen dem Attribut Ähnlichkeit und dem Gemeindenutzen besteht ein stärkerer Zusammenhang als mit anderen Nutzen. Ebenso bestehen zwischen dem Altruismusnutzen und den Attributen Authentizität und Publikum besonders starke Verknüpfungen, der Kommunikationsnutzen wird insbesondere durch die Empathie der Mitarbeiter, eine bestehende persönliche Verbindung und Freunde oder Verwandte befördert, und die Unaufdringlichkeit der Mitarbeiter ermöglicht vor allem den Nutzen der Autonomie. Schnelligkeit und eine gute Lage helfen dabei, Zeit und Mühe zu sparen, ein Gefühl der Verbundenheit stellt sich durch die Attribute Kundenhistorie und Anbietergröße ein, und ein angenehmes Servicescape führt zu mehr Comfort beim Kunden. Bei den Verknüpfungen zwischen sekundären beziehungstreibenden Nutzen und motivationalen Werten zeigt sich, dass sich bis auf Stimulation alle Werte signifikant ($p < 0{,}05$; zweiseitig) in der Stärke ihrer Verknüpfung mit Nutzen unterscheiden. So wird Hedonismus insbesondere durch Zeit und Mühe sparen befördert, Geld sparen ermöglicht Selbstbestimmung und Sicherheit, der Informationsnutzen stärkt den Wert Leistung, ein Gefühl der Verbundenheit ist stärker als andere Nutzen mit Macht und Tradition verknüpft, Kommunikation bestärkt den Wert des Wohlwollens, und Vertrauen ist stark mit Universalismus und Konformität verbunden.

3. Einfluss von Moderatoren

In diesem Abschnitt wird untersucht, ob die Stärke der Beziehungen zwischen den Determinanten des Wiederkaufverhaltens durch die Moderatoren beeinflusst wird. Um stabile Ergebnis zu gewährleisten wurden nur Verknüpfungen getestet, die von mindestens 1 % der Befragten genannt wurden (Gujarati 2004)[15].

[15] Es wurden 14 (von 18) der primären Attribut-Nutzen-Verknüpfungen, neun (von neun) der primären Nutzen-Wert-Verknüpfungen, 19 (von 336) der sekundären Attribut-Nutzen-Verknüpfungen und 86 (von 120) der sekundären Nutzen-Wert-Verknüpfungen von mindestens 1 % der Befragten genannt.

a) Anbieterbezogen

Zur Untersuchung der moderierenden Wirkung des Dienstleistungstypus wurden ein weiteres Mal χ^2-Tests durchgeführt[16]. Die Stärke von *primären Attribut-Nutzen-Verknüpfungen* unterscheidet sich im Fall von vier Verknüpfungen signifikant ($p < 0,05$; zweiseitig) zwischen den Dienstleistungstypen nach Bowen: Die Verknüpfung zwischen Beziehungseigenschaften und psychologischem Nutzen ist stärker für Dienstleistungen vom Bowen-Typ I als für III, Unternehmenseigenschaften sind im Fall von Dienstleistungen vom Bowen-Typ III stärker mit psychologischem Nutzen verknüpft als bei I und II, der Dienstleistungsstandort ist im Fall von Dienstleistungen vom Bowen-Typ I schwächer verknüpft mit funktionalem Nutzen als im Fall von II und III, und Unternehmenseigenschaften sind bei Dienstleistungen vom Bowen-Typ II stärker mit sozialem Nutzen verknüpft als bei III. Bei den *Verknüpfungen zwischen primären beziehungstreibendem Nutzen und motivationalen Werten* konnten keine Unterschiede zwischen den Bowen-Typen festgestellt werden.

Bei den *sekundären Attribut-Nutzen-Verknüpfungen* unterscheiden sich sieben Verknüpfungen signifikant ($p < 0,05$; zweiseitig) zwischen den Dienstleistungstypen nach Bowen (vgl. Tab. 16): Die Verknüpfung zwischen Geld und Preisgünstigkeit ist stärker für Dienstleistungen vom Bowen-Typ III als für I, die Verknüpfung zwischen Geld und Expertise ist stärker für Bowen-Typ II als für III, die Verknüpfung zwischen Zeit und Mühe sparen und Zuverlässigkeit ist stärker für Bowen-Typ II als für III, die Verknüpfung zwischen Zeit und Mühe sparen und der Lage ist stärker für die Bowen-Typen II und III als für I, die Verknüpfung zwischen Vertrauen und Expertise ist stärker für Bowen-Typ I als für III, die Verknüpfung zwischen Vertrauen und Zuverlässigkeit ist stärker für Bowen-Typ II als für III und die Verknüpfung zwischen Willkommenheit und Verbindung ist stärker für Bowen-Typ I als für III.

Unter den *Verknüpfungen zwischen sekundären beziehungstreibendem Nutzen und motivationalen Werten* bestehen signifikante ($p < 0,05$; zweiseitig) Unterschiede zwischen den Bowen-Typen bei 28 Verknüpfungen: Im Fall des motivationalen Werts *Hedonismus* sind die Verknüpfungen mit den sechs beziehungstreibenden Nutzen Geld sparen (stärker für die Bowen-Typen II und III als für I), Zeit und Mühe sparen (stärker für die Bowen-Typen II und III als für I), Vertrauen (stärker für die Bowen-Typen I und II als für III), Privilegiertheit

[16] Die kompletten Ergebnisse mit allen χ^2-Tests sind auf Nachfrage vom Autor erhältlich.

(stärker für Bowen-Typ I als für III), Willkommenheit (stärker für Bowen-Typ I als für II und III und stärker für Bowen-Typ III als für II) und Kommunikation (stärker für Bowen-Typ III als für I und II) betroffen. Signifikante Unterschiede zwischen Bowen-Typen existieren zudem bei Verknüpfungen von fünf beziehungstreibenden Nutzen mit dem motivationalen Wert *Selbstbestimmung*, und zwar Zeit und Mühe sparen (stärker für die Bowen-Typen II und III als für I und stärker für Bowen-Typ III als für II), Vertrauen (stärker für die Bowen-Typen I und II als für III), Privilegiertheit (stärker für Bowen-Typ I als für II) Kommunikation (stärker für Bowen-Typ III als für II) und Verbundenheit (stärker für Bowen-Typ I als für III). Verknüpfungen mit dem Wert *Sicherheit* werden durch den Bowen-Typ beeinflusst, wenn es um die vier beziehungstreibenden Nutzen Geld sparen (stärker für Bowen-Typ I als für II), Zeit und Mühe sparen (stärker für Bowen-Typ III als für I), Vertrauen (stärker für die Bowen-Typen I und II als für III) und Comfort (stärker für Bowen-Typ I als für II) geht. Ebenso sind vier beziehungstreibende Nutzen zu nennen, wenn Verknüpfungen mit dem motivationalen Wert *Wohlwollen* untersucht werden, und zwar Vertrauen (stärker für die Bowen-Typen I und II als für III), Privilegiertheit (stärker für Bowen-Typ I als für III), Willkommenheit (stärker für Bowen-Typ I als für II) und Kommunikation (stärker für Bowen-Typ III als für I und II). Schließlich sind bei den folgenden Verknüpfungen Unterschiede zwischen Bowen-Typen zu konstatieren: Vertrauen-Stimulation (stärker für Bowen-Typ II als für I), Zeit und Mühe sparen-Leistung (stärker für die Bowen-Typen II und III als für I), Vertrauen-Leistung (stärker für die Bowen-Typen I und II als für III), Autonomie-Leistung (stärker für Bowen-Typ II als für III), Vertrauen-Universalismus (stärker für Bowen-Typ II als für I und III), Kommunikation-Universalismus (stärker für Bowen-Typ III als für II), Vertrauen-Konformität (stärker für die Bowen-Typen I und II als für III), Vertrauen-Tradition (stärker für Bowen-Typ II als für III) und Kommunikation-Tradition (stärker für Bowen-Typ III als für II).

b) Kundenbezogen

Um den Einfluss von Beziehungsneigung und Involvement auf die Stärke der Beziehungen zwischen den Determinanten zu testen, wurden wiederum logistische Regressionen mit jeweils einer Verknüpfung zwischen Determinanten als zu erklärende Variable durchgeführt. Die zu erklärende Variable konnte die Werte „1“ (= es besteht eine Verknüpfung zwischen zwei Determinanten) und „0“ (= es besteht <u>keine</u> Verknüpfung zwischen zwei Determinanten) annehmen. Es geht demnach um die Berechnung der Wahrscheinlichkeit, mit der ein Kunde einen gegebenen beziehungstreibenden Nutzen mit einem bestimmten Dienstleistungsbeziehungsattribut bzw. mit einem bestimmten motivationalen Wert verknüpft. Um stabile Ergebnisse zu gewährleisten, wurden wieder nur die Verknüpfungen getestet, die von mindestens 1 % der Befragten genannt wurden. Nachfolgend werden nur signifikante Ergebnisse dargestellt ($p < 0{,}05$; zweiseitig)[17].

Bei den *Verknüpfungen zwischen primären Dienstleistungsbeziehungsattributen und beziehungstreibendem Nutzen* zeigt sich, dass die Beziehungsneigung eines Kunden die Wahrscheinlichkeit einer Verknüpfung zwischen Dienstleistungserbringung und psychologischem Nutzen (B = 0,242) und einer Verknüpfung zwischen Dienstleistungserbringung und sozialem Nutzen (B = 0,815) erhöht, wohingegen die Wahrscheinlichkeit einer Verknüpfung zwischen dem Dienstleistungsprodukt und funktionalem Nutzen (B = -0,186) und dem Dienstleistungsstandort und funktionalem Nutzen (B = -0,388) sinkt. Ist das Involvement eines Kunden hoch, dann sinkt die Wahrscheinlichkeit einer Verknüpfung zwischen Dienstleistungserbringung und funktionalem Nutzen (B = -0,269) und einer Verknüpfung zwischen Dienstleistungsstandort und funktionalem Nutzen (B = -0,235). Im Gegensatz hierzu steigert das Involvement die Wahrscheinlichkeit einer Verknüpfung zwischen Dienstleistungsprodukt und psychologischem Nutzen (B = 0,239).

Betrachtet man die *Verknüpfungen zwischen sekundären Dienstleistungsbeziehungsattributen und beziehungstreibendem Nutzen* so wird deutlich, dass durch eine starke Beziehungsneigung die Wahrscheinlichkeit einer Verknüpfung zwischen Expertise und Vertrauen (B = 0,394) und Expertise und Information (B = 0,537) zunimmt, wohingegen die Wahrscheinlichkeit einer Verknüpfung zwischen Schnelligkeit und Zeit und Mühe sparen (B = -0,673), der Lage und Zeit und Mühe sparen (B = -0,407), zeitliche Verfügbarkeit und Zeit und Mühe sparen (B = -0,535) und Sortiment und Willkommenheit (B = -0,995) sinkt. Ein erhöhtes Involvement hat zur Folge, dass die Wahrscheinlichkeit einer Verknüpfung zwischen Preis-Leistungs-Verhältnis und Geld sparen (B = -0,377) und der Lage und Zeit und Mühe sparen (B = -0,242) abnimmt.

Bei den *Verknüpfungen zwischen primärem beziehungstreibenden Nutzen und motivationalen Werten* zeigt sich, dass die Beziehungsneigung eines Kunden die Wahrscheinlichkeit einer Verknüpfung zwischen psychologischem Nutzen und individuellen Werten (B = 0,162),

[17] Die kompletten Ergebnisse einschließlich aller B-Koeffizienten und Informationen zur Güte des jeweiligen Gesamtmodells sind auf Nachfrage vom Autor erhältlich.

psychologischem Nutzen und kollektiven Werten (B = 0,398), psychologischem Nutzen und gemischten Werten (B = 0,223) und sozialem Nutzen und kollektiven Werten (B = 0,350) erhöht, wohingegen sich die Wahrscheinlichkeit einer Verknüpfung zwischen funktionalem Nutzen und individuellen Werten (B = -0,284) verringert. Das Involvement eines Kunden erhöht die Wahrscheinlichkeit einer Verknüpfung zwischen psychologischem Nutzen und individuellen Werten (B = 0,338), psychologischem Nutzen und kollektiven Werten (B = 0,346) und psychologischem Nutzen und gemischten Werten (B = 0,433). Die Wahrscheinlichkeit einer Verknüpfung zwischen funktionalem Nutzen und individuellen Werten (B = -0,215) wird hingegen durch ein starkes Involvement verringert.

Unter den *Verknüpfungen zwischen sekundärem beziehungstreibenden Nutzen und motivationalen Werten* wird die Wahrscheinlichkeit einer Verknüpfung zwischen Zeit und Mühe sparen und Hedonismus (B = -0,435), Zeit und Mühe sparen und Selbstbestimmung (B = -0,379), Zeit und Mühe sparen und Leistung (B = -0,353), Prestige und Wohlwollen (B = -0,741) durch die Beziehungsneigung eines Kunden verringert, wohingegen die Wahrscheinlichkeit der Verknüpfungen Information-Selbstbestimmung (B = 0,472), Willkommenheit-Macht (B = 1,335), Verbundenheit-Sicherheit (B = 2,064), Vertrauen-Wohlwollen (B = 0,461), Verbundenheit-Wohlwollen (B = 0,997), Vertrauen-Universalismus (B = 0,449), Willkommenheit-Konformität (B = 0,991), Verbundenheit-Konformität (B = 0,853), Vertrauen-Tradition (B = 0,974), Verbundenheit-Tradition (B = 1,507) durch die Beziehungsneigung erhöht wird. Das Involvement eines Kunden hat eine negative Wirkung auf die Wahrscheinlichkeit einer Verknüpfung zwischen Zeit und Mühe sparen und Hedonismus (B = -0,186), Geld sparen und Selbstbestimmung (B = -0,265), Geld sparen und Leistung (B = -0,391), Zeit und Mühe sparen und Wohlwollen (B = -0,268) und Zeit und Mühe sparen und Universalismus (B = -0,364). Im Gegensatz hierzu steigert das Involvement eines Kunden die Wahrscheinlichkeit der Verknüpfungen Comfort-Hedonismus (B = 0,479), Kommunikation-Selbstbestimmung (B = 0,991), Comfort-Macht (B = 0,725), Vertrauen-Sicherheit (B = 0,250), Willkommenheit-Sicherheit (B = 0,572), Comfort-Sicherheit (B = 0,811), Comfort-Wohlwollen (B = 0,563), Willkommenheit-Universalismus (B = 0,688), Vertrauen-Konformität (B = 0,337), Willkommenheit-Konformität (B = 0,837) und Kommunikation-Tradition (B = 0,779).

c) Beziehungsbezogen

Bei den *Verknüpfungen zwischen primären Dienstleistungsbeziehungsattributen und beziehungstreibendem Nutzen* zeigt sich, dass die Beziehungsdauer sowohl die Wahrscheinlichkeit einer Verknüpfung zwischen Dienstleistungsstandort und psychologischem Nutzen (B = 0,063) als auch zwischen Beziehungseigenschaften und psychologischem Nutzen (B = 0,041) erhöht. Unter den *Verknüpfungen zwischen sekundären Dienstleistungsbeziehungsattributen und beziehungstreibendem Nutzen* hat die Beziehungsdauer eine positive Wirkung auf die Wahrscheinlichkeit einer Verknüpfung zwischen Verbindung und Willkommenheit (B = 0,056). Bei den *Verknüpfungen zwischen primärem beziehungstreibenden Nutzen und motivationalen Werten* wird deutlich, dass durch die Beziehungsdauer die Wahrscheinlichkeit einer Verknüpfung zwischen psychologischem Nutzen und kollektiven Werten (B = 0,022) erhöht wird. Im Fall *sekundärer Nutzen-Wert-Verknüpfungen* wird die Wahrscheinlichkeit einer Verknüpfung zwischen Gemeinde und Hedonismus (B = -0,189), Vertrauen und Stimulation (B = -0,205) und Prestige und Wohlwollen (B = -0,257) verringert. Einen steigernden Effekt auf die Wahrscheinlichkeit einer Verknüpfung hat die Beziehungsdauer im Fall von Willkommenheit-Wohlwollen (B = 0,033) und Willkommenheit-Universalismus (B = 0,049).

4. Diskussion der Ergebnisse und Implikationen

a) Stärke der Beziehungen zwischen den Determinanten

Die bestehenden Studien zu den Determinanten des Wiederkaufverhaltens haben die wechselseitigen Beziehungen zwischen den verschiedenen Determinanten nahezu komplett außen vor gelassen (MacKenzie 2003; Zeithaml 2000). Es wird hier also ein wichtiger Beitrag zur Relationship Marketing-Forschung geleistet, indem erstmals die Stärke der Beziehungen zwischen unterschiedlichen Determinanten des Wiederkaufverhaltens quantifiziert wird. Marketingwissenschaftler können sich auf Basis der hier ermittelten Ergebnisse auf die stärksten Verknüpfungen in ihrer Forschung konzentrieren. Die Modellierung der Determinantenbeziehungen in Form von Means-End-Ketten hat sich zudem als erfolgreich herausgestellt und sollte auch in zukünftigen Studien beibehalten werden. Für Unternehmen ist das Wissen über die Stärke von Determinantenverknüpfungen wichtig, um einen vollständigen Überblick über mögliche Auswirkungen ihres Kundenbindungsmanagements zu erhalten und um systematisch Einfluss auf die kundenseitige Determinantenwahrnehmung zu nehmen: Kommunikationspolitische Instrumente könnten beispielsweise dazu eingesetzt werden, um Kunden das Wissen über bestimmte Dienstleistungsbeziehungsattribute bei einem Angebot zu vermitteln. Ebenso kann die wahrgenommene Attraktivität eines Angebots durch das Hinzufügen oder die Elimination von Attributen als Teil der Produktpolitik gezielt gesteuert werden. Die Ergebnisse werden nachfolgend umfassend diskutiert und Implikationen für Marketingwissenschaftler und Anwender aufgezeigt.

Als erstes zentrales Ergebnis ist festzuhalten, dass die Bedeutung eines bestimmten Dienstleistungsbeziehungsattributs bzw. motivationalen Werts davon abhängt, welchen beziehungstreibenden Nutzen ein Kunde in erster Linie verlangt. Auf der Ebene der primären Determinanten liegen bis auf bei den individuellen Werten bei allen Verknüpfungen signifikante Unterschiede zwischen den beziehungstreibenden Nutzen vor (= 89 % der Verknüpfungen). Bei den Verknüpfungen zwischen sekundären Determinanten sind signifikante Unterschiede zwischen beziehungstreibenden Nutzen bei 68 % der Dienstleistungsbeziehungsattribute und 90 % der motivationalen Werte zu konstatieren. Der von einem Kunden gewünschte beziehungstreibende Nutzen hat demnach einen wesentlichen Einfluss auf seine Attributauswahl und die wahrscheinliche Erfüllung bestimmter motivationaler Werte, was die Relevanz der hier vorgenommenen konzeptuellen Fokussierung auf den beziehungstreibenden Nutzen bestätigt (Cohen und Warlop 2001; Garbarino und Johnson 2001; Gutman 1991; 1997).

Die Ergebnisse zeigen, dass obwohl durch das Dienstleistungsprodukt und die Dienstleistungserbringung alle drei beziehungstreibenden Nutzen in weiten Teilen geschaffen werden können, der oben als wichtigster beziehungstreibender Nutzen identifizierte funktionale Nutzen vor allem mit dem Dienstleistungsstandort im Zusammenhang steht. Dies erklärt sich durch den Einfluss des Anbieterstandorts auf die Zeit und Mühe, die Kunden investieren müssen, um einen bestimmten Anbieter zu nutzen. Dienstleistungsunternehmen sollten der Standortwahl daher einen entsprechend großen Stellenwert einräumen. Es wurde außerdem deutlich, dass sozialer Nutzen und psychologischer Nutzen auch nach Beziehungseigenschaften wie einer persönlichen Verbindung mit dem Dienstleistungsanbieter verlangen, und dass sich Vertrauen bei einer hohen Expertise der Dienstleistungsmitarbeiter einstellt. Diese Zusammenhänge sind aus theoretischer Sicht sehr gut nachvollziehbar und bestätigen zum Teil bestehende Überlegungen in der Relationship Marketing-Forschung (Gwinner, Gremler und Bitner 1998; Price und Arnould 1999). Dienstleistungsunternehmen sollten sich diese Erkenntnisse bei ihren personalpolitischen Maßnahmen zu Nutze machen. Zum Beispiel könnte ein Dienstleistungsanbieter durch Schulungen und Maßnahmen der Personalentwicklung die Expertise seiner Mitarbeiter steigern, um das wahrgenommene Vertrauen seiner Kunden systematisch zu erhöhen, und er könnte Beziehungen zwischen Dienstleistungsmitarbeitern und Kunden ermöglichen und fördern, um einen sozialen Nutzen für die Kunden zu schaffen.

Die vorliegende Arbeit ist die erste, in der eine systematische Verknüpfung zwischen beziehungstreibendem Nutzen und den motivationalen Werten von Kunden hergestellt wurde. In den empirischen Studien der vorliegenden Arbeit hat sich gezeigt, dass beziehungstreibender Nutzen eng mit den Werten von Kunden verknüpft ist, da die Befragten in keiner der Studien Schwierigkeiten hatten, die Abstraktionsleiter von Attributen über Nutzen bis hin zu Werten aufzusteigen und bei jedem Befragten mindestens eine Nutzen-Wert-Verknüpfung vorlag. Diese Erfahrungen verdeutlichen, dass motivationale Werte tatsächlich wichtige persönliche Ziele eines Kunden darstellen, die er durch sein Wiederkaufverhalten zu erreichen versucht. Da motivationale Werte durch die mit ihnen verknüpften beziehungstreibenden Nutzen erfüllt werden, sollten Dienstleistungsanbieter versuchen, diejenigen Werte ihrer Kunden anzusprechen, die am stärksten mit dem wichtigsten beziehungstreibenden Nutzen verbunden sind.

b) Moderatoren

Die Berücksichtigung von Moderatoren leistet auch hier einen wichtigen Beitrag zur Entwicklung einer möglichst differenzierten Theorie der Determinanten des Wiederkaufverhaltens bei Dienstleistungsunternehmen. In der Relationship Marketing-Forschung wird mit dieser Studie erstmals der Einfluss von Moderatoren auf die Stärke der Verknüpfungen zwischen Determinanten des Wiederkaufverhaltens untersucht. Die Ergebnisse sind plausibel und nachvollziehbar, was für ihre Validität spricht. Unternehmen können die Moderatorenergebnisse dazu nutzen, um noch gezielter Einfluss auf die Determinantenwahrnehmung von Kunden zu nehmen.

Wie die χ^2-Tests gezeigt haben, sind sowohl bei den Verknüpfungen zwischen primären Attributen und Nutzen als auch bei den sekundären Determinanten Unterschiede zwischen Dienstleistungstypen als *anbieterbezogenem* Moderator festzustellen. Die meisten Unterschiede finden sich auf der Ebene der sekundären Attribut-Nutzen- (37 % der Verknüpfungen) und Nutzen-Wert-Verknüpfungen (32 % der Verknüpfungen). Unter den primären Determinanten sind hingegen deutlich geringere Unterschiede zwischen den Dienstleistungstypen auszumachen (29 % der Attribut-Nutzen- und 0 % der Nutzen-Wert-Verknüpfungen). Insgesamt deuten diese Ergebnisse darauf hin, dass das Kundenwissen über Verknüpfungen zwischen Determinanten des Wiederkaufverhaltens durchaus vom Kontext eines spezifischen Dienstleistungstypus beeinflusst wird. Dienstleistungsunternehmen sollten daher die Spezifika der von ihnen angebotenen Dienstleistung entsprechend berücksichtigen, wenn sie Kundenbindungsinstrumente entwickeln. Zum Teil gleichen sich die Unterschiede zwischen Dienstleistungstypen auf der Ebene der primären Determinanten jedoch wieder aus, sodass zumindest die Stärke der Verknüpfungen zwischen motivationalen Werten und beziehungstreibendem Nutzen für unterschiedliche Dienstleistungstypen verallgemeinerbar erscheint.

Die *kundenbezogenen* Moderatoren Beziehungsneigung und Involvement haben ebenfalls Einfluss auf eine Reihe von Verknüpfungen zwischen den Determinanten des Wiederkaufverhaltens, was die Relevanz beider Konzepte als Moderatoren unterstreicht. Während Beziehungsneigung und Involvement sowohl bei primären Attribut-Nutzen- (Beziehungsneigung: Unterschiede bei 29 % der Verknüpfungen, Involvement: 21 %) als auch sekundären Nutzen-Wert-Verknüpfungen (Beziehungsneigung: Unterschiede bei 16 % der Verknüpfungen, Involvement: 11 %) eine vergleichbare Bedeutung als Moderatoren haben, sind an anderer Stelle Unterschiede in der Bedeutung der beiden Moderatoren festzustellen: Das Involvement von Kunden ist bei primären Nutzen-Wert- (Beziehungsneigung: Unterschiede bei 26 % der Verknüpfungen, Involvement: 44 %) und die Beziehungsneigung bei sekundären Attribut-Nutzen-Verknüpfungen (Beziehungsneigung: Unterschiede bei 32 % der Verknüpfungen, Involvement: 11 %) von relativ größerer Bedeutung als Moderator. Dienstleistungsunternehmen können sich diese Erkenntnisse zu Nutze machen, indem sie auf Basis der Beziehungsneigung und des Involvements ihrer Kunden Segmente identifizieren, die sich hinsichtlich der Stärke ihrer im Langzeitgedächtnis gespeicherten Verknüpfungen zwischen Determinanten des Wiederkaufverhaltens unterscheiden. Eine solche Segmentierung wäre im starken Maße verhaltensrelevant, da sich die Stärke der Verknüpfung zwischen den Determinanten des Wiederkaufverhaltens auf die wahrgenommene Wichtigkeit bestimmter Dienstleistungsbeziehungsattribute und die Aktivierbarkeit bestimmter motivationaler Werte auswirkt.

Abschließend ist festzuhalten, dass die Beziehungsdauer als *beziehungsbezogener* Moderator sowohl auf der Ebene der primären Determinanten (Unterschiede bei 14 % der

Attribut-Nutzen- und 11 % der Nutzen-Wert-Verknüpfungen) als auch der sekundären Determinanten (Unterschiede bei 5 % der Attribut-Nutzen- und 6 % der Nutzen-Wert-Verknüpfungen) eine vernachlässigbare Rolle als Moderator der Verknüpfungen zwischen Determinanten spielt. Dieses Ergebnis weist darauf hin, dass kein systematischer Zusammenhang zwischen der Beziehungsdauer und der Verknüpfungsstärke *bestimmter* Determinanten besteht. Nicht auszuschließen ist, dass aufgrund von Lerneffekten die Stärke *aller* Verknüpfungen mit der Dauer einer Beziehung zunimmt; mit den dieser Arbeit zu Grunde liegenden Daten lässt sich diese Überlegung jedoch nicht überprüfen.

IV. Wichtigkeit der Determinanten des Wiederkaufverhaltens für Beziehungseinstellungen

1. Entwicklung eines Strukturmodells

In diesem Abschnitt werden als Bestandteil der empirischen Theoriebildung mögliche Zusammenhänge zwischen Determinanten des Wiederkaufverhaltens und den Beziehungseinstellungen von Kunden explorativ untersucht. Hierdurch werden Möglichkeiten der Bezugsrahmenerweiterung ausgelotet. Beziehungseinstellungen sind hier von Interesse, weil eine Reihe von Autoren betont, dass echte Kundenloyalität nur dann vorliegt, wenn ein Kunde sowohl eine möglichst hohe Wiederkauffrequenz als auch positive Beziehungseinstellungen gegenüber einem Anbieter aufweist (Dick und Basu 1994; Oliver 1999). In dieser Arbeit werden mit Kundenzufriedenheit (Homburg, Koschate und Hoyer 2006; Rust und Zahorik 1993), Beziehungscommitment (Crosby und Taylor 1983; Gustafsson, Johnson und Roos 2005; Morgan und Hunt 1994; Pritchard, Havitz und Howard 1999) und Bindungsabsicht (Dick und Basu 1994; Oliver 1999) die in der Relationship Marketing-Forschung wichtigsten konkreten Ausprägungen des Beziehungseinstellungskonzeptes betrachtet.

Kundenzufriedenheit lässt sich definieren als „[…] the consumer's fulfillment response, the degree to which the level of fulfillment is pleasant or unpleasant" (Oliver 1997, S. 28) und bezieht sich hier auf die Gesamtheit aller Transaktionen, die ein Kunde zu einem bestimmten Zeitpunkt bereits mit einem Anbieter hatte (Bitner und Hubbert 1994). Das Beziehungscommitment bezeichnet „[…] an enduring desire to maintain a valued relationship" (Moorman, Zaltman und Deshpandé 1992, S. 316). Die Bindungsabsicht eines Kunden bezeichnet die Absicht eines Kunden bei einem bestimmten Anbieter wieder zu kaufen (Evanschitzky und Wunderlich 2006).

Um die Wichtigkeit der Determinanten des Wiederkaufverhaltens für Beziehungseinstellungen zu untersuchen, wird ein Strukturmodell entwickelt, in welchem alle 12 primären Determinanten und alle Verknüpfungen zwischen den primären Determinanten mit den Beziehungseinstellungen Kundenzufriedenheit, Beziehungscommitment und Bindungsabsicht verbunden werden. Es wird in der vorliegenden Arbeit ausschließlich der Zusammenhang zwischen primären Determinanten und Beziehungseinstellungen betrachtet, während sekundäre Determinanten außen vor gelassen werden. Ein Strukturmodell mit 506 erklärenden Variablen (336 sekundäre Attribut-Nutzen-Verknüpfungen, 120 sekundäre Nutzen-Wert-Verknüpfungen, 28 sekundäre Attribute, 12 sekundäre Nutzen, 10 sekundäre Werte) ist zu komplex für eine zuverlässige Modellschätzung. Auf der Ebene der primären Determinanten ist mit 39 erklärenden Variablen (18 primäre Attribut-Nutzen-Verknüpfungen, 9 primäre Nutzen-Wert-Verknüpfungen, 6 primäre Attribute, 3 primäre Nutzen, 3 primäre Werte) bereits ein sehr hohes Maß an Komplexität gegeben[18]. Der Vorteil eines Strukturmodells gegenüber anderen Ansätzen zur Datenanalyse ist, dass der Einfluss von Determinanten auf Beziehungseinstellungen und die wechselseitigen Beziehungen zwischen den Beziehungseinstellungen simultan geschätzt werden können.

Abb. 6 stellt das Strukturmodell zur Untersuchung der Wichtigkeit der Determinanten des Wiederkaufverhaltens für Beziehungseinstellungen dar. In dieser Arbeit wird dabei postuliert und entsprechend empirisch überprüft, dass die primären Dienstleistungsbeziehungsattribute, beziehungstreibender Nutzen und motivationale Werte nicht nur das Wiederkaufverhalten, sondern auch die Beziehungseinstellungen eines Kunden beeinflussen.

Ein Einfluss auf die Kundenzufriedenheit entsteht allgemein durch die Erfüllung bzw. Übertreffung der Erwartungen eines Kunden durch die erbrachte Leistung eines Anbieters (Bitner und Hubbert 1994; Olsen 2002). Während die Erwartungen eines Kunden durch erwünschte Nutzen und Werte bestimmt werden, stellen die Dienstleistungsattribute die Leistung eines Anbieters dar (Garbarino und Johnson 2001; Mittal, Ross und Baldasare 1998;

[18] Das Strukturmodell dieser Arbeit wird mit dem Partial Least Squares-Algorithmus berechnet. Ein Modell mit 506 erklärenden Variablen und einer Stichprobe von 618 Personen besitzt nicht genügend Freiheitsgrade für eine valide Schätzung mit diesem Algorithmus (Chin und Newsted 1999). Tests mit den beiden am weitesten verbreiteten Softwarepaketen PLS Graph 3.0 (Chin 2001) und SmartPLS 2.0 (Ringle, Wende und Will 2005) haben bestätigt, dass ein Modell mit allen 506 erklärenden Variablen des Bezugsrahmens dieser Arbeit nicht zu stabilen Ergebnissen führt.

Spreng und Olshavsky 1993). Orsingher und Marzocchi (2003) haben empirisch zeigen können, dass neben den Attributen einer Leistung auch Nutzen und Werte in einem Wirkzusammenhang mit Kundenzufriedenheit stehen.

Abb. 6: Strukturmodell zur Bestimmung der Wichtigkeit der Determinanten des Wiederkaufverhaltens für Beziehungseinstellungen

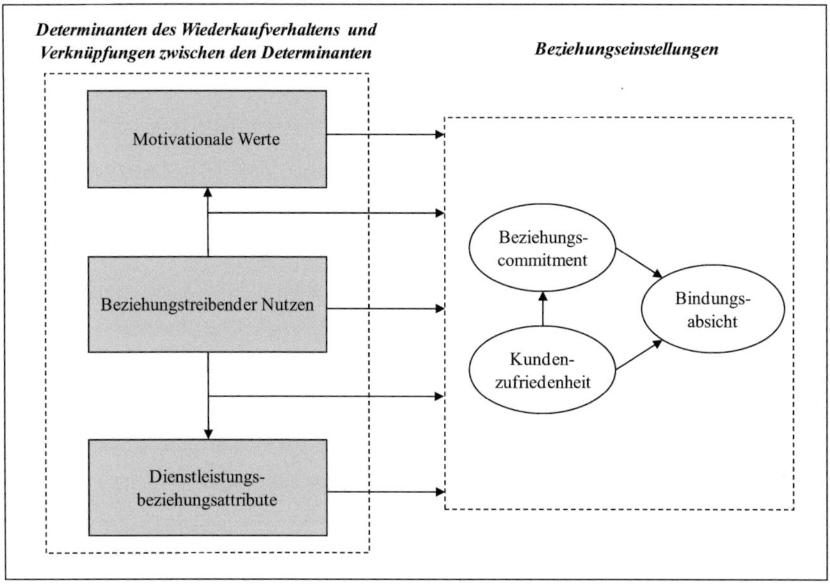

Quelle: Eigene Darstellung

Eine Reihe von Studien unterstützt den postulierten Einfluss von Attributen (Dean 2007; Fullerton 2005; Gruen, Summers und Acito 2000) und Nutzen (Hennig-Thurau, Gwinner und Gremler 2002; Sweeney und Webb 2007) auf Beziehungscommitment. Ebenso haben bestehende Studien einen Einfluss von Attributen (Cronin, Brady und Hult 2000; Zeithaml, Berry und Parasuraman 1996) und Nutzen (Hennig-Thurau, Gwinner und Gremler 2002; Reynolds und Beatty 1999a) auf die Bindungsabsicht eines Kunden feststellen können. Direkte Zusammenhänge zwischen Werten und Beziehungscommitment bzw. Bindungsabsicht wurden bisher noch nicht untersucht. Vereinzelte Studien haben allerdings gezeigt, dass die Persönlichkeitseigenschaften eines Kunden sein Beziehungscommitment und seine Bindungsabsicht beeinflussen (Bloemer, Odekerken-Schroeder und Kestens 2003; Vázquez-Carrasco und Foxall 2006). Da Werte kognitive Repräsentation der Persönlichkeit eines Kunden darstellen, ist zu vermuten, dass auch motivationale Werte einen Einfluss auf das Beziehungscommitment und die Bindungsabsicht eines Kunden haben (Rokeach 1973). Schließlich beinhaltet das Strukturmodell—dem Erkenntnisstand der Relationship Marketing-Forschung entsprechend—Pfade von Kundenzufriedenheit (Evanschitzky und Wunderlich 2006; Jones, Mothersbaugh und Beatty 2000) und Beziehungscommitment (Fullerton 2003; Pritchard, Havitz und Howard 1999) zu Bindungsabsicht und von Kundenzufriedenheit zu Beziehungscommitment (Garbarino und Johnson 1999).

2. Operationalisierung der Konstrukte und Vorgehensweise bei der Modellschätzung mit Partial Least Squares

Die primären Determinanten werden alle als formative Konstrukte mit den entsprechenden sekundären Determinanten als Indikatoren modelliert. Beispielsweise wird die primäre Determinante der Dienstleistungserbringung mit den sekundären Determinanten Authentizität, Empathie, Expertise, Fairness, Motivation, Schnelligkeit und Unaufdringlichkeit als Indikatoren operationalisiert. Ein formatives (statt reflektives) Messmodell ist hier angemessen, weil (a) die primären Determinanten durch die ihnen zugehörigen sekundären Determinanten kausal bestimmt und definiert werden, (b) jede sekundäre Determinante wesentlicher Bestandteil der jeweiligen primären Determinante ist und die sekundären Determinanten somit weder austauschbar noch verzichtbar sind und (c) nicht notwendigerweise wechselseitige Zusammenhänge zwischen den sekundären Determinanten einer primären Determinante bestehen (Jarvis, MacKenzie und Podsakoff 2003).

Die Attribut-Nutzen- und Nutzen-Wert-Verknüpfungen werden als dichotome Variablen operationalisiert, d.h. die Verknüpfung des für einen Befragten wichtigsten beziehungstreibenden Nutzens mit dem für ihn wichtigsten Dienstleistungsbeziehungsattribut bzw. motivationalen Wert wurde mit „1“ kodiert, und alle anderen Verknüpfungen wurden für diesen Befragten mit „0“ kodiert. Die Beziehungseinstellungen wurden alle mittels etablierter reflektiver Multi-Item-Skalen gemessen und die Antworten der Befragten wurden auf einer fünfstufigen Likert-Skala von „5“ = „*Trifft voll und ganz zu*“ bis „1“ = „*Trifft überhaupt nicht zu*“ erfasst. Die Kundenzufriedenheit wurde mit zwei Items von Bitner und Hubbert (1994) gemessen, Beziehungscommitment wurde mit einem Item von Morgan und Hunt (1994) und einem Item von Allen und Meyer (1990) operationalisiert, und zur Messung der Bindungsabsicht wurden vier Items von Zeithaml, Berry und Parasuraman (1996) für den Kontext dieser Arbeit angepasst. Tab. 17 gibt einen Überblick über die verwendeten Skalen und deren durchschnittliche erfasste Varianz (DEV) und Faktorreliabilität (FR).

Tab. 17: Verwendete Items zur Messung der Beziehungseinstellungen

Kundenzufriedenheit (DEV = 0,855; FR = 0,922)	
Im Allgemeinen bin ich sehr zufrieden mit [Anbieter].	Bitner und Hubbert (1994)
Aufgrund der Erfahrungen, die ich insgesamt mit [Anbieter] gemacht habe, bin ich sehr zufrieden mit [Anbieter].	Bitner und Hubbert (1994)
Beziehungscommitment (DEV = 0,809; FR = 0,894)	
Die Beziehung zu [Anbieter] liegt mir am Herzen.	Morgan und Hunt (1994)
Ich fühle mich [Anbieter] gefühlsmäßig verbunden.	Allen und Meyer (1990)
Bindungsabsicht (DEV = 0,543; FR = 0,823)	
Ich habe vor, [Anbieter] auch in Zukunft zu nutzen.	Zeithaml, Berry und Parasuraman (1996)
[Anbieter] ist meine erste Wahl, wenn es um [Dienstleistung] geht.	Zeithaml, Berry und Parasuraman (1996)
Ich empfehle [Anbieter] weiter, wenn mich jemand um Rat fragt.	Zeithaml, Berry und Parasuraman (1996)
Ich berichte anderen Leuten Positives über [Anbieter].	Zeithaml, Berry und Parasuraman (1996)

Anmerkung: DEV = Durchschnittliche erfasste Varianz; FR = Faktorreliabilität.
Quelle: Eigene Darstellung

Zur Schätzung des Strukturmodells in Abb. 6 kommt aufgrund des explorativen Forschungsinteresses und der großen Anzahl an Attribut-Nutzen- und Nutzen-Wert-Verknüpfungen in dieser Arbeit die Methode der Partial Least Squares (PLS) zum Einsatz. Laut Jöreskog und Wold (1982, S. 270; vgl. auch Chin und Newsted 1999) ist die PLS-Methode „[…] primarily intended for causal-predictive analysis in situations of high complexity but low theoretical information." Zudem erlaubt PLS den Einsatz nominaler Daten und formativer Konstrukte, wie sie hier verwendet werden (Fornell und Bookstein 1982). Alle Berechnungen wurden mit PLS Graph 3.0 durchgeführt (Chin 2001); *t*-Werte wurden jeweils durch Bootstrapping mit 200 Stichproben generiert. Das Strukturmodell wurde aufgrund der großen Anzahl primärer Determinanten und Verknüpfungen zwischen den Determinanten und möglichen wechselseitigen Korrelationen zwischen diesen Variablen mit einer schrittweisen Prozedur geschätzt (Bagozzi, Bergami und Leone 2003). Hui (1982) und Hackl (2003) stellen fest, dass das Ziel einer schrittweisen Modellierung mit PLS vergleichbar mit einer multiplen schrittweisen Regressionsanalyse ist (vgl. z.B. McIntyre et al. 1983). Es geht demnach um die Entwicklung eines Modells, dass (a) einfach („parsimonious") ist und (b) möglichst viele signifikante erklärende Variablen beinhaltet. Wie Hartline, Maxham und McKee (2000; vgl. auch Anderson und Gerbing 1988; Hartline und Ferrell 1996) festhalten, ist eine schrittweise Vorgehensweise insbesondere bei einem explorativen Forschungsdesign angemessen. Für die vorliegende Arbeit ist ein solches Forschungsdesign gegeben, da es um die Betrachtung der Beziehungen zwischen Konzepten im Entdeckungszusammenhang der Entwicklung einer Theorie geht und nicht um die Überprüfung von Hypothesen im Begründungszusammenhang. Strategien der schrittweisen Modellierung mit PLS wurden beispielsweise von Hui (1982), Schenk (2001) und Amato (2003) entwickelt.

In Anlehnung an Bagozzi, Bergami und Leone (2003) wird in dieser Arbeit eine blockweise Vorgehensweise gewählt. Bei einer blockweisen Vorgehensweise werden zunächst auf Basis theoretischer Überlegungen Variablen in einer Reihe von inhaltlichen Blöcken gruppiert. Innerhalb jedes Blocks werden dann diejenigen Variablen ausgewählt, die einen signifikanten Einfluss auf die zu erklärende Variable haben, um dann in einem letzten Schritt alle Blöcke in einem Gesamtmodell zusammenzufassen und erneut erklärende Variablen mit einem signifikanten Einfluss auf die zu erklärende Variable auszuwählen (Mills, Olejnik und Marcoulides 2005). Die Determinanten des Wiederkaufverhaltens lassen sich mit Hilfe der Means-End-Theorie in fünf inhaltliche Blöcke und somit fünf im Gesamtmodell enthaltene Submodelle einteilen: (1) Ein Modell ausschließlich mit Dienstleistungsbeziehungsattributen als erklärenden Variablen, (2) ein Modell ausschließlich mit beziehungstreibenden Nutzen als erklärenden Variablen, (3) ein Modell ausschließlich mit motivationalen Werten als erklärenden Variablen, (4) ein Modell ausschließlich mit Attribut-Nutzen-Verknüpfungen als erklärenden Variablen und (5) ein Modell ausschließlich mit Nutzen-Wert-Verknüpfungen als erklärenden Variablen. Bei jedem dieser fünf Submodelle enthielt das Ursprungsmodell Pfade zwischen allen erklärenden Variablen des jeweiligen Submodells und Kundenzufriedenheit, Beziehungscommitment und Bindungsabsichten. Die Pfadkoeffizienten dieses Ursprungsmodells wurden geschätzt und jeweils der Pfad mit dem niedrigsten, nicht-signifikanten Pfadkoeffizienten aus dem Modell entfernt. Diese Vorgehensweise wurde so lange wiederholt, bis das jeweilige Submodell ausschließlich signifikante Pfadkoeffizienten enthielt. Bis jeweils ein finales Submodell vorlag, wurden neun Iterationen beim Attribut-Modell, vier Iterationen beim Nutzen-Modell, fünf Iterationen beim Werte-Modell, 35 Iterationen beim Modell der Attribut-Nutzen-Verknüpfungen und 19 Iterationen beim Modell der Nutzen-Wert-Verknüpfungen gerechnet. Die finalen fünf Submodelle wurden dann in ein Gesamtmodell integriert, und dieselbe Prozedur wurde auf das Gesamtmodell angewandt. Hier wurden 24 Iterationen gerechnet bis das finale Gesamtmodell erreicht war. Um Verzerrungen bei den Ergebnissen zu vermeiden, wurden nur die Verknüpfungen aufgenommen, die von mindestens 1 % der Befragten genannt wurden (Gujarati 2004).

3. Beurteilung der Messung und Ergebnisse der Modellschätzung

Zunächst wird die Messung der drei reflektiv operationalisierten Beziehungseinstellungen betrachtet. Die Cronbachs Alpha-Werte zeigen, dass für alle drei Beziehungseinstellungen Skalenreliabilität gegeben ist ($\alpha_{Kundenzufriedenheit} = 0{,}83$; $\alpha_{Beziehungscommitment} = 0{,}77$; $\alpha_{Bindungsabsicht} = 0{,}71$). Konvergenzvalidität kann ebenfalls konstatiert werden, da die durchschnittliche erfasste Varianz (DEV) für alle drei Beziehungseinstellungen größer als 0,50 ist ($DEV_{Kundenzufriedenheit} = 0{,}855$; $DEV_{Beziehungscommitment} = 0{,}809$; $DEV_{Bindungsabsicht} = 0{,}543$). Ebenso kann festgehalten werden, dass Faktorreliabilität (FR) gegeben ist, da alle Werte größer als 0,80 sind ($FR_{Kundenzufriedenheit} = 0{,}922$; $FR_{Beziehungscommitment} = 0{,}894$; $FR_{Bindungsabsicht} = 0{,}823$) und die Faktorladungen aller Items zwischen 0,56 und 0,93 liegen. Da die quadrierten Korrelationen aller Konstruktpaarungen kleiner als die DEV der jeweiligen Konstrukte sind, gilt, dass auch Diskriminanzvalidität gegeben ist (Fornell und Larcker 1981). Mit Blick auf die Messung der formativ operationalisierten Konstrukte—d.h. der primären Dienstleistungsbeziehungsattribute, beziehungstreibendem Nutzen und motivationaler Werte—kann nach Berechnung des Variance Inflation Factor (VIF) und der Condition Indices (CI) festgehalten werden, dass keine Multikollinearität zwischen den Indikatoren vorliegt (Diamantopoulos und Winklhofer 2001). Sowohl der höchste VIF-Wert (1,854) als auch der höchste CI-Wert (20,890) liegen deutlich unter den in der Literatur genannten Höchstwerten (10 für VIF; Kleinbaum, Kupper und Muller 1988; 30 für CI; Belsley, Kuh und Welsh 1980). In der Literatur wird empfohlen, dass die Mindesthöhe der Indikatorgewichte in einem formativen Messmodell 0,1 betragen sollte (Lohmöller 1989). Dieser Wert wird von sieben der 41 formativen Indikatoren im Modell unterschritten (Einmaligkeit = -0,01; zusätzliche Serviceleistungen = 0,05; zeitliche Verfügbarkeit = 0,03; Unaufdringlichkeit = 0,05; Schnelligkeit = 0,06; Autonomie = -0,05; Leistung = 0,04). Aufgrund des Ziels dieser Arbeit, eine ganzheitliche Bewertung der Wichtigkeit von Determinanten des Wiederkaufverhaltens vorzunehmen und der sorgfältigen Identifikation und Klassifikation der Determinanten im Hauptkapitel D, sollen dennoch alle Indikatoren im Modell enthalten bleiben. Negative Auswirkungen sind hieraus nicht zu erwarten, da wie aufgezeigt, keine starke Indikatorkollinearität vorliegt.

Das finale Gesamtmodell erklärt 20,2 % der Varianz in Kundenzufriedenheit, 45,4 % der Varianz in Beziehungscommitment und 45,1 % der Varianz in Bindungsabsicht. Um die Schätzrelevanz (Q^2) der drei zu erklärenden Variablen Bindungsabsicht, Beziehungscommitment und Kundenzufriedenheit einzuschätzen, wurden kreuzvalidierte Redundanzmaße mittels einer Blindfolding-Prozedur berechnet (Fornell und Bookstein 1982). Die Q^2–Werte für die Bindungsabsicht (0,18) und das Beziehungscommitment (0,27) sind größer als 0,0, was anzeigt, dass das Modell für diese beiden Konstrukte eine befriedigende Schätzrelevanz hat (Geisser 1974; Stone 1974). Für die Kundenzufriedenheit kann hingegen keine befriedigende Schätzrelevanz konstatiert werden (Q^2 = -0,07). Dieses Ergebnis könnte darauf hindeuten, dass die Determinanten des Wiederkaufverhaltens eine größere Relevanz für Beziehungseinstellungen haben, die eine zukunfts- (wie Beziehungscommitment und Bindungsabsicht) statt vergangenheitsorientierte Perspektive (wie Kundenzufriedenheit) aufweisen (Gustafsson, Johnson und Roos 2005). Zudem stehen die Bindungsabsicht und das Beziehungscommitment dem Wiederkaufverhalten eines Kunden konzeptuell deutlich näher als die Kundenzufriedenheit, sodass nachvollziehbar ist, dass die Determinanten des Wiederkaufverhaltens eher relevant sind für die Schätzung von Beziehungscommitment und Bindungsabsicht als von Kundenzufriedenheit (Evanschitzky und Wunderlich 2006; Oliver 1999).

Um die Effektstärke (f^2) der Determinanten des Wiederkaufverhaltens einzuschätzen, wurde berechnet, (i) welchen Effekt die Determinanten des Wiederkaufverhaltens auf das Beziehungscommitment über die Kundenzufriedenheit hinaus haben, und (ii) welchen Effekt die Determinanten auf die Bindungsabsicht über das Beziehungscommitment und die Kundenzufriedenheit hinaus haben (Sawyer und Ball 1981). Hierzu wurden die R^2–Werte des Gesamtmodells mit zwei Basismodellen verglichen: Das Basismodell für das Beziehungscommitment enthielt ausschließlich die Kundenzufriedenheit als Prädiktor von Beziehungscommitment, das Basismodell für die Bindungsabsicht enthielt ausschließlich die Kundenzufriedenheit und das Beziehungscommitment als Prädiktoren der Bindungsabsicht. Es zeigt sich ein starker Effekt der Determinanten des Wiederkaufverhaltens auf das Beziehungscommitment (f^2 = 0,65) über die Kundenzufriedenheit hinaus und ein kleiner Effekt der Determinanten des Wiederkaufverhaltens auf die Bindungsabsicht (f^2 = 0,07) über die Kundenzufriedenheit und das Beziehungscommitment hinaus (Cohen 1988).

Tab. 18 gibt einen Überblick über die signifikanten Pfadkoeffizienten des finalen PLS-Modells.

Tab. 18: Pfadkoeffizienten des finalen PLS-Modells

Pfad	Pfadkoeffizient	*t*-Wert	Gesamteinfluss
Dienstleistungsprodukt → Kundenzufriedenheit	0,219	4,480	0,219
Dienstleistungserbringung → Kundenzufriedenheit	0,182	3,854	0,182
Dienstleistungsstandort → Kundenzufriedenheit	-0,078	2,635	-0,078
Psychologischer Nutzen → Kundenzufriedenheit	0,117	2,250	0,117
Beziehungseigenschaften → Beziehungscommitment	0,282	7,241	0,282
Psychologischer Nutzen → Beziehungscommitment	0,166	4,201	0,182
Sozialer Nutzen → Beziehungscommitment	0,254	6,101	0,254
Gemischte Werte → Beziehungscommitment	0,073	2,251	0,073
Kundenzufriedenheit → Beziehungscommitment	0,138	4,911	0,138
Dienstleistungsprodukt → Bindungsabsicht	0,132	3,418	0,240
Dienstleistungsumgebung → Bindungsabsicht	0,087	2,748	0,087
Individuelle Werte → Bindungsabsicht	0,106	3,226	0,106
Beziehungseigenschaften-psychologischer Nutzen → Bindungsabsicht	0,052	2,083	0,052
Kundenzufriedenheit → Bindungsabsicht	0,471	11,477	0,493
Beziehungscommitment → Bindungsabsicht	0,157	5,007	0,157

Anmerkung: Alle Pfadkoeffizienten sind signifikant mit $p < 0,05$ (zweiseitig).
Quelle: Eigene Darstellung

Die Ergebnisse zeigen, dass das Dienstleistungsprodukt noch vor der Dienstleistungserbringung und dem psychologischen Nutzen den stärksten Einfluss auf Kundenzufriedenheit hat. Während diese drei Konzepte Kundenzufriedenheit positiv beeinflussen, hat der Dienstleistungsstandort einen negativen Einfluss auf Kundenzufriedenheit, d.h. je wichtiger der Standort eines Dienstleistungsanbieters für den Wiederkauf eines Kunden ist, desto geringer ist die Kundenzufriedenheit. Das Beziehungscommitment wird positiv von Beziehungseigenschaften, sozialem Nutzen, psychologischem Nutzen und gemischten Werten beeinflusst. Es zeigt sich außerdem, dass obwohl Kundenzufriedenheit und Beziehungscommitment den stärksten Einfluss auf Bindungsabsicht haben auch die beiden Dienstleistungsbeziehungsattribute Dienstleistungsprodukt und Dienstleistungsumgebung einen direkten Einfluss auf die Bindungsabsicht eines Kunden ausüben. Individuelle Werte und die Verknüpfung zwischen Beziehungseigenschaften und psychologischem Nutzen haben ebenfalls einen direkten positiven Effekt auf die Bindungsabsicht.

4. Einfluss von Moderatoren

a) Anbieterbezogen

In diesem Abschnitt wird zunächst der moderierende Einfluss der Dienstleistungstypen nach Bowen auf den Zusammenhang zwischen den Determinanten des Wiederkaufverhaltens und Beziehungseinstellungen untersucht. Zur Modellierung des Interaktionseffektes wurden die standardisierten Konstruktwerte für die interessierende Prädiktorvariable und die Moderatorvariable anhand von PLS auf Fallebene berechnet. Die standardisierten Konstruktwerte wurden dann paarweise multipliziert und dem Interaktionskonstrukt als Indikator zugeordnet (Chin, Marcolin und Newsted 2003; Eggert, Fassott und Helm 2005)[19]. Die Variable Dienstleistungstypus wurde in drei Dummy-Variablen zerlegt, die jeweils mit „1“ und „0“ kodiert wurden (Bowen-Typ I = 1 vs. II+III = 0; Bowen-Typ II = 1 vs. I+III = 0; Bowen-Typ III = 1 vs. I+II = 0). Dann wurden Moderatortests durchgeführt, indem das finale Gesamtmodell jeweils durch eine Dummy-Variable und das entsprechende Interaktionskonstrukt ergänzt wurde. Um beispielsweise zu untersuchen, ob Bowen-Typ I einen moderierenden Einfluss auf den Zusammenhang zwischen Dienstleistungsprodukt und Kundenzufriedenheit hat, wurden dem finalen Gesamtmodell die Dummy-Variable Bowen-Typ I vs. II+III und das Interaktionskonstrukt aus den Variablen Bowen-Typ I vs. II+III und Dienstleistungsprodukt hinzugefügt, die jeweils mit Kundenzufriedenheit verknüpft wurden. Eine Moderatorwirkung kann

[19] Standardisierte Konstruktwerte wurden hier verwendet, weil die Moderatoren und die Prädiktorvariablen zum Teil unterschiedliche Skalenniveaus aufweisen, was die Interpretation der Ergebnisse erschwert hätte. Die Grenzwerte für Multikollinearität zwischen Prädiktor, Moderator und Interaktionskonstrukt wurden bei allen Moderatorentests deutlich unterschritten (< 10 für VIF; Kleinbaum, Kupper und Muller 1988; < 30 für CI; Belsley, Kuh und Welsh 1980), sodass hier mit der Verwendung standardisierter Konstruktwerte eine Reduktion von Multikollinerität weder beabsichtigt noch nötig gewesen wäre (Echambady und Hess 2007).

allgemein angenommen werden, wenn der Pfadkoeffizient zwischen dem Interaktionskonstrukt und der abhängigen Variable signifikant ist (Baron und Kenny 1986). In diesem konkreten Fall konnte ein signifikanter Pfadkoeffizient (*t*-Wert = 3,782; p < 0,05, zweiseitig) von -0,188 festgestellt werden. Tab. 19 gibt einen Überblick über die gesamten Ergebnisse.

Tab. 19: Moderierende Wirkung des Dienstleistungstypus

Wirkung der Interaktion von	auf	Pfadkoeffizient	*t*-Wert
Dienstleistungsprodukt X Bowen-Typ I vs. II + III	Kundenzufriedenheit	**-0,118**	**3,782**
Dienstleistungsprodukt X Bowen-Typ II vs. I + III	Kundenzufriedenheit	0,087	1,902
Dienstleistungsprodukt X Bowen-Typ III vs. I + II	Kundenzufriedenheit	0,021	0,628
Dienstleistungserbringung X Bowen-Typ I vs. II + III	Kundenzufriedenheit	-0,048	1,688
Dienstleistungserbringung X Bowen-Typ II vs. I + III	Kundenzufriedenheit	0,074	1,702
Dienstleistungserbringung X Bowen-Typ III vs. I + II	Kundenzufriedenheit	-0,028	0,833
Dienstleistungsstandort X Bowen-Typ I vs. II + III	Kundenzufriedenheit	**-0,062**	**2,173**
Dienstleistungsstandort X Bowen-Typ II vs. I + III	Kundenzufriedenheit	-0,034	1,203
Dienstleistungsstandort X Bowen-Typ III vs. I + II	Kundenzufriedenheit	**0,099**	**2,678**
Psychologischer Nutzen X Bowen-Typ I vs. II + III	Kundenzufriedenheit	-0,027	1,125
Psychologischer Nutzen X Bowen-Typ II vs. I + III	Kundenzufriedenheit	**0,089**	**2,126**
Psychologischer Nutzen X Bowen-Typ III vs. I + II	Kundenzufriedenheit	-0,063	1,560
Beziehungseigenschaften X Bowen-Typ I vs. II + III	Beziehungscommitment	0,028	1,285
Beziehungseigenschaften X Bowen-Typ II vs. I + III	Beziehungscommitment	-0,046	1,729
Beziehungseigenschaften X Bowen-Typ III vs. I + II	Beziehungscommitment	0,022	1,140
Psychologischer Nutzen X Bowen-Typ I vs. II + III	Beziehungscommitment	-0,049	1,750
Psychologischer Nutzen X Bowen-Typ II vs. I + III	Beziehungscommitment	-0,005	0,294
Psychologischer Nutzen X Bowen-Typ III vs. I + II	Beziehungscommitment	0,047	1,745

Wirkung der Interaktion von	**auf**	**Pfadko-effizient**	***t*-Wert**
Sozialer Nutzen X Bowen-Typ I vs. II + III	Beziehungscommitment	-0,036	1,390
Sozialer Nutzen X Bowen-Typ II vs. I + III	Beziehungscommitment	-0,010	0,547
Sozialer Nutzen X Bowen-Typ III vs. I + II	Beziehungscommitment	0,042	1,559
Gemischte Werte X Bowen-Typ I vs. II + III	Beziehungscommitment	-0,053	1,860
Gemischte Werte X Bowen-Typ II vs. I + III	Beziehungscommitment	0,034	1,385
Gemischte Werte X Bowen-Typ III vs. I + II	Beziehungscommitment	0,020	0,902
Dienstleistungsprodukt X Bowen-Typ I vs. II + III	Bindungsabsicht	-0,048	1,700
Dienstleistungsprodukt X Bowen-Typ II vs. I + III	Bindungsabsicht	0,021	1,046
Dienstleistungsprodukt X Bowen-Typ III vs. I + II	Bindungsabsicht	-0,011	0,526
Dienstleistungsumgebung X Bowen-Typ I vs. II + III	Bindungsabsicht	-0,025	1,052
Dienstleistungsumgebung X Bowen-Typ II vs. I + III	Bindungsabsicht	0,041	1,547
Dienstleistungsumgebung X Bowen-Typ III vs. I + II	Bindungsabsicht	-0,016	0,845
Individuelle Werte X Bowen-Typ I vs. Typ II + III	Bindungsabsicht	0,010	0,573
Individuelle Werte X Bowen-Typ II vs. I + III	Bindungsabsicht	-0,040	1,364
Individuelle Werte X Bowen-Typ III vs. I + II	Bindungsabsicht	0,025	0,986
Beziehungseigenschaften-psychologischer Nutzen X Bowen-Typ I vs. II + III	Bindungsabsicht	0,022	0,848
Beziehungseigenschaften-psychologischer Nutzen X Bowen-Typ II vs. I + III	Bindungsabsicht	-0,047	1,945
Beziehungseigenschaften-psychologischer Nutzen X Bowen-Typ III vs. I + II	Bindungsabsicht	0,037	1,333

Anmerkung: Signifikante Pfadkoeffizienten sind in fett gedruckt ($p < 0,05$; zweiseitig).
Quelle: Eigene Darstellung

Bei der Untersuchung des moderierenden Einflusses des Dienstleistungstypus zeigt sich, dass dieser nur einen geringfügigen Einfluss auf den Zusammenhang zwischen den Determinanten des Wiederkaufverhaltens und Beziehungseinstellungen hat. Als einzige zu erklärende Variable ist die Kundenzufriedenheit betroffen. Für Dienstleistungen vom Bowen-Typ I ist der Einfluss des Dienstleistungsprodukts und des Dienstleistungsstandorts auf die Kundenzufriedenheit signifikant schwächer als bei anderen Dienstleistungstypen. Bei Dienstleistungen vom Bowen-Typ III verstärkt sich hingegen der Einfluss des Dienstleistungsstandorts auf die Kundenzufriedenheit. Psychologischer Nutzen hat eine stärkere Wirkung auf die Kundenzufriedenheit bei Dienstleistungen vom Bowen-Typ II als bei anderen Dienstleistungen. Die Wirkung der Determinanten auf das Beziehungscommitment und die Bindungsabsicht der Kunden werden durch den Dienstleistungstypus nicht berührt.

b) Kundenbezogen und beziehungsbezogen

In diesem Abschnitt werden die moderierenden Einflüsse der drei Variablen Beziehungsneigung, Involvement und Beziehungsdauer auf die Wichtigkeit der Determinanten des Wiederkaufverhaltens für Beziehungseinstellungen untersucht. Hier wurden Moderatortests durchgeführt, indem jeweils eine der drei Variablen Beziehungsneigung, Involvement oder Beziehungsdauer und das entsprechende Interaktionskonstrukt in das finale Gesamtmodell aufgenommen wurden. Ging es beispielsweise darum zu testen, ob die Beziehungsneigung einen moderierenden Einfluss auf den Zusammenhang zwischen Dienstleistungsprodukt und Kundenzufriedenheit hat, dann wurde das finale Gesamtmodell um die Variable Beziehungsneigung und das Interaktionskonstrukt aus den Variablen Beziehungsneigung und Dienstleistungsprodukt ergänzt, die jeweils mit Kundenzufriedenheit verbunden wurden. Der Pfadkoeffizient zwischen dem Interaktionskonstrukt und Kundenzufriedenheit betrug in diesem Fall -0,117 und war signifikant (*t*-Wert = 2,500; $p < 0,05$, zweiseitig), sodass von einem moderierenden Einfluss der Beziehungsneigung ausgegangen werden kann. Tab. 20 gibt einen Überblick über die gesamten Ergebnisse.

Tab. 20: Moderierende Wirkung von Beziehungsneigung, Involvement und Beziehungsdauer

Wirkung der Interaktion von	auf	Pfadkoeffizient	*t*-Wert
Dienstleistungsprodukt X Beziehungsneigung	Kundenzufriedenheit	**-0,117**	**2,500**
Dienstleistungsprodukt X Involvement	Kundenzufriedenheit	-0,035	1,134
Dienstleistungsprodukt X Beziehungsdauer	Kundenzufriedenheit	0,027	0,798
Dienstleistungserbringung X Beziehungsneigung	Kundenzufriedenheit	-0,026	0,769

Wirkung der Interaktion von	**auf**	**Pfadkoeffizient**	***t*-Wert**
Dienstleistungserbringung X Involvement	Kundenzufriedenheit	-0,025	0,827
Dienstleistungserbringung X Beziehungsdauer	Kundenzufriedenheit	0,025	0,763
Dienstleistungsstandort X Beziehungsneigung	Kundenzufriedenheit	0,011	0,448
Dienstleistungsstandort X Involvement	Kundenzufriedenheit	-0,007	0,349
Dienstleistungsstandort X Beziehungsdauer	Kundenzufriedenheit	-0,022	0,848
Psychologischer Nutzen X Beziehungsneigung	Kundenzufriedenheit	-0,066	1,531
Psychologischer Nutzen X Involvement	Kundenzufriedenheit	-0,009	0,330
Psychologischer Nutzen X Beziehungsdauer	Kundenzufriedenheit	0,051	1,230
Beziehungseigenschaften X Beziehungsneigung	Beziehungscommitment	**0,052**	**2,055**
Beziehungseigenschaften X Involvement	Beziehungscommitment	0,009	0,472
Beziehungseigenschaften X Beziehungsdauer	Beziehungscommitment	-0,012	0,579
Psychologischer Nutzen X Beziehungsneigung	Beziehungscommitment	0,041	1,696
Psychologischer Nutzen X Involvement	Beziehungscommitment	0,048	1,660
Psychologischer Nutzen X Beziehungsdauer	Beziehungscommitment	0,021	0,795
Sozialer Nutzen X Beziehungsneigung	Beziehungscommitment	0,029	1,209
Sozialer Nutzen X Involvement	Beziehungscommitment	**0,058**	**2,056**
Sozialer Nutzen X Beziehungsdauer	Beziehungscommitment	0,033	1,259
Gemischte Werte X Beziehungsneigung	Beziehungscommitment	0,009	0,442
Gemischte Werte X Involvement	Beziehungscommitment	**0,070**	**2,304**
Gemischte Werte X Beziehungsdauer	Beziehungscommitment	-0,022	0,854
Dienstleistungsprodukt X Beziehungsneigung	Bindungsabsicht	-0,056	1,824
Dienstleistungsprodukt X Involvement	Bindungsabsicht	-0,070	1,798
Dienstleistungsprodukt X Beziehungsdauer	Bindungsabsicht	-0,033	1,174
Dienstleistungsumgebung X Beziehungsneigung	Bindungsabsicht	-0,058	1,807
Dienstleistungsumgebung X Involvement	Bindungsabsicht	0,019	0,794
Dienstleistungsumgebung X Beziehungsdauer	Bindungsabsicht	0,026	0,993
Individuelle Werte X Beziehungsneigung	Bindungsabsicht	**-0,109**	**3,186**
Individuelle Werte X Involvement	Bindungsabsicht	-0,031	1,259
Individuelle Werte X Beziehungsdauer	Bindungsabsicht	-0,014	0,574
Beziehungseigenschaften-psychologischer Nutzen X Beziehungsneigung	Bindungsabsicht	-0,002	0,110

Wirkung der Interaktion von	**auf**	**Pfadko-effizient**	***t*-Wert**
Beziehungseigenschaften-psychologischer Nutzen X Involvement	Bindungsabsicht	0,019	0,890
Beziehungseigenschaften-psychologischer Nutzen X Beziehungsdauer	Bindungsabsicht	0,023	0,772

Anmerkung: Signifikante Pfadkoeffizienten sind in fett gedruckt ($p < 0{,}05$; zweiseitig).
Quelle: Eigene Darstellung

Es zeigt sich, dass die Beziehungsneigung sowohl den Zusammenhang zwischen dem Dienstleistungsprodukt und der Kundenzufriedenheit als auch zwischen individuellen Werten und der Bindungsabsicht negativ moderiert. Eine positive Wirkung hat die Beziehungsneigung auf den Zusammenhang zwischen Beziehungseigenschaften und Beziehungscommitment. Ein hohes Involvement verstärkt die Wirkung vom sozialen Nutzen und gemischten Werten auf das Beziehungscommitment. Die Beziehungsdauer spielt als Moderator des Zusammenhangs zwischen den Determinanten des Wiederkaufverhaltens und den Beziehungseinstellungen eines Kunden keinerlei Rolle.

5. Diskussion der Ergebnisse und Implikationen

a) Wichtigkeit der Determinanten für Beziehungseinstellungen

Durch die explorative Untersuchung möglicher Wirkungen der Determinanten des Wiederkaufverhaltens auf Beziehungseinstellungen wurde der ursprüngliche Bezugsrahmen erweitert. Es zeigt sich, dass Determinanten des Wiederkaufverhaltens auch einen Einfluss auf die Beziehungseinstellungen der Kundenzufriedenheit, des Beziehungscommitments und der Bindungsabsicht ausüben. Angesichts der Bedeutung, die Beziehungseinstellungen als Bestandteil von Kundenloyalität allgemein zugeschrieben wird (Dick und Basu 1994), untermauern diese Ergebnisse zumindest zum Teil die verallgemeinerbare Relevanz der hier identifizierten Determinanten. Marketingwissenschaftlern werden zudem Wege für Erweiterungen der Theorie der Determinanten des Wiederkaufverhaltens bei Dienstleistungsunternehmen aufgezeigt, wie zum Beispiel die Entwicklung eines integrativen Bezugsrahmens, der sowohl Wiederkaufverhalten als auch Beziehungseinstellungen berücksichtigt. Dienstleistungsanbieter können aus den Ergebnissen dieser Arbeit ableiten, wie sie mit den Determinanten des Wiederkaufverhaltens auch die einstellungsbezogene Komponente der Kundenloyalität beeinflussen können. Um die Bindungsabsicht von Kunden zu steigern, sollten Dienstleistungsunternehmen vor allem auf das Dienstleistungsprodukt setzen, da dieses neben einem indirekten Effekt über Kundenzufriedenheit auch einen direkten Einfluss auf die Bindungsabsicht eines Kunden ausübt. Das Beziehungscommitment wird durch Beziehungseigenschaften, sozialen Nutzen und psychologischen Nutzen gefestigt, die alle einen stärkeren Einfluss auf Beziehungscommitment haben als die Kundenzufriedenheit.

Ein zentrales Ergebnis der PLS-Analyse ist, dass primäre Determinanten, die eine wichtige Rolle als Determinanten des Wiederkaufverhaltens spielen, eine ganz andere oder sogar gar keine Wirkung auf Beziehungseinstellungen haben. Dieses Ergebnis unterstreicht auf empirische Weise die Relevanz der hier vorgenommenen Begrenzung des Phänomenbereichs auf Wiederkaufverhalten als zentrale zu erklärende Variable. Es hat sich herausgestellt, dass funktionaler Nutzen als wichtigste Determinante des Wiederkaufverhaltens keinen Einfluss auf die drei Beziehungseinstellungen Kundenzufriedenheit, Beziehungscommitment und Bindungsabsicht ausübt. Dieses Ergebnis verweist darauf, dass Kunden, deren verhaltensbezogene Bindung zu einem Dienstleistungsanbieter hauptsächlich durch funktionalen Nutzen bestimmt wird, möglicherweise empfänglicher für Konkurrenzangebote sind als andere Kunden, da funktionale Nutzen nicht zu einer positiven Beziehungseinstellung gegenüber ihrem Dienstleistungsanbieter beitragen und somit keine stabile Kundenloyalität vorliegt. Ein ähnliches Ergebnis zeigt sich für den Dienstleistungsstandort, der ebenfalls eine wichtige Determinante des Wiederkaufverhaltens darstellt, aber keinen Effekt auf Beziehungscommitment und Bindungsabsicht hat und sogar einen negativen Einfluss auf die Kundenzufriedenheit ausübt. Ein Kunde, der vor allem aufgrund der günstigen Lage wiederholt bei einem Dienstleistungsanbieter kauft, wird daher aufgrund seiner mangelnden positiven Beziehungseinstellung ebenfalls empfänglicher für alternative Angebote sein. Die Relevanz dieser Ergebnisse wird dadurch unterstrichen, dass funktionaler Nutzen und der Dienstleistungsstandort relativ einfach durch Wettbewerber imitiert werden können. Andere Größen, wie das Dienstleistungsprodukt, Beziehungseigenschaften und psychologischer Nutzen, spielen sowohl für das Wiederkaufverhalten als auch für die Beziehungseinstellungen eines Kunden eine zentrale Rolle. Dienstleistungsunternehmen könnten daher verstärkt auf diese Determinanten setzen, um den Gesamteffekt ihres Kundenbindungsmanagements zu maximieren.

b) Moderatoren

Die Berücksichtigung von Moderatoren ermöglicht ein Verständnis davon, unter welchen Bedingungen der Zusammenhang zwischen Determinanten des Wiederkaufverhaltens und Beziehungseinstellungen mehr oder weniger stark ist. Die empirischen Ergebnisse dieser Arbeit sind theoretisch nachvollziehbar und leisten einen wichtigen Beitrag zur Relationship Marketing-Forschung. Unternehmen können die Moderatorenergebnisse dazu nutzen, um die Wirkung der Determinanten auf Beziehungseinstellungen genauer zu koordinieren.

Die PLS-Ergebnisse zeigen, dass der Dienstleistungstypus als *anbieterbezogener* Moderator den Zusammenhang zwischen den Determinanten des Wiederkaufverhaltens und Kundenzufriedenheit zum Teil beeinflusst. Für Dienstleistungsunternehmen vom Bowen-Typ I (z.B. Arzt, Friseur und Restaurant) lässt sich feststellen, dass das Dienstleistungsprodukt und der Dienstleistungsstandort eine deutlich geringe Rolle für die Kundenzufriedenheit spielen als bei den beiden anderen Dienstleistungstypen. Dies erscheint plausibel, da es bei Typ I-Dienstleistungen weniger um „harte", unpersönliche Attribute (wie Produkt und Standort) geht, sondern vielmehr um „weiche" Attribute wie die persönliche Interaktion zwischen Dienstleistungsmitarbeitern und Kunden (Driver und Johnston 2001). Für Dienstleistungen vom Bowen-Typ III (z.B. Fast-Food-Restaurant, Kino und Supermarkt), bei denen kaum eine Mitarbeiter-Kunden-Interaktion stattfindet, verdeutlichen die Ergebnisse hingegen, dass der Dienstleistungsstandort von größerer Bedeutung für die Kundenzufriedenheit ist als bei anderen Dienstleistungstypen. Dies deckt sich mit der Beobachtung, dass für viele Unternehmen dieses Bowen-Typs ein guter Standort oder eine hohe Anzahl an Filialen entscheidende Erfolgsfaktoren darstellen (Craig, Ghosh und McLafferty 1984).

Es wurde deutlich, dass der Zusammenhang zwischen den Determinanten des Wiederkaufverhaltens und Beziehungseinstellungen nur im geringen Ausmaß bzw. in ambivalenter Weise von den *kundenbezogenen* Moderatoren Beziehungsneigung und Involvement moderiert wird. Die Beziehungsneigung verstärkt zwar den Einfluss der Beziehungseigenschaften auf das Beziehungscommitment, reduziert jedoch gleichzeitig die Wirkung des Dienstleistungsproduktes auf die Kundenzufriedenheit und die Wirkung der individuellen Werte auf die Bindungsabsicht. Dieses Ergebnis lässt sich so interpretieren, dass bei Kunden, denen eine Beziehung zu Dienstleistungsanbietern grundsätzlich wichtig sind, insbesondere solche Attribute eine größere Wirkung auf Konzepte wie das Beziehungscommitment entfalten, die sich auf eine laufende Beziehung mit einem Anbieter beziehen, wohingegen der Einfluss produktbezogener Attribute auf Konzepte wie die Kundenzufriedenheit in den Hintergrund tritt. Ähnlich lässt sich der verstärkende Einfluss des Involvements auf den Zusammenhang zwischen sozialen Nutzen und gemischten Werten einerseits und Beziehungscommitment andererseits interpretieren; hier trägt die persönliche Bedeutung der betroffenen Dienstleistungskategorie für einen Kunden offenbar dazu bei, dass ein zufrieden stellender sozialer Austausch den Wunsch zur Weiterführung der Beziehung zu einem Anbieter verstärkt. Für Dienstleistungsunternehmen lässt sich hieraus die Empfehlung ableiten, Kunden mit einem hohen Involvement gegenüber Kunden mit einem niedrigen Involvement zu bevorzugen.

Bei der Beziehungsdauer als *beziehungsbezogenem* Moderator konnten schließlich keinerlei moderierende Effekte auf den Zusammenhang zwischen den Determinanten des Wiederkaufverhaltens und Beziehungseinstellungen identifiziert werden. Für Dienstleistungsunternehmen bedeutet dieses Ergebnis, dass sie beim Einsatz der Determinanten zur Steuerung der Beziehungseinstellungen zumindest keine Rücksicht auf die Dauer der bisherigen Beziehung zu einem Kunden nehmen müssen. Zukünftige Studien sollten jedoch untersuchen, ob sich dieses Ergebnis replizieren lässt und somit verallgemeinerbar ist.

V. Diskussion des Beitrags zu einer Theorie der Determinanten des Wiederkaufverhaltens bei Dienstleistungsunternehmen

1. Güte der Theorie

Aufgrund des fragmentarischen Forschungsstandes zu den Determinanten des Wiederkaufverhaltens waren eine valide Operationalisierung der Konzepte und die Untersuchung der relativen Wichtigkeit der Determinanten des Wiederkaufverhaltens und der Beziehungen zwischen den Determinanten bisher unmöglich (Gujarati 2004; MacKenzie 2003; Zeithaml 2000). Aufbauend auf dem im Hauptkapitel D entwickelten Bezugsrahmen wurden mit einer für Gesamtdeutschland repräsentativen Zufallsstichprobe die Wichtigkeit unterschiedlicher Determinanten des Wiederkaufverhaltens, die Stärke der Beziehungen zwischen den Determinanten und der moderierende Einfluss der vier Konzepte Dienstleistungstypus, Beziehungsneigung, Involvement und Beziehungsdauer auf diese Zusammenhänge quantifiziert. Zudem wurden als Teil der empirischen Theoriebildung in explorativer Weise mögliche Zusammenhänge zwischen den Determinanten des Wiederkaufverhaltens und den drei Beziehungseinstellungen Kundenzufriedenheit, Beziehungscommitment und Bindungsabsicht untersucht, wodurch Möglichkeiten zur Erweiterung des Bezugsrahmens ausgelotet wurden.

Die empirische Entwicklung der Theorie der Determinanten des Wiederkaufverhaltens trägt wesentlich zu ihrer Güte bei: Mit Blick auf das erste Kriterium (*systematisch zueinander in Beziehung stehende Aussagen*) konnte nun empirisch gezeigt werden, dass die Konzepte des Bezugsrahmens der Determinanten des Wiederkaufverhaltens und ihre Beziehungen zueinander in der postulierten Weise tatsächlich existieren. Darüber hinaus konnten empirische Hinweise dafür gefunden werden, dass die Determinanten des Wiederkaufverhaltens auch einen Einfluss auf die Beziehungseinstellungen der Kundenzufriedenheit, des Beziehungscommitments und der Bindungsabsicht von Kunden haben. Diese empirischen Ergebnisse können als Anregung verstanden werden, einen integrierten Bezugsrahmen der Determinanten des Wiederkaufverhaltens und der Beziehungseinstellungen von Kunden zu entwickeln, der aufzeigt, unter welchen Bedingungen welche Determinanten einen Einfluss auf das Wiederkaufverhalten und/oder die Beziehungseinstellungen haben, und in welchem Zusammenhang die Beziehungseinstellungen und das Wiederkaufverhalten zueinander stehen (Dick und Basu 1994; Oliver 1999).

Das zweite Kriterium der *gesetzmäßigen Verallgemeinerung* wird durch die empirische Entwicklung der Theorie ebenfalls über die konzeptuelle Entwicklung hinaus gestärkt. Die gesetzmäßigen Verallgemeinerungen dieser Arbeit beinhalten erstens, dass Kunden ihr Wissen über Determinanten in Form von Means-End-Ketten speichern und zweitens, dass Kunden diejenigen Dienstleistungen wiederholt kaufen, deren Attribute zur Befriedigung von Nutzen und Motiven beitragen. Ein wichtiges Kennzeichen einer gesetzmäßigen Verallgemeinerung ist, dass sie empirischen Inhalt hat, d.h. dass die postulierten Zusammenhänge tatsächlich bereits empirisch beobachtet werden konnten. Mit der empirischen Entwicklung einer Theorie der Determinanten des Wiederkaufverhaltens konnte ein wichtiger Schritt in diese Richtung vollzogen werden.

Einen besonders großen Beitrag leistet die empirische Entwicklung der Theorie zum dritten Kriterium (*empirische Überprüfbarkeit*) einer guten Theorie. Im Rahmen der empirischen Entwicklung der Theorie wurden die Konzepte der Theorie der Determinanten des Wiederkaufverhaltens durch Indikatoren operationalisiert und ihre Reliabilität und Validität überprüft. Es liegen somit nicht nur klare Definitionen der Konzepte des Bezugsrahmens vor, sondern auch entsprechende Instrumente zur empirischen Messung der Determinanten des Wiederkaufverhaltens und ihrer Zusammenhänge.

Die *Nützlichkeit* als viertem Kriterium einer guten Theorie wird ebenfalls erheblich durch die empirische Entwicklung einer Theorie der Determinanten des Wiederkaufverhaltens gestärkt. Zum Ersten wird die Nützlichkeit für die Marketingdisziplin (d.h. der Beitrag zur Erklärung des Phänomens Wiederkaufverhalten bei Dienstleistungsunternehmen) durch die zunehmende Erfüllung der ersten drei Kriterien weiter gesteigert. Mit Blick auf die angewandte Nützlichkeit gilt, dass Dienstleistungsmanager auf Basis der empirischen Ergebnisse dieser Arbeit nun erstmals eine effiziente und effektive Allokation von Kundenbindungsressourcen vornehmen können. Als allgemeine Erkenntnis kann hier festgehalten werden, dass das Dienstleistungsprodukt, die Dienstleistungserbringung, der funktionale und psychologische Nutzen sowie individuelle Werte die wichtigsten Determinanten des Wiederkaufverhaltens darstellen. Der Erfolg eines Kundenbindungsmanagements kann weiter gesteigert werden, wenn Dienstleistungsunternehmen die Spezifika ihres Dienstleistungstypus berücksichtigen und zwischen Kundensegmenten mit unterschiedlich ausgeprägter Beziehungsneigung, Involvement und Beziehungsdauer differenzieren. Beispielsweise können Dienstleistungsanbieter vom Bowen-Typ I (z.B. Arzt, Friseur und Restaurant) aus den Ergebnissen dieser Arbeit lernen, dass sie primär in die Schaffung eines psychologischen Nutzen für ihre Kunden investieren sollten, da dieser für die große Mehrheit ihrer Kunden den wichtigsten beziehungstreibenden Nutzen darstellt (57,6 % der Kunden). Den Ergebnissen zu Verknüpfungen zwischen Determinanten lässt sich entnehmen, dass ein Dienstleistungsanbieter des Bowen-Typs I hierzu in die Dienstleistungserbringung und insbesondere in die Expertise seiner Mitarbeiter investieren und persönliche Verbindungen zwischen seinen Mitarbeitern und Kunden zulassen und fördern sollte. Allein mit diesen beiden Maßnahmen kann der Anbieter bei mindestens 26,1 % der Kunden ein Gefühl der Willkommenheit und 42,6 % der Kunden Vertrauen (als den beiden wichtigsten psychologischen Nutzen) schaffen. Da ein psychologischer Nutzen von seinen Kunden vor allem mit dem Wert des Hedonismus verknüpft wird, könnte der Anbieter in seiner Kommunikationspolitik betonen, dass seine Angebote es Kunden ermöglichen, ihr Leben zu genießen. Um die Effizienz seiner Maßnahmen weiter zu steigern, sollte der Anbieter bevorzugt Kunden mit starker Beziehungsneigung ansprechen, da diese sowohl einen psychologischen Nutzen besonders schätzen als auch stärker auf die Dienstleistungserbringung reagieren. Ähnliche Konsequenzen lassen sich für Anbieter der Bowen-Typen II und III ableiten.

2. Limitationen und Ausblick auf eine Weiterentwicklung der Theorie

Obgleich mit dieser Arbeit ein wesentlicher Beitrag zur Entwicklung einer marketingeigenen Theorie der Determinanten des Wiederkaufverhaltens bei Dienstleistungsunternehmen geleistet wurde, kann der Prozess an dieser Stelle nicht als abgeschlossen gelten. Vielmehr gilt auch für diese Arbeit die Feststellung von Weick (1995, S. 386): „[...] theory is approximated more often than it is realized.“ Limitationen und Ideen für die Weiterentwicklung der Theorie lassen sich für jedes der vier Kriterien einer guten Theorie aufzeigen.

Kriterium 1: Systematisch zueinander in Beziehung stehende Aussagen. Durch die Entwicklung eines Bezugsrahmens der Determinanten des Wiederkaufverhaltens bei Dienstleistungsunternehmen auf Basis der Means-End-Theorie, der Identifikation und Klassifikation von Determinanten durch qualitative Studien und der Berücksichtigung bestehender Literatur zu diesem Thema wurde das erste Kriterium einer guten Theorie sichergestellt. Da jedoch jede verbale Beschreibung einer Theorie aufgrund immanenter Ungenauigkeiten Raum für Interpretationsspielräume lässt, wäre der nächste Schritt der konzeptuellen Theoriebildung, die Theorie vollständig zu formalisieren, d.h. sie in ein formales, axiomatisiertes Sprachsystem mit entsprechenden Interpretationsregeln zu überführen (Blalock 1969; Teas und Palan 1997). Nahe liegend wäre die Formulierung eines mathematischen Modells, welches die Beziehungen zwischen den Konzepten in Gleichungen erfasst. Im Ergebnis läge dann eine komplette, rigorose Ausformulierung der syntaktischen und semantischen Struktur der Theorie der Determinanten des Wiederkaufverhaltens vor. Darüber hinaus könnte eine mathematische Formulierung der Theorie einen zusätzlichen Beitrag leisten, wenn sie Aussagen über die Funktion (z.B. linear vs. nicht-linear), die Stärke und die zeitliche Entwicklung der postulierten Zusammenhänge enthält (Blalock 1969). Werden bei der Formalisierung der Theorie Inkonsistenzen deutlich, dann können diese durch die Klärung von Analyseebenen und eine Verfeinerung der Konzepte möglicherweise aufgelöst werden (Poole und Van de Ven 1989).

Kriterium 2: Gesetzmäßige Verallgemeinerung. Es sollte eine Fundierung und Erweiterung der gesetzmäßigen Verallgemeinerungen der Theorie der Determinanten des Wiederkaufverhaltens angestrebt werden: (1) Es stellt sich beispielweise die Frage, ob Inhalt und

Struktur des Kundenwissens über Determinanten von der Häufigkeit des Wiederkaufs abhängen. Kunden mit sehr hoher Wiederkauffrequenz könnten ein vollständigeres, verknüpfteres Wissen über eine Dienstleistung haben als Kunden mit niedriger Frequenz (Alba und Hutchinson 1987; Reynolds, Gengler und Howard 1995). Treue Kunden könnten Kaufentscheidungen zudem eher abstrakte Determinanten wie Werte zu Grunde legen und die Bedeutung bestimmter Determinanten anders gewichten (Alba und Hutchinson 1987; Cohen und Houston 1972; Huffman und Houston 1993; Mittal, Kumar und Tsiros 1999). Schließlich lässt sich das Kaufverhalten von Kunden mit hoher Kauffrequenz oft als habitualisiert beschreiben (Kroeber-Riel und Weinberg 2003; Trommsdorff 2003). Bei habitualisierten Käufen greift ein Kunde auf bestehendes Wissen zurück, das er bei vorangegangenen Käufen gesammelt hat, sodass der Entscheidungsprozess weitestgehend automatisch und unbewusst verläuft (Alba und Hutchinson 1987; Bargh 1994; 2002; Schneider und Shiffrin 1977). Das Wissen von Kunden mit hoher Kauffrequenz und habitualisiertem Kaufverhalten sollte daher stabiler sein als das von Kunden mit niedriger Frequenz, deren Wissen sich noch verändert (Huffman, Ratneshwar und Mick 2000).

(2) Der Zusammenhang zwischen Determinanten und Wiederkaufverhalten wird in dieser Arbeit durch die Means-End-Theorie erklärt, wonach ein Wiederkaufverhalten dann zu Stande kommt, wenn Leistungsattribute zur Erreichung positiv bewerteter Ziele wie Nutzen und Werte beitragen (Cohen und Warlop 2001; Grunert und Bech-Larsen 2005). Durch die systematische Integration weiterer Theorien, die geeignet sind, diesen Zusammenhang zu erklären, kann diese gesetzmäßige Verallgemeinerung der Theorie der Determinanten des Wiederkaufverhaltens gestärkt und gegebenenfalls erweitert werden. Theorien der Handlungskontrolle könnten beispielsweise zusätzlich erklären, warum ein Kunde seine Ziele tatsächlich bis zu deren Erreichen verfolgt (Carver und Scheier 1981; 1996; Garbarino und Johnson 2001; Pieters 1993; Powers 1973; Vallacher und Wegner 1985). Eine Erklärung für das Zusammenspiel von Wissen und Handlung liefert auch eine identitätstheoretische Perspektive, wonach Kaufentscheidungen als Ausdruck der Kundenidentität verstanden werden können, welche in Konzepten wie motivationalen Werten gespeichert ist (Bhattacharya und Sen 2003; Brewer 1991; Huffmann, Ratneshwar und Mick 2000; Tajfel und Turner 1985). Darüber hinaus wäre es lohnenswert zu prüfen, ob sich die Means-End-Theorie und die Entscheidungstheorie miteinander verbinden lassen, da letztgenannte zahlreiche konkrete Anregungen enthält, wie Kunden ihr Wissen über Attribute und Nutzen als Teil einer Präferenzfunktion

gewichten (Bettman, Luce und Payne 1998; Huffmann, Ratneshwar und Mick 2000; Kroeber-Riel und Weinberg 2003; Trommsdorff 2003).

Die Beantwortung der in diesem Abschnitt aufgeworfenen Fragen würde auch einen Beitrag zur Weiterentwicklung der Means-End-Theorie selbst leisten. Dies kann als wünschenswert angesehen werden, da trotz der weiten Verbreitung der Means-End-Theorie und zunehmender Bemühungen ihrer Weiterentwicklung keineswegs alle theoretischen Fragen vollständig erschlossen sind (vgl. für Diskussionen des aktuellen Entwicklungsstandes der Means-End-Theorie z.B. Brunsø, Scholderer und Grunert 2004; Claeys und Vanden Abeele 2001; Cohen und Warlop 2001; Grunert und Grunert 1995; Huffman, Ratneshwar und Mick 2000; Pieters, Baumgartner und Allen 1995; Scholderer, Brunsø und Grunert 2002; Scholderer und Grunert 2005; Van Rekom und Wierenga 2007).

Ein wichtiger Schritt bei der Weiterentwicklung der Theorie der Determinanten des Wiederkaufverhaltens betrifft die Verallgemeinerung der Theorie. Es könnte untersucht werden, ob die Theorie auch über den definierten Phänomenbereich hinaus, wie beispielsweise bei Sachgütern oder Geschäftskunden, anwendbar ist. Vor dem Hintergrund der zentralen Stellung, die Dienstleistungen in der Marketingwissenschaft mittlerweile zugesprochen wird (Vargo und Lusch 2004) und der großen Anzahl an Kontexten, in denen die Means-End-Theorie schon angewandt wurde (Reynolds und Olson 2001), ist zu erwarten, dass große Teile der in dieser Arbeit entwickelten Theorie auch in anderen Kontexten Gültigkeit haben. Eine weitere Möglichkeit zur Steigerung der Verallgemeinerbarkeit der Theorie ist die Replikation in anderen Ländern: In der Literatur gibt es Hinweise darauf, dass beispielsweise die Länderkultur Einfluss auf Inhalt und Struktur von Means-End-Ketten hat (Overby, Gardial und Woodruff 2004). Ein erster Schritt wurde in dieser Arbeit mit der Identifikation der Determinanten des Wiederkaufverhaltens in Deutschland und den USA gemacht, wodurch sichergestellt wurde, dass die Konzepte zumindest in diesen beiden Ländern konzeptuell äquivalent sind. Des Weiteren kann die Verallgemeinerbarkeit der Theorie erhöht werden, indem zusätzliche Konzepte wie beispielsweise Emotionen in die Theorie integriert werden. In der jetzigen Fassung stellt die Theorie aufgrund ihrer nomologischen Verortung in der Means-End-Theorie vor allem auf die Kognitionen eines Kunden ab. Emotionen, wie beispielsweise das Gefühl der Verbundenheit gegenüber einem Dienstleistungsanbieter, sind daher nur als kognitive Repräsentation in der Theorie enthalten, d.h. der Kunde weiß bzw. erinnert sich, dass er bestimmte Emotionen im Zusammenhang mit einer Dienstleistung empfunden hat. Es ist jedoch davon auszugehen, dass auch antizipierte oder aktuell empfundene Emotionen einen direkten Effekt auf das Wiederkaufverhalten und die Beziehungseinstellungen eines Kunden haben (Bagozzi et al. 2000; Hennig-Thurau et al. 2006; Luce, Bettman und Payne 2000; Oliver, Rust und Varki 1997).

Schließlich sollte die Theorie der Determinanten des Wiederkaufverhaltens im Begründungszusammenhang weiterentwickelt werden, indem Hypothesen aus ihr abgeleitet und empirisch überprüft bzw. zu einem späteren Zeitpunkt Replikationen durchgeführt werden (Easley, Madden und Dunn 2000; Evanschitzky et al. 2007; Hunter 2001; Tsang und Kwan 1999). Hypothesen könnten sich auf die Stärke des Zusammenhangs zwischen unterschiedlichen Determinanten oder zwischen den Determinanten und dem Wiederkaufverhalten von Kunden beziehen; die hier ermittelten Werte zur Effektstärke könnten explizit als Vergleichsmaßstab dienen. Liegt eine ausreichende Anzahl an Studien vor, dann kann als letztes mittels Metaanalyse versucht werden, empirisch verallgemeinerbare Aussagen über die Stärke der Zusammenhänge zwischen den Konzepten zu generieren (Eden 2002; Farley und Lehmann 1986; Farley, Lehmann und Sawyer 1995).

Kriterium 3: Empirische Überprüfbarkeit. Zur weiteren Verbesserung der Messgüte der primären Dienstleistungsbeziehungsattribute, beziehungstreibendem Nutzen und motivationaler Werte sollte in zukünftigen Studien neben dem hier erfolgten Ausschluss von Indikatorkollinearität auch eine Überprüfung der externen Validität erfolgen (Diamantopoulos und Winklhofer 2001). Möglich wäre dies durch die Korrelation jedes Indikators mit einer Variable, die nicht Teil eines der formativen Konstrukte ist, und die aus theoretischen Gründen mit den Indikatoren in Verbindung stehen sollte. Eine andere Möglichkeit der externen Validierung eines formativen Konstruktes ist die Schätzung eines sogenannten MIMIC-Modells („multiple indicators and multiple causes"), in das neben den formativen Indikatoren zusätzlich einige reflektive Indikatoren aufgenommen werden. Die formativen Indikatoren werden dann als direkte Prädiktoren der durch die reflektiven Indikatoren geschätzten latenten Variable modelliert. Zeigt sich eine akzeptable Anpassung dieses Modells an die Daten, kann dies als Bestätigung für die formativen Indikatoren interpretiert werden. Als abschließende Maßnahme kann eine Überprüfung der nomologischen Validität erfolgen. Hierbei wird das interessierende formative Konstrukt mit einer anderen (reflektiv gemessenen) Variable, mit der es auf Grund von theoretischen Überlegungen in Zusammenhang stehen sollte, verknüpft.

Die Stärke und Richtung des Pfadkoeffizienten gibt Aufschluss über die nomologische Validität der Messung.

Auf der Ebene der sekundären Determinanten wurde im Rahmen dieser Arbeit, wie in der Literatur zur Means-End-Theorie üblich (Ter Hofstede et al. 1998), jeweils nur ein Indikator zur Messung jedes Konzeptes entwickelt. Obwohl bei einer Reihe von sekundären Determinanten die Messung durch weitere Items womöglich nicht verbessert würde (Bergkvist und Rossiter 2007), sollte die Messung konzeptuell breiterer sekundärer Determinanten in zukünftigen Studien durch mindestens zwei reflektive Indikatoren erfolgen. Zur Überprüfung der Reliabilität und Validität solcher Multi-Item-Konstrukte stehen zahlreiche Tests zur Verfügung. Zunächst kann mit Hilfe von Cronbachs Alpha die interne Konsistenz der Indikatoren, d.h. die Reliabilität eines reflektiv gemessenen Konstruktes überprüft werden (Churchill 1979). Mittels einer konfirmatorischen Faktorenanalyse sollte darüber hinaus eine Beurteilung der Konvergenz- (Anderson und Gerbing 1988) und Diskriminanzvalidität (Fornell und Larcker 1981) eines Konstruktes erfolgen (Homburg und Giering 1996).

Hinsichtlich der Wichtigkeit der Determinanten des Wiederkaufverhaltens und der Stärke der Beziehungen zwischen den Determinanten sind die Ergebnisse dieser Arbeit zudem dahingehend beschränkt, dass jeweils nur die wichtigste Means-End-Kette jedes Befragten berücksichtigt wurde. In zukünftigen Studien könnte untersucht werden, ob sich die Ergebnisse verändern, wenn mehr als eine Means-End-Kette berücksichtigt wird. Ein Ansatz, der es ermöglicht, mehrere Means-End-Ketten für jeden Befragten zu untersuchen, wurde von Ter Hofstede et al. (1998) entwickelt. Bei diesem Ansatz werden dem Befragten zwei Matrizen vorgelegt—eine Matrix mit Attribut-Nutzen-Verknüpfungen und eine Matrix mit Nutzen-Wert-Verknüpfungen. Die Aufgabe eines Befragten ist es dann, für jede denkbare Verknüpfung anzugeben, ob diese aus seiner Sicht besteht oder nicht. Im Fall der vorliegenden Arbeit hätte jeder Befragte 456 Verknüpfungen bewerten müssen, was zu einer Überlastung der Befragten mit entsprechenden Abbruchraten geführt hätte und die Grenzen dieser Vorgehensweise deutlich vor Augen führt (Lehmann, Gupta und Steckel 1998). Es müssen demnach alternative Ansätze entwickelt werden, die es ermöglichen, mehrere Means-End-Ketten für jeden Befragten zu erfassen, die aber gleichzeitig die Belastbarkeit der Befragten im Blick behalten.

Schließlich wurde in dieser Arbeit bei der Betrachtung von Means-End-Ketten der konzeptuelle Fokus auf den beziehungstreibenden Nutzen gelegt. Diese Überlegung steht im

Einklang mit der Means-End-Theorie (Cohen und Warlop 2001; Garbarino und Johnson 2001; Gutman 1991; 1997) und mit Erkenntnissen der Kognitionsforschung (Austin und Vancouver 1996; Bargh 1994; Newell 1990) und der Motivationsforschung (Bagozzi und Dholakia 1999; Pieters, Baumgartner und Allen 1995; Vallacher und Wegner 1985; 1987). Trotz allem wäre es denkbar, bei der empirischen Betrachtung von Means-End-Ketten auf Attribute oder Werte statt auf Nutzen abzustellen. Es würde dann jeweils ein anderer Bezugspunkt bei der Berechnung der Stärke der Attribut-Nutzen- und Nutzen-Wert-Verknüpfungen zu Grunde gelegt.

Kriterium 4: Nützlichkeit. Die Theorie der Determinanten des Wiederkaufverhaltens lässt sich auch mit Blick auf das vierte Kriterium einer guten Theorie weiter verbessern. Aus einer theoretischen Perspektive steigt die Nützlichkeit der Theorie, wenn die unter den Kriterien 1 bis 3 aufgeworfenen Fragen beantwortet werden und die Theorie das Phänomen des Wiederkaufverhaltens somit noch besser erklären kann. Für Dienstleistungsunternehmen kann die Nützlichkeit gesteigert werden, wenn die Theorie Prognosen für ein spezifisches Unternehmen ermöglicht. Hierzu könnten weitere anbieter-, produkt- und kundenbezogene Spezifika in die Theorie aufgenommen werden, sodass zunehmend differenziertere Aussagen möglich sind. Des Weiteren sollten weitergehende Anwendungsmöglichkeiten für die Theorie der Determinanten des Wiederkaufverhaltens aufgezeigt werden. Wünschenswert wäre vor allem die Integration der Theorie in ein umfassendes Modell, welches neben den positiven Effekten bestimmter Determinanten des Wiederkaufverhaltens auch deren Kosten beinhaltet und somit zur ganzheitlichen Beantwortung von zentralen Managementfragen wie der optimalen Allokation von Kundenbindungsressourcen genutzt werden kann. Schließlich kann der Kreis der potentiellen Nutzer erweitert werden, wenn untersucht wird, ob die Theorie auch für Sachgüterunternehmen und die Bindung von Geschäftskunden relevant ist.

F. Erkenntnisse für die Theoriebildung im Marketing und Fazit

I. Erkenntnisse für die Theoriebildung

In diesem abschließenden Hauptkapitel werden allgemeine Erkenntnisse für die Theoriebildung im Marketing diskutiert und ein Fazit gezogen. Es werden nachfolgend zunächst Implikationen für die Marketingdisziplin herausgearbeitet, die sich unmittelbar aus den Handlungsempfehlungen und dem Beispiel einer Theorie der Determinanten des Wiederkaufverhaltens bei Dienstleistungsunternehmen ergeben. Anschließend werden Limitationen der Handlungsempfehlungen und einige hierüber hinausgehende Maßnahmen zur verstärkten Entwicklung von marketingeigenen Theorien vorgestellt.

Implikationen für die Marketingdisziplin. Als marketingeigene Theorie ist die Theorie der Determinanten des Wiederkaufverhaltens bei Dienstleistungsunternehmen weniger allgemein als beispielsweise die Transaktionskostentheorie (Williamson 1979), die Austauschtheorie (Thibaut und Kelley 1959) oder die Dissonanztheorie (Festinger 1957). Gleichzeitig ist sie allgemeiner als die vielen bestehenden Erklärungsansätze in diesem Forschungsbereich, die jeweils nur auf ein bzw. einige wenige erklärende aus unterschiedlichen Nachbardisziplinen ausgeliehene Konzepte abstellen und in ihrer Summe fragmentarisch sind. Die Vorteile einer marketingeigenen Theorie sind, dass bei beherrschbarer Komplexität eine möglichst vollständige Erklärung eines Phänomens möglich ist und dass alle Konzepte zum interessierenden Phänomen passen. Eine solche Theorie ist sowohl empirisch überprüfbar als auch nützlich für Wissenschaftler und externe Anspruchsgruppen einer Disziplin (Sheth, Gardner und Garrett 1988). Eigene Theorien sind zudem ein Erfolgsfaktor der gesamten Marketingdisziplin, weil sie zu ihrer Reife und Wettbewerbsfähigkeit beitragen (Rust 2006).

Vor diesem Hintergrund stellt sich die Frage, wie das Verhältnis des Marketings zu seinen Nachbardisziplinen zukünftig gestaltet werden soll. Es wird hier die Position vertreten, dass im Marketing auf dem Weg zu einer voll ausgereiften Disziplin grundsätzlich verstärkt eigene Theorien entwickeln sollten. Aus dieser Überlegung folgt jedoch nicht, dass man sich den Erkenntnissen der Nachbardisziplinen nunmehr vollkommen verschließt. Die Entwicklung einer Theorie der Determinanten des Wiederkaufverhaltens hat zum Beispiel gezeigt, wie die marketingeigene Means-End-Theorie durch Erkenntnisse der Kognitions- und Motivationsforschung sinnvoll fundiert und erweitert werden kann. Vielmehr geht es um eine Klarstellung der Prioritäten: Das Marketing soll in erster Linie Theorien für seine eigenen

Fragen und Problemstellungen entwickeln, ohne dabei einen Beitrag zu anderen Disziplinen leisten zu müssen. Wenn hierbei Erkenntnisse aus anderen Disziplinen nützlich sind, dann sollten diese auch weiterhin berücksichtigt werden, wenngleich sie im Zweifel den Bezugsrahmen des Marketings angepasst werden müssen. Derart im Marketing entwickelte Theorien könnten dann auch von Interesse für andere Disziplinen sein, was derzeit nur selten der Fall ist, aber für die Stellung des Marketings sicherlich wünschenswert wäre. Andere sozialwissenschaftliche Disziplinen könnten zum Beispiel Marketingtheorien ausleihen und testen, ob diese auf ihre Phänomene anwendbar sind. Auf diese Weise könnten sehr allgemeine Theorien entstehen, die sich auf zahlreiche soziale Phänomene anwenden lassen.

Das Beispiel der Determinanten des Wiederkaufverhaltens hat deutlich gezeigt, wie ausgesprochen fragmentarisch dieser zentrale Forschungsbereich des Marketings als Folge des Ausleihens von Theorien aus Nachbardisziplinen ist. Ebenso wurde offenbar, dass ein solch fragmentarischer Forschungsstand weder eine kohärente, ganzheitliche Erklärung des interessierenden Phänomens ermöglicht noch geeignet ist, valide Handlungsempfehlungen für mögliche Anwender zu generieren. Da der Forschungsbereich der Determinanten des Wiederkaufverhaltens wahrscheinlich kein Einzelfall ist, sondern möglicherweise viele weitere Forschungsbereiche des Marketings ebenfalls fragmentarisch und mit denselben Problemen konfrontiert sind, sollten Marketingwissenschaftler eine kritische Bewertung ihrer jeweiligen Forschungsbereiche vornehmen. Mit Hilfe der hier formulierten Handlungsempfehlungen zur Theoriebildung könnten dann auch für andere Forschungsbereiche kohärente und ganzheitliche Theorien für die jeweiligen Phänomene entwickelt werden.

Das Beispiel einer Theorie der Determinanten des Wiederkaufverhaltens verdeutlicht zudem, wie eine kumulative Entwicklung von Wissen im Marketing denkbar ist. Es ist davon auszugehen, dass nur in den seltensten Fällen eine Theorie vollständig und abschließend von einem einzelnen Wissenschaftler geschaffen werden kann. Vielmehr funktioniert Wissenschaft arbeitsteilig, d.h. jeder Einzelne kann nur einen kleinen Beitrag zur Erklärung eines bestimmten Phänomens beitragen. Bislang hat diese arbeitsteilige Vorgehensweise im Marketing jedoch nicht zu einer kumulativen Entwicklung von Wissen geführt, sondern zu Fragmentierung. Dies unterstreicht die zentrale Bedeutung eines frühzeitig vorliegenden Bezugsrahmens, in den sich die Wissenschaftler eines Forschungsbereichs mit ihren Arbeiten verorten, sodass eine kumulative Entwicklung von Wissen stattfinden kann. Eine der vordringlichsten zukünftigen Aufgaben für das Marketing besteht demnach in der Entwicklung von Bezugsrahmen, die dauerhaft und umfassend in der Lage sind, die Konzepte eines Forschungsbereichs systematisch zu integrieren.

Des Weiteren verweist das Beispiel der Determinanten des Wiederkaufverhaltens auf die Bedeutung einer Untersuchung der Wichtigkeit unterschiedlicher erklärender Konzepte und einer explorativen Entdeckung von Zusammenhängen. Die meisten empirischen Arbeiten im Marketing beschränken sich auf die Überprüfung, ob ein Zusammenhang zwischen zwei oder mehr Variablen besteht oder nicht, wohingegen die relative Wichtigkeit unterschiedlicher erklärender Konzepte eher selten im Mittelpunkt des Interesses steht (Kruskal und Majors 1989). Ebenso selten werden im Marketing großzahlige empirische Studien zur explorativen Entdeckung von Zusammenhängen zwischen Konzepten durchgeführt. Ausnahmen sind Studien, die das Ziel der Etablierung empirischer Verallgemeinerungen verfolgen, denen es aufgrund ihres empiristischen Charakters jedoch in vielen Fällen an einer sauberen Konzeptualisierung mangelt (Schanz 1975). Marketingwissenschaftler sollten demnach verstärkt auf die relative Wichtigkeit unterschiedlicher erklärender Konzepte abstellen und aktiver die Möglichkeiten einer explorativen Entdeckung von Zusammenhängen ausschöpfen, da solche Informationen insbesondere für mögliche Anwender von erheblicher Bedeutung sind. Für Manager ist es beispielsweise von enormer Bedeutung zu wissen, welche Maßnahmen mehr oder weniger Aufmerksamkeit von ihnen erfahren sollten.

Darüber hinaus lassen sich verschiedene Erkenntnisse hinsichtlich der Rolle wissenschaftstheoretischer Grundkonzeptionen bei der Entwicklung von Theorien festhalten: Erstens ist darauf hinzuweisen, dass sowohl die Handlungsempfehlungen zur Theoriebildung als auch das Beispiel der Determinanten des Wiederkaufverhaltens auf den Prämissen der positivistisch-empiristischen Grundkonzeption basieren. Die Relevanz dieser Tatsache tritt zu Tage, wenn man sich ins Gedächtnis ruft, dass viele Vertreter dieser wissenschaftstheoretischen Grundkonzeption die Entdeckung von Theorien nicht zu ihren Aufgaben als Wissenschaftler zählen. Es konnte jedoch gezeigt werden, dass die Entdeckung von Theorien auch für Wissenschaftler der positivistisch-empiristischen Grundkonzeption, d.h. für die Mehrheit der Marketingwissenschaftler, eine machbare und wichtige Aufgabe darstellt. Zweitens beinhaltet die Forderung nach einer Explizitmachung der Prämissen der Theoriebildung, dass sich Marketingwissenschaftler der Möglichkeiten und Begrenzungen ihrer oftmals unhinterfragten grundlegenden Annahmen stärker bewusst sein sollten. Dies würde den Austausch mit Wissenschaftlern erleichtern, die andere Prämissen zu Grunde legen und eventuell eine partielle

Integration dieser Sichtweisen ermöglichen. Insgesamt könnten somit bessere Theorien zu Stande kommen, weil zum Beispiel mögliche Widersprüche zwischen grundlegenden Annahmen frühzeitig aufgedeckt und gelöst werden könnten, wohingegen sie ansonsten unbemerkt ihre negative Wirkung entfalten.

Des Weiteren soll ein Anstoß dazu gegeben werden, die im Marketing weit verbreitete, aber teilweise unreflektiert angewandte deduktive Begründungslogik kritisch zu hinterfragen bzw. in ihre angemessenen Grenzen zu verweisen. Deduktion stellt neben der Induktion ohne Zweifel einen zentralen und unverzichtbaren Ansatz des formal-logischen Denkens dar. Es wäre jedoch ein Fehler, von vornherein alle anderen möglichen Denkweisen auszuschließen. Vielmehr werden die Grenzen einer ausschließlich deduktiven Vorgehensweise spätestens bei der Entwicklung einer neuen Theorie offenbar, da—wie ausführlich erläutert wurde—durch Deduktion grundsätzlich nichts Neues entdeckt, sondern stets nur Bestehendes überprüft werden kann. Ebenso führt eine ausschließlich induktive Vorgehensweise zu keinem Erfolg, weil eine vollkommen voraussetzungslose Beobachtung und Klassifikation eines Phänomens nicht möglich ist. Mit einer nomologischen Verortung in bestehende, marketingeigene Theorien und einer anschließenden induktiven Identifikation und Klassifikation von konkreten, teils neuen Konzepten wurde in dieser Arbeit ein möglicher Ausweg aus diesem Dilemma beschrieben. Das Marketing sollte vor diesem Hintergrund Abstand von einer rein deduktiven Vorgehensweise nehmen und grundsätzlich offener gegenüber alternativen Forschungslogiken sein, da sonst die Entdeckung neuer, marketingeigener Theorien kaum zu realisieren sein wird.

Die Forderung nach mehr marketingeigenen Theorien hat schließlich auch Konsequenzen für die oben erörterte Auseinandersetzung, ob sich das Marketing als eine Grundlagenwissenschaft oder als eine Handlungswissenschaft positionieren sollte. Für viele Marketingwissenschaftler ist die Vorstellung einer Grundlagenwissenschaft quasi gleichbedeutend mit dem Ausleihen von Theorien aus Nachbardisziplinen. Vor dem Hintergrund der damit verbundenen Probleme der Fragmentierung und mangelnden Anwendbarkeit der generierten Erkenntnisse durch externe Anspruchsgruppen, mag dies erklären, warum die Mehrheit der Marketingwissenschaftler die Idee einer reinen Grundlagenwissenschaft ablehnt. Aus dem Blickwinkel marketingeigener Theorien erscheint diese Auseinandersetzung jedoch hinfällig: Wenn bei der Entwicklung marketingeigener Theorien die Kriterien einer guten Theorie und insbesondere das Kriterium der Nützlichkeit von Anfang an im Blick behalten werden, scheint es keinen Grund dafür zu geben, warum die ganzheitliche und kohärente Erklärung eines Marketingphänomens nicht auch dazu geeignet sein sollte, nützliche Handlungsempfehlungen für mögliche Anwender zu formulieren.

Limitationen der Handlungsempfehlungen. Eine erste Limitation der Handlungsempfehlungen zur Entwicklung neuer Theorien entsteht durch die ihnen zu Grunde liegende positivistisch-empiristische Grundkonzeption. Damit hat sich diese Arbeit der Mehrheitsposition der aktuellen Marketingforschung angeschlossen, wodurch eine größtmögliche Anwendbarkeit der Handlungsempfehlungen durch Marketingwissenschaftler gewährleistet wird, gleichzeitig ergeben sich hieraus aber inhärente und nicht ohne weiteres veränderbare Begrenzungen bei der Entwicklung einer Theorie. Als wichtigste Begrenzung ist anzuführen, dass eine positivistisch-empiristische Positionierung aufgrund des Ziels der Erklärung und Vorhersage eines Phänomens auf Basis möglichst allgemeiner Aussagen zu einem Informationsverlust auf der Ebene des einzelnen Kunden führt. Es gehen dabei idiographische und kontextuelle Informationen verloren, die das ganzheitliche Verstehen eines einzelnen Konsumenten in seinem Verhältnis zu einer Dienstleistung und die Einbettung beider in ihren kulturellen Kontext ermöglichen würden (Geertz 2007; Holt 1997; Thompson 1997). Solche Zusammenhänge lassen sich mittels symbolischer Konzepte (d.h. umfassender, sinnhafter Begriffe) erfassen. Die relativistisch-konstruktivistische Grundkonzeption bietet mit der Hermeneutik eine geeignete empirische Methode zur Identifikation symbolischer Konzepte an, in der die Aussagen eines Konsumenten beispielsweise als eine Erzählung aufgefasst werden, deren Erkenntniswert in ihrer Symbolhaftigkeit liegt (Escalas und Bettman 2000).

Ein Beispiel für symbolische Konzepte im Zusammenhang mit der Frage nach den Determinanten des Wiederkaufverhaltens geben Stern, Thompson und Arnould (1998), die den Fall eines Konsumenten beschreiben, der wiederholt bei einem bestimmten Händler Laufschuhe kauft, weil er in der Interaktion mit diesem Händler in die Rolle eines Helden schlüpfen kann. Ein Beispiel aus den Ladderinginterviews dieser Arbeit ist ein Befragter, der aufgrund seiner globalisierungskritischen Haltung multinationalen Großunternehmen ablehnend gegenübersteht und ausschließlich bei kleinen und lokalen Anbietern kauft (Klein 1999; Thompson und Arsel 2004). Ein anderer Befragter erzählt von seinen positiven Kindheitserinnerungen an ein bestimmtes Ladengeschäft, deretwegen er trotz wechselnder Dienstleistungsbranchen, die in diesem Ladengeschäft im Laufe der Zeit ansässig waren, diesem Ort treu geblieben ist (Braun-LaTour, LaTour und Zinkhan 2007).

Wenngleich die Prämissen der positivistisch-empiristischen Grundkonzeption demnach zu einem Mangel an symbolischen Konzepten führen mögen, sollten Marketingwissenschaftler im Gegenzug abwägen, dass sich die durch eine hermeneutische Interpretation generierten Determinanten oftmals einer verallgemeinerbaren Überprüfung ihrer Existenz und Quantifizierung ihrer Wichtigkeit entziehen. Bei den Determinanten des Wiederkaufverhaltens wäre eine hermeneutische Vorgehensweise vor dem Hintergrund des Ziels, eine Einschätzung der Wichtigkeit der unterschiedlichen zu erklärenden Konzepte vorzunehmen, beispielsweise nicht angemessen gewesen. Marketingwissenschaftler sollten zudem berücksichtigen, dass eine hermeneutische Vorgehensweise nicht für die Untersuchung aller Produkte und Dienstleistungen gleichermaßen geeignet ist, sondern vor allem für Produkte und Dienstleistungen, die selbst einen ausgeprägt symbolischen Charakter haben bzw. stark in einer bestimmten Subkultur verankert sind (Thompson und Troester 2002). Bei den im Zusammenhang mit den Determinanten des Wiederkaufverhaltens gewählten Dienstleistungen (wie z.B. Arzt, Bank und Supermarkt) war dies kaum bzw. gar nicht der Fall.

Eine Limitation des hier vorgestellten Prozessmodells der Theoriebildung im Entdeckungszusammenhang ist, dass die Nutzung unterschiedlicher Methoden zur induktiven Identifikation von Konzepten in der aktuellen Fassung keine Berücksichtigung findet. Im Rahmen des Beispiels der Determinanten des Wiederkaufverhaltens wurden Ladderinginterviews durchgeführt, was aufgrund der nomologischen Verortung in der Means-End-Theorie nahe liegend war. Bei der Entwicklung anderer Theorien könnten jedoch andere qualitative Methoden von Interesse sein, wie zum Beispiel Fallstudien (Eisenhardt 1989), phänomenologische Interviews (Fournier 1998) oder ethnographische Feldstudien (Lincoln und Guba 1985). Weiterführende Untersuchungen sollten sich daher mit der Frage beschäftigen, wann bei der Entwicklung einer Theorie welche qualitative Methode oder eventuell sogar ein Methodenmix am ehesten angebracht sind.

Schließlich werden im vorliegenden Prozessmodell iterative Rückbezüge zwar nicht ausgeschlossen, aber auch nicht explizit behandelt. Bei der Entwicklung der Theorie der Determinanten des Wiederkaufverhaltens hat sich dies an keiner Stelle als notwendig erwiesen. Dennoch könnte diese Situation in anderen Fällen der Theoriebildung durchaus auftreten, sodass es sinnvoll wäre, Prüfbedingungen in das Prozessmodell zu integrieren, die eine Entscheidung über den Fortgang der Theoriebildung ermöglichen. Zum Beispiel könnte bei der induktiven Identifikation von Konzepten deutlich werden, dass die in der nomologischen

Verortung festgelegten allgemeinen Konzepte nicht geeignet sind, um die konkreten Konzepte des interessierenden Phänomenbereichs zu organisieren. In diesem Fall müsste die induktive Identifikation von Konzepten womöglich abgebrochen und eine neue Theorie zur nomologischen Verortung bestimmt werden.

Weitergehende Maßnahmen zur Förderung marketingeigener Theorien. Mit den Handlungsempfehlungen wird Marketingwissenschaftlern wichtiges Methodenwissen zur Verfügung gestellt, um zukünftig mehr eigene Theorien zu entwickeln. Um dieses Wissen und die Einsicht in die Notwendigkeit der Entwicklung eigener Theorien zu verbreiten, ist eine Reihe von weitergehenden Maßnahmen denkbar.

Als Erstes sollte bei der Ausbildung von Marketingwissenschaftlern angesetzt werden. Erst wenn die Methodenkompetenz zur Theoriebildung im Entdeckungszusammenhang insbesondere bei jungen Wissenschaftlern flächendeckend verbreitet ist, kann es zu einer nachhaltigen Zunahme marketingeigener Theorien kommen. Die Theoriebildung im Entdeckungszusammenhang sollte daher bereits bei Bachelor- und Masterstudierenden in Einführungskursen zur Marketingforschung thematisiert werden. Im Rahmen der Graduiertenausbildung wäre es sogar denkbar und sinnvoll, mindestens einen kompletten Kurs zur Entwicklung marketingeigener Theorien anzubieten. Zum jetzigen Zeitpunkt wird überwiegend Wert auf die Vermittlung quantitativer empirischer Methoden gelegt, was für die Marketingdisziplin wichtig aber nicht ausreichend ist (Zaltman, Lemasters und Heffring 1982).

Als weitere Maßnahme sollte das Publikationssystem dahingehend überprüft werden, ob es die Entwicklung marketingeigener Theorien befördert oder behindert. Durch das Publikationssystem einer Disziplin werden wichtige Anreize dafür gesetzt, welchen Aufgaben sich ein Wissenschaftler widmet, da sein Publikationserfolg oft entscheidend für seine akademische Laufbahn ist. Von Marketingwissenschaftlern werden beispielsweise zunehmend Veröffentlichungen in hochrangigen internationalen Zeitschriften erwartet (Hennig-Thurau, Walsh und Schrader 2004). Neben der hierdurch beförderten und zu begrüßenden Verfestigung hoher akademischer Standards in der Disziplin ist problematisch, dass es in vielen hochrangigen Marketingzeitschriften sehr schwierig ist, Beiträge mit einem Schwerpunkt auf Theoriebildung im Entdeckungszusammenhang zu veröffentlichen. Gutachter, die meist nur mit Theoriebildung im Begründungszusammenhang vertraut sind, formulieren gegenüber einem solchen Beitrag oft die Kritik, dass er zu deskriptiv sei oder sogar zu wenig Theorie beinhalte (Rust 2006). Für die Karriere insbesondere junger Wissenschaftler stellt die Entwicklung marketingeigener Theorien daher ein erhebliches Risiko dar und wird in einem solchen Publikationssystem kaum stattfinden (Agarwal und Hoetker 2007). Erfreulich ist, dass in einigen der wichtigsten Zeitschriften des Marketings zunehmend Rufe der Herausgeber nach mehr marketingeigenen Theorien laut werden (z.B. *Journal of Marketing*, Rust 2006; *Journal of the Academy of Marketing Science*, Stewart und Zinkhan 2006). Es ist allerdings noch zu früh, um den Erfolg oder Misserfolg solcher Aufrufe zu beurteilen, sodass Herausgeber und Gutachter der führenden Marketingzeitschriften gefordert bleiben, offen gegenüber Theoriebildung im Entdeckungszusammenhang zu sein und Autoren zu solchen Beiträgen zu ermuntern.

Des Weiteren scheinen die meisten Marketingzeitschriften dem sogenannten „novelty bias" zu unterliegen, d.h. die Formulierung neuer, möglichst einzigartiger Ideen wird gegenüber der Integration und Weiterentwicklung bestehenden Wissens bevorzugt. Neben den Prämissen, die Marketingwissenschaftler bei der Entwicklung von Theorien zu Grunde legen, mag somit auch der „novelty bias" ein Grund dafür sein, dass fortwährend neue Konzepte und Theorien aus Nachbardisziplinen eingeführt werden, statt auf bestehenden Erkenntnissen aufzubauen (Mone und McKinley 1993; Pfeffer 1993). Seinen Ausdruck findet der „novelty bias" auch in der Tatsache, dass es in hochrangigen Marketingzeitschriften im Gegensatz zu anderen Disziplinen (z.B. *Psychological Bulletin* in der Psychologie) kaum Platz für systematische Zusammenfassungen bestehender Arbeiten in einem Forschungsgebiet gibt. Die Folge hiervon ist, dass kaum ein Wissenschaftler seine eigene Forschung im vorhandenen Wissen der Disziplin verorten und somit nachhaltig zur Entwicklung marketingeigener Theorien beitragen kann (Van de Ven 1997; Zammuto und Connolly 1984). Es wäre vor diesem Hintergrund wünschenswert, wenn ein stärkerer Fokus auf die Verbesserung bestehender Erkenntnisse des Marketings gelegt würde, da nur auf diese Weise gute marketingeigene Theorien entwickelt werden können. Dies erfordert von allen Beteiligten eine stärkere Beharrlichkeit bei der Entwicklung von Theorien und ein verstärktes Bewusstsein der in der Vergangenheit erlangten Erkenntnisse der Marketingdisziplin. Die kürzliche Gründung der Zeitschrift *Foundations and Trends in Marketing*, in der führende Wissenschaftler eines Forschungsgebiets im Marketing die wichtigsten Erkenntnisse systematisch zusammentragen und zudem regelmäßig aktualisieren, kann sicherlich zur Lösung dieses Problems beitragen.

Problematisch ist des Weiteren die zu beobachtende Präferenz einiger betriebswirtschaftlicher Fakultäten für Zeitschriften aus sozialwissenschaftlichen Nachbardisziplinen wie der Psychologie oder Ökonomie (Agarwal und Hoetker 2007; McGrath 2007). Die Fakultäten begründen diese Präferenz damit, dass Zeitschriften aus Nachbardisziplinen „wissenschaftlicher“ seien, weil sie keine anwendungsorientierte Relevanz der Ergebnisse eines Beitrags erwarten bzw. diese sogar ablehnen. Diese Ansicht erscheint äußerst kontraproduktiv, weil hierdurch zum Ersten die Orientierung an den Nachbardisziplinen und die damit einhergehende Fragmentierung des Marketings verstärkt statt überwunden werden. Zum Zweiten hat eine Anwendungsorientierung den Vorteil, dass die spezifischen Probleme und Fragestellungen des Marketings im Blick behalten werden, wohingegen eine Missachtung derselben die Eigenständigkeit der Marketingdisziplin gefährdet und die Entwicklung eigener Theorien für diese Fragestellungen konterkariert. Drittens verringert eine mangelnde Anwendungsorientierung die Nützlichkeit von Marketingerkenntnissen für mögliche Anwender wie Unternehmen, wodurch der Einfluss der Marketingdisziplin auf die Gesellschaft insgesamt gefährdet ist (Shugan 2003; Wilkie und Moore 1999). Es sei angemerkt, dass einige Marketingzeitschriften (wie z.B. das *Journal of Consumer Research*) ebenfalls auf eine anwendungsorientierte Relevanz verzichten, was vor dem Hintergrund der aufgezeigten Probleme eventuell überdacht werden sollte (Varadarajan 2006).

Schließlich sollte auch eine verbesserte Koordination der Marketingwissenschaft dazu beitragen, dass mehr marketingeigene Theorien entwickelt werden. Eine konkrete Aufgabe könnte die Erstellung einer Art Wörterbuch mit Definitionen der wichtigsten Marketingkonzepte darstellen. Ein solches Wörterbuch sollte von einer möglichst großen Anzahl führender Marketingwissenschaftler gemeinschaftlich erstellt und als Standard etabliert werden. Als Beispiel für ein solches Vorhaben kann die turnusmäßige Neudefinition des Marketingbegriffs durch die AMA (2007) gelten. Eine weitere Koordinationsaufgabe in der Marketingwissenschaft könnte die regelmäßige Formulierung einer Forschungsagenda darstellen, in der die drängendsten und wichtigsten Fragestellungen des Marketings benannt werden. Es würde somit eine kollektive Zielvorgabe markiert, was ein Arbeiten und Denken in größeren Forschungszusammenhängen befördern sollte. Ein Beispiel für eine Forschungsagenda sind die in der Marketingdisziplin stark rezipierten „Research Priorities“ des Marketing Science Institute (2008), das seine Mitgliedsunternehmen regelmäßig nach den für sie wichtigsten Problemstellungen befragt und diese priorisiert. Während das Marketing Science Institute (MSI) auf diese Weise einen erheblichen Beitrag zum Erfolg des Marketings als angewandte Wissenschaft leistet, sollten vergleichbare Instrumente auch zur gezielten Förderung marketingeigener Theorien und Forschungsprogramme eingesetzt werden.

II. Fazit

Im Marketing besteht ein Mangel an eigenen Theorien, d.h. Theorien, die von Anfang an auf ein bestimmtes Marketingphänomen ausgerichtet sind und im Marketing selbst entwickelt wurden. Statt eigene Theorien zu entwickeln, besteht die übliche Vorgehensweise darin, Theorien aus Nachbardisziplinen wie der Psychologie und Ökonomie auszuleihen und zu überprüfen, inwieweit diese ein Marketingphänomen erklären können. Eine negative Konsequenz hieraus ist, dass viele Forschungsbereiche des Marketings fragmentarisch sind. Eigene Theorien können dem Marketing daher helfen, Marketingphänomene besser zu verstehen, zu erklären und zu prognostizieren und sich als eigenständige Wissenschaft verstärkt zu behaupten. Leider liegen im Marketing kaum Handlungsempfehlungen für die Entwicklung gänzlich neuer, eigener Theorien vor. Vor diesem Hintergrund waren es die Ziele dieser Arbeit (1) Handlungsempfehlungen für die Theoriebildung im Entdeckungszusammenhang zu formulieren und (2) diese bei der Entwicklung einer marketingeigenen Theorie der Determinanten des Wiederkaufverhaltens bei Dienstleistungsunternehmen anzuwenden. Die Theorie der Determinanten des Wiederkaufverhaltens dient nicht nur als Referenz für Theoriebildung im Entdeckungszusammenhang, sondern leistet darüber hinaus einen substantiellen Beitrag zur Überwindung des fragmentarischen Forschungsstandes in diesem Forschungsbereich. Insgesamt bleibt zu hoffen, dass die Handlungsempfehlungen für Theoriebildung im Entdeckungszusammenhang und das Beispiel der Theorie der Determinanten des Wiederkaufverhaltens dazu anregen, zukünftig mehr eigene Theorien im Marketing zu entwickeln.

Literaturverzeichnis

AACSB (2008), *AACSB International*, http://www.aacsb.edu, Zugriff 31.03.2008.

Abel, Bodo (1979), „Denken in theoretischen Modellen als Leitidee der Wirtschaftswissenschaften," in: Hans Raffée und Bodo Abel (Hrsg.), *Wissenschaftstheoretische Grundfragen der Wirtschaftswissenschaften*, München: Vahlen, 138–160.

Academy of Management Review (1989), *Forum*, 14 (October), 486–594.

——— (1999), *Forum*, 24 (October), 627–806.

Administrative Science Quarterly (1995), *Forum*, 40 (September), 371–397.

Agarwal, Rajshree und Glenn Hoetker (2007), „A Faustian Bargain? The Growth of Management and Its Relationship with Related Disciplines," *Academy of Management Journal*, 50 (December), 1304–1322.

Ajzen, Icek und Martin Fishbein (1980), *Understanding Attitudes and Predicting Social Behavior*, Englewood Cliffs, NJ: Prentice-Hall.

Alba, Joseph W. und J. Wesley Hutchinson (1987), „Dimensions of Consumer Expertise," *Journal of Consumer Research*, 13 (March), 411–454.

Albert, Hans (1964), „Probleme der Theoriebildung. Entwicklung, Struktur und Anwendung sozialwissenschaftlicher Theorie," in: Hans Albert (Hrsg.), *Theorie und Realität*, Tübingen: Mohr, 3–70.

Alderson, Wroe (1957), *Marketing Behavior and Executive Action*, Homewood, IL: Irwin.

——— und Reavis Cox (1948), „Towards a Theory of Marketing," *Journal of Marketing*, 13 (October), 137–152.

Aliseda, Atocha (2004), „Logics in Scientific Discovery," *Foundations of Science*, 9 (3), 339–363.

Allen, Natalie J. und John P. Meyer (1990), „The Measurement and Antecedents of Affective, Continuance, and Normative Commitment to the Organization," *Journal of Occupational Psychology*, 63 (1), 1–18.

Alpert, Mark I. (1971), „Definition of Determinant Attributes: A Comparison of Methods," *Journal of Marketing Research*, 8 (May), 184–91.

Amato, Silvano (2003), „A Model-Building Strategy for PLS Path Modeling," *Proceedings of the PLS'03 International Symposium on PLS and Related Methods*, Paris: Decisia, 135–141.

American Marketing Association (2007), *Marketing Definitions*, http://www.marketingpower.com/content4620.php, Zugriff 15.08.2007.

Anderson, Erin und Barton A. Weitz (1989), „Determinants of Continuity in Conventional Industrial Channel Dyads," *Marketing Science*, 8 (Fall), 310–323.

Anderson, Eugene W. und Vikas Mittal (2000), „Strengthening the Service-Profit-Chain," *Journal of Service Research*, 3 (November), 107–120.

Anderson, James C. und David W. Gerbing (1988), „Structural Equation Modeling in Practice: A Review and Recommended Two-Step Approach," *Psychological Bulletin*, 103 (3), 411–423.

——— und ——— (1991), „Predicting the Performance of Measures in a Confirmatory Factor Analysis with a Pretest Assessment of Their Substantive Validities," *Journal of Applied Psychology*, 76 (5), 732–740.

Anderson, John R. (1983a), „A Spreading Activation Theory of Memory," *Journal of Verbal Learning and Verbal Behavior*, 22 (3), 261–295.

Anderson, Paul F. (1983b), „Marketing, Scientific Progress, and Scientific Method," *Journal of Marketing*, 47 (Fall), 18–31.

——— (1986), „On Method in Consumer Research: A Critical Relativist Perspective," *Journal of Consumer Research*, 13 (September), 155–173.

Arndt, Johan (1983), „The Political Economy Paradigm: Foundation for Theory Building in Marketing," *Journal of Marketing*, 47 (Fall), 44–54.

——— (1985), „On Making Marketing Science More Scientific: Role of Orientations, Paradigms, Metaphors, and Puzzle Solving," *Journal of Marketing*, 49 (Summer), 11–23.

Arnett, Dennis B., Steve D. German und Shelby D. Hunt (2003), „The Identity Salience Model of Relationship Marketing Success: The Case of Nonprofit Marketing," *Journal of Marketing*, 67 (April), 89–105.

Arnold, Stephen J., Robert V. Kozinets und Jay M. Handelman (2001), „Hometown Ideology and Retailer Legitimation: The Institutional Semiotics of Wal-Mart Flyers," *Journal of Retailing*, 77 (Summer), 243–271.

———, Tae H. Oum und Douglas J. Tigert (1983), „Determinant Attributes in Retail Patronage: Seasonal, Temporal, Regional, and International Comparisons," *Journal of Marketing Research*, 20 (May), 149–157.

Aurifeille, Jacques-Marie und Pierre Valette-Florence (1995), „Determination of the Dominant Means-End Chains: A Constrained Clustering Approach," *International Journal of Research in Marketing*, 12 (October), 267–278.

Austin, James T. und Jeffrey B. Vancouver (1996), „Goal Constructs in Psychology: Structure, Process, and Content," *Psychological Bulletin*, 120 (3), 338–375.

Bacharach, Samuel B. (1989), „Organizational Theories: Some Criteria for Evaluation," *Academy of Management Review*, 14 (October), 496–515.

Backhaus, Klaus, Bernd Erichson, Wulff Plinke und Rolf Weiber (2006), *Multivariate Analysemethoden. Eine anwendungsorientierte Einführung*, 11. überarb. Aufl., Berlin: Springer.

Bagozzi, Richard P. (1982), „A Field Investigation of Causal Relations Among Cognitions, Affect, Intentions, and Behavior," *Journal of Marketing Research*, 19 (November), 562–584.

——— (1984), „A Prospectus for Theory Construction in Marketing," *Journal of Marketing*, 48 (Winter), 11–29.

——— (1995), „Reflections on Marketing in Consumer Markets," *Journal of the Academy of Marketing Science*, 23 (Fall), 272–277.

———, Hans Baumgartner, Rik Pieters und Marcel Zeelenberg (2000), „The Role of Emotions in Goal-Directed Behavior," in: S. Ratneshwar, David Glen Mick und Cynthia Huffman (Hrsg.), *The Why of Consumption: Contemporary Perspectives on Consumer Motives, Goals, and Desires*, London: Routledge, 36–58.

———, Massimo Bergami und Luigi Leone (2003), „Hierarchical Representation of Motives in Goal Setting," *Journal of Applied Psychology*, 88 (5), 915–943.

——— und Pratibha A. Dabholkar (1994), „Consumer Recycling Goals and Their Effects on Decisions to Recycle: A Means-End Chain Analysis," *Psychology & Marketing*, 11 (July/August), 313–340.

——— und ——— (2000), „Discursive Psychology: An Alternative Conceptual Foundation to Means-End Chain Theory," *Psychology & Marketing*, 17 (July), 535–586.

——— und Utpal Dholakia (1999), „Goal Setting and Goal Striving in Consumer Behavior," *Journal of Marketing*, 63 (Special Issue), 19–32.

Baker, Julie, A. Parasuraman, Dhruv Grewal und Glenn B. Voss (2002), „The Influence of Multiple Store Environment Cues on Perceived Merchandise Value and Patronage Intentions," *Journal of Marketing*, 66 (April), 120–141.

Bargh, John A. (1994), „The Four Horsemen of Automaticity: Awareness, Efficiency, Intention, and Control in Social Cognition," in: Robert S. Wyer, Jr. und Thomas K. Srull (Hrsg.), *Handbook of Social Cognition*, 2. Aufl., Hillsdale, NJ: Erlbaum, 1–40.

——— (2002), „Losing Consciousness: Automatic Influences on Consumer Judgment, Behavior, and Motivation," *Journal of Consumer Research*, 29 (September), 280–285.

Baron, Reuben M. und David A. Kenny (1986), „The Moderator-Mediator Variable Distinction in Social Psychological Research: Conceptual, Strategic, and Statistical Considerations," *Journal of Personality and Social Psychology*, 51 (Dezember), 1173–1182.

Barsalou, Lawrence W. (1982), „Context-Independent and Context-Dependent Information in Concepts," *Memory & Cognition*, 10 (1), 82–93.

——— (1985), „Ideals, Central Tendency, and Frequency of Instantiation as Determinants of Graded Structure in Categories," *Journal of Experimental Psychology: Learning, Memory, and Cognition*, 11 (4), 629–654.

——— (1991), „Deriving Categories to Achieve Goals," in: Gordon H. Bower (Hrsg.), *The Psychology of Learning and Motivation*, 27, New York, NY: Academic Press, 1–64.

Bartels, Robert (1951), „Can Marketing be a Science," *Journal of Marketing*, 15 (January), 319–328.

——— (1970), *Marketing Theory and Metatheory*, Homewood, IL: Irwin.

Barwise, Patrick (1995), „Good Empirical Generalizations," *Marketing Science*, 14 (Summer), Part 2 of 2, G29–G35.

Bass, Frank M. (1995), „Empirical Generalizations and Marketing Science: A Personal View," *Marketing Science*, 14 (Summer), Part 2 of 2, G6–G19.

Baumgartner, Hans und Rik Pieters (2003), „The Structural Influence of Marketing Journals: A Citation Analysis of the Discipline and Its Subareas over Time," *Journal of Marketing*, 67 (April), 123–139.

Baumol, W. J. (1957), „On the Role of Marketing Theory," *Journal of Marketing*, 21 (April), 413–418.

Bayón, Thomas und Florian von Wangenheim (2005), „Ein mehrdimensionales Kundenbindungsmodell mit direkten und moderierenden Einflussvariablen," *Marketing – Zeitschrift für Forschung und Praxis*, 27 (3), 167–183.

Beatty, Sharon E., Lynn R. Kahle und Pamela Homer (1991), „Personal Values and Gift-Giving Behaviors: A Study Across Cultures," *Journal of Business Research*, 22 (March), 149–157.

———, ———, ——— und Shekhar Misra (1985), „Alternative Measurement Approaches to Consumer Values: The List of Values and the Rokeach Value Survey," *Psychology & Marketing*, 2 (Fall), 181–200.

———, Morris Mayer, James E. Coleman, Kristy Ellis Reynolds und Jungki Lee (1996), „Customer-Sales Associate Retail Relationships," *Journal of Retailing*, 72 (Fall), 223–247.

Bech-Larsen, Tino und Niels Asger Nielsen (1999), „A Comparison of Five Elicitation Techniques for Elicitation of Attributes of Low Involvement Products," *Journal of Economic Psychology*, 20 (June), 315–341.

Behrens, Gerold (1993), „Wissenschaftstheorie und Betriebswirtschaftslehre," in: Waldemar Wittmann, Werner Kern, Richard Köhler, Hans-Ulrich Küpper und Klaus v. Wysocki (Hrsg.), *Handwörterbuch der Betriebswirtschaft*, Bd. 3, 5. völlig neu gestaltete Aufl., Stuttgart: Schäffer-Poeschel, 4764–4772.

——— (2000), „Theoriegeleitetes vs. praxisgeleitetes Marketing," in: Klaus Backhaus (Hrsg.), *Deutschsprachige Marketingforschung – Bestandsaufnahme und Perspektiven*, 41–54, Stuttgart: Schäffer-Poeschel.

Belk, Russell W. und Gregory S. Coon (1993), „Gift Giving as Agapic Love: An Alternative to the Exchange Paradigm Based on Dating Experiences," *Journal of Consumer Research*, 20 (December), 393–417.

Belsley, David A., Edwin Kuh und Roy E.Welsh (1980), *Regression Diagnostics – Identifying Influential Data & Sources of Collinearity*, New York, NY: Wiley.

Bendapudi, Neeli und Leonard L. Berry (1997), „Customers' Motivations for Maintaining Relationships with Service Providers," *Journal of Retailing*, 73 (Spring), 15–37.

———, Surendra N. Singh und Venkat Bendapudi (1996), „Enhancing Helping Behavior: An Integrative Framework for Promotion Planning," *Journal of Marketing*, 60 (July), 33–49.

Bergkvist, Lars und John R. Rossiter (2007), „The Predictive Validity of Multiple-Item Versus Single-Item Measures of Same Constructs," *Journal of Marketing Research*, 44 (May), 175–184.

Berry, Leonard L. (1983), „Relationship Marketing," in: Leonard L. Berry, G. Lynn Shostack und Gregory D. Upah (Hrsg.), *Emerging Perspectives on Services Marketing*, Chicago, IL: American Marketing Association, 25–28.

——— (1995), „Relationship Marketing of Services – Growing Interest, Emerging Perspectives," *Journal of the Academy of Marketing Science*, 23 (Fall), 236–245.

———, Kathleen Seiders und Dhruv Grewal. (2002), „Understanding Service Convenience," *Journal of Marketing*, 66 (July), 1–17.

Bettman, James R., Mary Frances Luce und John W. Payne (1998), „Constructive Consumer Choice Processes," *Journal of Consumer Research*, 25 (December), 187–217.

Bhattacharya, C. B. (1998), „When Customers are Members: Customer Retention in Paid Membership Contexts," *Journal of the Academy of Marketing Science*, 26 (Winter), 31–44.

——— und Sankar Sen (2003), „Consumer-Company Identification: A Framework for Understanding Consumers' Relationships with Companies," *Journal of Marketing*, 67 (April), 76–88.

Bitner, Mary Jo (1992), „Servicescapes: The Impact of Physical Surroundings on Customers and Employees," *Journal of Marketing*, 56 (April), 57–71.

——— (1995), „Building Service Relationships: It's All about Promises," *Journal of the Academy of Marketing Science*, 23 (Fall), 246–251.

———, Stephen W. Brown und Matthew L. Meuter (2000), „Technology Infusion in Service Encounters," *Journal of the Academy of Marketing Science*, 28 (Winter), 138–149.

——— und Amy R. Hubbert (1994), „Encounter Satisfaction Versus Overall Satisfaction Versus Quality: The Customer's Voice," in: Roland T. Rust und Richard L. Oliver (Hrsg.), *Service Quality: New Directions in Theory and Practice*, Thousand Oaks, CA: Sage, 72–94.

Blackwell, Steven A., Sheryl L. Szeinbach, James H. Barnes, Dewey W. Garner und Victoria Bush (1999), „The Antecedents of Customer Loyalty. An Empirical Investigation of the Role of Personal and Situational Aspects on Repurchase Decisions," *Journal of Service Research*, 1 (May), 362–375.

Blair, Edward und George M. Zinkhan (2006), „Nonresponse and Generalizability in Academic Research," *Journal of the Academy of Marketing Science*, 34 (Winter), 4–7.

Blalock, Hubert M. (1969), *Theory Construction: From Verbal to Mathematical Formulations*, Englewood Cliffs, NJ: Prentice-Hall.

Bliemel, Friedhelm W. und Andreas Eggert (1998), „Kundenbindung – die neue Sollstrategie?" *Marketing – Zeitschrift für Forschung und Praxis*, 20 (1), 37–46.

Bloemer, Josée und Gaby Odekerken-Schröder (2007), „The Psychological Antecedents of Enduring Customer Relationships: An Empirical Study in a Bank Setting," *Journal of Relationship Marketing*, 6 (1), 21–43.

———, ——— und Leen Kestens (2003), „The Impact of Need for Social Affiliation and Consumer Relationship Proneness on Behavioural Intentions: An Empirical Study in a Hairdresser's Context," *Journal of Retailing & Consumer Services*, 10 (July), 231–240.

Bohnen, Alfred (1972), „Zur Kritik des modernen Empirismus. Beobachtungssprache, Beobachtungstatsachen und Theorien," in: Hans Albert (Hrsg.), *Theorie und Realität*, 2. veränderte Aufl., Tübingen: Mohr, 171–190.

Bolton, Ruth N. (1998), „A Dynamic Model of the Duration of the Customer's Relationship with a Continuous Service Provider: The Role of Satisfaction," *Marketing Science*, 17 (Winter), 45–65.

———, P. K. Kannan und Matthew D. Bramlett (2000), „Implications of Loyalty Program Membership and Service Experiences for Customer Retention and Value," *Journal of the Academy of Marketing Science*, 28 (Winter), 95–108.

———, Katherine N. Lemon und Peter C. Verhoef (2004), „The Theoretical Underpinnings of Customer Asset Management: A Framework and Propositions for Future Research," *Journal of the Academy of Marketing Science*, 32 (Summer), 271–292.

Bonoma, Thomas V. (1985), „Case Research in Marketing: Opportunities, Problems, and a Process," *Journal of Marketing Research*, 22 (May), 199–208.

Borle, Sharad, Peter Boatwright, Joseph B. Kadane, Joseph C. Nunes und Galit Shmueli (2005), „The Effect of Product Assortment Changes on Customer Retention," *Marketing Science*, 24 (Fall), 616–622.

Botschen, Günther, Eva M. Thelen und Rik Pieters (1999), „Using Means-End Structures for Benefit Segmentation. An Application to Services," *European Journal of Marketing*, 33 (1/2), 38–58.

Boulding, William, Ajay Kalra, Richard Staelin und Valarie A. Zeithaml (1993), „A Dynamic Process Model of Service Quality: From Expectations to Behavioral Intentions,“ *Journal of Marketing Research*, 30 (February), 7–27.

Bourgeois III., L. J. (1979), „Toward a Method of Middle-Range Theorizing,“ *Academy of Management Review*, 4 (July), 443–447.

Bowen, John (1990), „Development of a Taxonomy of Services to Gain Strategic Marketing Insights,“ *Journal of the Academy of Marketing Science*, 18 (Winter), 43–49.

Box, George E. P. (1976), „Science and Statistics,“ *Journal of the American Statistical Association*, 71 (December), 791–799.

Brady, Michael K. und J. Joseph Cronin Jr. (2001), „Some New Thoughts on Conceptualizing Perceived Service Quality: A Hierarchical Approach,“ *Journal of Marketing*, 65 (July), 34–49.

Braun-LaTour, Kathryn A., Michael S. LaTour und George M. Zinkhan (2007), „Using Childhood Memories to Gain Insight into Brand Meaning,“ *Journal of Marketing*, 71 (April), 45–60.

Breivik, Einar und Magne Supphellen (2003), „Elicitation of Product Attributes in an Evaluation Context: A Comparison of Three Elicitation Techniques,“ *Journal of Economic Psychology*, 24 (February), 77–98.

Brewer, Marilyn B. (1991), „The Social Self: On Being the Same and Different at the Same Time,” *Personality and Social Psychology Bulletin*, 17 (5), 475–482.

Briones, Maricris G. (1999), „Resellers Hike Profits through Service,“ *Marketing News*, 33 (4), 1, 14.

Brown, Tom J. und Peter A. Dacin (1997), „The Company and the Product: Corporate Associations and Consumer Product Responses,“ *Journal of Marketing*, 61 (January), 68–84.

Bruhn, Manfred (2001), *Relationship Marketing. Das Management von Kundenbeziehungen*, München: Vahlen.

Brunsø, Karen, Joachim Scholderer und Klaus G. Grunert (2004), „Closing the Gap Between Values and Behavior: A Means-End Theory of Lifestyle,“ *Journal of Business Research*, 57 (June), 665–670.

Burroughs, James E. und Aric Rindfleisch (2002), „Materialism and Well-Being: A Conflicting Values Perspective,“ *Journal of Consumer Research*, 29 (December), 348–370.

Burton, Jamie und Christopher Easingwood (2006), „A Positioning Typology of Consumers' Perceptions of the Benefits Offered by Successful Service Brands," *Journal of Retailing & Consumer Services*, 13 (September), 301–316.

Buzzell, Robert D. (1963), „Is Marketing a Science?" *Harvard Business Review*, 41 (January/February), 32–40.

Capraro, Anthony J., Susan Broniarczyk und Rajendra K. Srivastava (2003), „Factors Influencing the Likelihood of Customer Defection: The Role of Consumer Knowledge," *Journal of the Academy of Marketing Science*, 31 (March), 164–175.

Carman, James M. (1980), „Paradigms for Marketing Theory," in: Jagdish N. Sheth (Hrsg.), *Research in Marketing*, 3, Greenwich, CT: JAI, 1–36.

Carver, Charles S. und Michael F. Scheier (1981), *Attention and Self-Regulation: A Control Theory Approach to Human Behavior*, New York, NY: Springer.

——— und ——— (1996), *Perspectives on Personality*, 3. Aufl., Needham Heights, MA: Allyn & Bacon.

Cavusgil, S. Tamer und Shaoming Zou (1994), „Marketing Strategy-Performance Relationship: An Investigation of the Empirical Link in Export Market Ventures," *Journal of Marketing*, 58 (January), 1–21.

Celsi, Richard L. und Jerry C. Olson (1988), „The Role of Involvement in Attention and Comprehension Processes," *Journal of Consumer Research*, 15 (September), 210–224.

Chin, Wynne W. (2001), *PLS-Graph User's Guide: Version 3.0. Soft Modeling Inc*, University of Houston.

———, Barbara L. Marcolin und Peter R. Newsted (1996), „A Partial Least Squares Latent Variable Modeling Approach for Measuring Interaction Effects: Results from Monte Carlo Simulation Study and an Electronic-Mail Emotion/Adoption Study," *Information Systems Research*, 14 (June), 89–217.

——— und Peter R. Newsted (1999), „Structural Equation Modeling Analysis with Small Samples Using Partial Least Squares," in: Rick H. Hoyle (Hrsg.), *Statistical Strategies for Small Sample Research*, Thousand Oaks, CA: Sage, 307–342.

Chiou, Jyh-Shen, Cornelia Droge und Sangphet Hanvanich (2002), „Does Customer Knowledge Affect How Loyalty Is Formed," *Journal of Service Research*, 5 (November), 113–124.

Churchill Jr., Gilbert A. (1979), „A Paradigm for Developing Better Measures of Marketing Constructs," *Journal of Marketing Research*, 16 (February), 64–73.

——— und Dawn Iacobucci (2005), *Marketing Research: Methodological Foundations*, 9. Aufl., Mason, OH: South-Western.

Claeys, Christel, A. Swinnen und Piet Vanden Abeele (1995), „Consumers' Means-End Chains for ‚Think' and ‚Feel' Products," *International Journal of Research in Marketing*, 12 (October), 193–208.

——— und Piet Vanden Abeele (2001), „Means-End Chain Theory and Involvement: Potential Research Directions," in: Thomas J. Reynolds und Jerry C. Olson (Hrsg.), *Understanding Consumer Decision Making: A Means-End Approach to Advertising and Marketing Strategy*, Mahwah, NJ: Erlbaum, 359–388.

Cohen, Gillian (2000), „Hierarchical Models in Cognition: Do They Have Psychological Reality," *European Journal of Cognitive Psychology*, 12 (1), 1–36.

Cohen, Jacob (1988), *Statistical Power and Analysis for Behavioral Sciences*, 2. Aufl., Hillsdale, NJ: Erlbaum.

Cohen, Joel B. und Michael J. Houston (1972), „Cognitive Consequences of Brand Loyalty," *Journal of Marketing Research*, 9 (February), 97–99.

——— und Luk Warlop (2001), „A Motivational Perspective on Means-End Chains," in: Thomas J. Reynolds und Jerry C. Olson (Hrsg.), *Understanding Consumer Decision Making: A Means-End Approach to Advertising and Marketing Strategy*, Mahwah, NJ: Erlbaum, 389–412.

Cole, Stephen (1983), „The Hierarchy of the Sciences?" *American Journal of Sociology*, 89 (July), 111–139.

Collins, Allan M. und Elisabeth F. Loftus (1975), „A Spreading-Activation Theory of Semantic Processing," *Psychological Review*, 82 (November), 407–428.

Colquitt, Jason A. und Cindy P. Zapata-Phelan (2007), „Trends in Theory Building and Theory Testing: A Five-Decade Study of The Academy of Management Journal," *Academy of Management Journal*, 50 (December), 1281–1303.

Comte, Auguste und Harriet Martineau (2003), *Positive Philosophy of Auguste Comte*, Bd. 1, Whitefish, MT: Kessinger.

Converse, Paul D. (1945), „The Development of the Science of Marketing – An Exploratory Survey," *Journal of Marketing*, 10 (July), 14–23.

Corsten, Hans (1990): *Betriebswirtschaftslehre der Dienstleistungsunternehmungen. Einführung*, 2. Aufl., München und Wien: Oldenbourg.

Corstjens, Marcel und Rajiv Lal (2000), „Building Store Loyalty through Store Brands," *Journal of Marketing Research*, 37 (August), 281–291.

Cote, Joseph A., Siew Meng Leong und Jane Cote (1991), „Assessing the Influence of Journal of Consumer Research: A Citation Analysis," *Journal of Consumer Research*, 18 (December), 402–410.

Council for Marketing and Opinion Research (2001), *Respondent Cooperation and Industry Image Study: Privacy and Survey Research*, Glastonbury, CT: CMOR.

Coviello, Nicole E., Roderick J. Brodie, Peter J. Danaher und Wesley J. Johnston (2002), „How Firms Relate to Their Markets: An Empirical Examination of Contemporary Marketing Practices," *Journal of Marketing*, 66 (July), 33–46.

Craig, C. Samuel, Avijit Ghosh und Sara McLafferty (1984), „Models of the Retail Location Process: A Review," *Journal of Retailing*, 60 (Spring), 5–36.

Cronbach, Lee J. (1982), *Designing Evaluations of Educational and Social Programs*, San Francisco, CA: Jossey-Bass.

Cronin Jr., J. Joseph, Michael K. Brady und G. Tomas M. Hult (2000), „Assessing the Effects of Quality, Value, and Customer Satisfaction on Consumer Behavioral Intentions in Service Environments," *Journal of Retailing*, 76 (Summer), 193–218.

——— und Steven A. Taylor (1992), „Measuring Service Quality: A Reexamination and Extension," *Journal of Marketing*, 56 (July), 55–68.

Crosby, Lawrence A., Kenneth R. Evans und Deborah Cowles (1990), „Relationship Quality in Services Selling: An Interpersonal Influence Perspective," *Journal of Marketing*, 54 (July), 68–81.

——— und Nancy Stephens (1987), „Effects of Relationship Marketing on Satisfaction, Retention, and Prices in the Life Insurance Industry," *Journal of Marketing Research*, 24 (November), 404–411.

——— und James A. Taylor (1983), „Psychological Commitment and Its Effects on Post-Decision Evaluation and Preference Stability Among Voters," *Journal of Consumer Research*, 9 (March), 413–431.

Cunningham, Lawrence E., Clifford E. Young, Wolfgang Ulaga und Moonkyu Lee (2004), „Consumer Views of Service Classifications in the USA and France," *Journal of Services Marketing*, 18 (6), 421–432.

Czepiel, John A. (1990), „Service Encounters and Service Relationships: Implications for Research," *Journal of Business Research*, 20 (January), 13–21.

Dabholkar, Pratibha A., Dayle I. Thorpe und Joseph O. Rentz (1996), „A Measure of Service Quality: Scale Development and Validation," *Journal of the Academy of Marketing Science*, 24 (Winter), 3–16.

Danaher, Peter J., Denise M. Conroy und Janet R. McColl-Kennedy (2008), „Who Wants a Relationship Anyway? Conditions When Consumers Expect a Relationship with Their Service Provider", *Journal of Service Research*, 11 (August), 43–62.

Day, George S. (1969), „A Two-Dimensional Concept of Brand Loyalty," *Journal of Advertising Research*, 9 (September), 29–35.

——— (1992), „Marketing's Contribution to the Strategy Dialogue," *Journal of the Academy of Marketing Science*, 20 (Fall), 323–329.

Dean, Alison M. (2007), „The Impact of the Customer Orientation of Call Center Employees on Customers' Affective Commitment and Loyalty," *Journal of Service Research*, 10 (November), 161–173.

Deshpande, Rohit (1983), „‚Paradigms Lost': On Theory and Method in Marketing," *Journal of Marketing*, 47 (Fall), 101–110.

De Wulf, Kristof, Gaby Odekerken-Schröder und Dawn Iacobucci (2001), „Investments in Consumer Relationships: A Cross-Country and Cross-Industry Exploration," *Journal of Marketing*, 65 (October), 33–50.

Dholakia, Utpal M. (2006), „How Customer Self-Determination Influences Relational Marketing Outcomes: Evidence from Longitudinal Field Studies," *Journal of Marketing Research*, 43 (February), 109–120.

Diamantopoulos, Adamantios und Heidi M. Winklhofer (2001), „Index Construction with Formative Indicators: An Alternative to Scale Development," *Journal of Marketing Research*, 38 (May), 269–277.

Dick, Alan S. und Kunal Basu (1994), „Customer Loyalty: Toward an Integrated Conceptual Framework," *Journal of the Academy of Marketing Science*, 22 (Spring), 99–113.

Diller, Hermann (1996), „Kundenbindung als Marketingziel,“ *Marketing – Zeitschrift für Forschung und Praxis*, 18 (2), 81–94.

DiMaggio, Paul J. (1995), „Comments on ‚What Theory Is Not',“ *Administrative Science Quarterly*, 40 (September), 391–397.

Doney, Patricia M. und Joseph P. Cannon (1997), „An Examination of Trust in Buyer-Supplier Relationships,“ *Journal of Marketing*, 61 (April), 35–51.

Drèze, Xavier und Stephen J. Hoch (1998), „Exploiting the Installed Base Using Cross-Merchandising and Category Destination Programs,“ *International Journal of Research in Marketing*, 15 (December), 459–471.

Driver, Carole und Robert Johnston (2001), „Understanding Service Customers: The Value of Hard and Soft Attributes,“ *Journal of Service Research*, 4 (November), 130–139.

Dubin, Robert (1978), *Theory Building*, 2. überarb. Aufl., New York, NY: Free Press.

Duncan, Tom und Sandra E. Moriarty (1998), „A Communication-Based Marketing Model for Managing Relationships,“ *Journal of Marketing*, 62 (April), 1–13.

Easley, Richard W., Charles S. Madden und Mark G. Dunn (2000), „Conducting Marketing Science: The Role of Replication in the Research Process,“ *Journal of Business Research*, 48 (April), 83–92.

Echambady, Raj und James D. Hess (2007), „Mean-Centering Does Not Alleviate Collinearity Problems in Moderated Multiple Regression Models,“ *Marketing Science*, 26 (May/June), 438–445.

Eden, Dov (2002), „From the Editors: Replication, Meta-Analysis, Scientific Progress, and AMJ's Publication Policy,“ *Academy of Management Journal*, 45 (October), 841–846.

Eggert, Andreas (2000), „Konzeptualisierung und Operationalisierung der Kundenbindung aus Kundensicht,“ *Marketing – Zeitschrift für Forschung und Praxis*, 22 (2), 119–130.

———, Georg Fassott und Sabrina Helm (2005), „Identifizierung und Quantifizierung mediierender und moderierender Effekte in komplexen Kausalstrukturen,“ in: Friedhelm W. Bliemel, Andreas Eggert, Georg Fassott und Jörg Henseler (Hrsg.), *Handbuch PLS-Pfadmodellierung: Methoden, Anwendung, Praxisbeispiele*, Stuttgart: Schäffer-Poeschel, 101–116.

Ehrenberg, A. S. C. (1995), „Empirical Generalisations, Theory, and Method,“ *Marketing Science*, 14 (Summer), Part 2 of 2, G20–G28.

Eichhorn, Wolfgang (1979), „Die Begriffe Modell und Theorie in der Wirtschaftswissenschaft," in: Hans Raffée und Bodo Abel (Hrsg.), *Wissenschaftstheoretische Grundfragen der Wirtschaftswissenschaften*, München: Vahlen, 60–104.

Eisenhardt, Kathleen M. (1989), „Building Theories from Case Study Research," *Academy of Management Review*, 14 (October), 532–550.

Escalas, Jennifer Edson und James R. Bettman (2000), „Using Narratives to Discern Self-Identity Related Consumer Goals and Motivations," in: S. Ratneshwar, David Glen Mick und Cynthia Huffman (Hrsg), *The Why of Consumption: Contemporary Perspectives on Consumer Motives, Goals, and Desires*, London: Routledge, 237–258.

Evans, Kenneth R., Tim Christiansen und James D. Gill (1996), „The Impact of Social Influence and Role Expectations on Shopping Center Patronage Intentions," *Journal of the Academy of Marketing Science*, 24 (Summer), 208–218.

Evanschitzky, Heiner, Carsten Baumgarth, Raymond Hubbard und J. Scott Armstrong (2007), „Replication Research's Disturbing Trend," *Journal of Business Research*, 60 (April), 411–415.

——— und Maren Wunderlich (2006), „An Examination of Moderator Effects in the Four-Stage Loyalty Model," *Journal of Service Research*, 8 (May), 1–16.

Farley, John U. und Donald R. Lehmann (1986), *Generalizing about Market Response Models: Meta-Analysis in Marketing*, Lexington, MA: Lexington.

———, ——— und Alan Sawyer (1995), „Empirical Marketing Generalization Using Meta-Analysis," *Marketing Science*, 14 (Summer), Part 2 of 2, G36–G46.

Fassott, Georg und Andreas Eggert (2005), „Zur Verwendung formativer und reflektiver Indikatoren in Strukturgleichungsmodellen: Bestandsaufnahme und Anwendungsempfehlungen," in: Friedhelm W. Bliemel, Andreas Eggert, Georg Fassott und Jörg Henseler (Hrsg.), *Handbuch PLS-Pfadmodellierung: Methoden, Anwendung, Praxisbeispiele*, Stuttgart: Schäffer-Poeschel, 31–47.

Festinger, Leon (1957), *A Theory of Cognitive Dissonance*, Stanford, CA: Stanford University Press.

Fine, Seymour H. (1981), *The Marketing of Ideas and Social Issues*, New York, NY: Praeger.

Fishbein, Martin und Icek Ajzen (1975), *Belief, Attitude, Intention, and Behavior: An Introduction to Theory and Research*, Reading, MA: Addison-Wesley.

Fisk, Raymond P., Mary Jo Bitner und Stephen W. Brown (1993), „Tracking the Evolution of the Services Marketing Literatur," *Journal of Retailing*, 69 (Spring), 61–103.

Flint, Daniel J., Robert B. Woodruff und Sarah Fisher Gardial (2002), „Exploring the Phenomenon of Customers' Desired Value Change in a Business-to-Business Context," *Journal of Marketing*, 66 (October), 102–117.

Fornell, Claes und Fred L. Bookstein (1982), „Two Structural Equation Models: LISREL and PLS Applied to Consumer Exit-Voice Theory," *Journal of Marketing Research*, 19 (November), 440–452.

——— und David F. Larcker (1981), „Evaluating Structural Equation Models with Unobservable Variables and Measurement Error," *Journal of Marketing Research*, 18 (February), 39–50.

——— und Birger Wernerfelt (1987), „Defensive Marketing Strategy by Customer Complaint Management: A Theoretical Analysis," *Journal of Marketing Research*, 24 (November), 337–346.

——— und ——— (1988), „A Model for Customer Complaint Management," *Marketing Science*, 7 (Summer), 287–298.

Fournier, Susan (1998), „Consumers and Their Brands: Developing Relationship Theory in Consumer Research," *Journal of Consumer Research*, 24 (March), 343–373.

Frank, Ulrich (1998), „Wissenschaftstheoretische Herausforderungen der Wirtschaftsinformatik," in: Elmar Gerum (Hrsg.), *Innovation in der Betriebswirtschaftslehre*, Wiesbaden: Gabler, 91–118.

Franke, Nikolaus (2000), „Marketingwissenschaft – Eine empirische Positionsbestimmung," in: Klaus Backhaus (Hrsg.), *Deutschsprachige Marketingforschung – Bestandsaufnahme und Perspektiven*, Stuttgart: Schäffer-Poeschel, 409–444.

Franses, Philip Hans und Richard Paap (2001), *Quantitative Models in Marketing Research*, Cambridge: Cambridge University Press.

Freese, Lee (1980), „Formal Theorizing," *Annual Review of Sociology*, 6 (August), 187–212.

Frenzen, Jonathan K. und Harry L. Davis (1990), „Purchasing Behavior in Embedded Markets," *Journal of Consumer Research*, 17 (June), 1–12.

Fruchter, Gila E. und Simon Pierre Sigué (2004), „Managing Relational Exchanges," *Journal of Service Research*, 7 (November), 142–154.

——— und ——— (2005), „Transactions vs. Relationships: What Should the Company Emphasize,“ *Journal of Service Research*, 8 (August), 18–36.

Fullerton, Gordon (2003), „When Does Commitment Lead to Loyalty,“ *Journal of Service Research*, 5 (May), 333–344.

——— (2005), „The Service Quality–Loyalty Relationship in Retail Services: Does Commitment Matter?“ *Journal of Retailing & Consumer Services*, 12 (March), 99–111.

Ganesh, Jaishankar, Mark J. Arnold und Kristy E. Reynolds (2000), „Understanding the Customer Base of Service Providers: An Examination of the Differences Between Switchers and Stayers,“ *Journal of Marketing*, 64 (July), 65–87.

Garbarino, Ellen und Mark S. Johnson (1999), „The Different Roles of Satisfaction, Trust, and Commitment in Customer Relationships,“ *Journal of Marketing*, 63 (April), 70–87.

——— und ——— (2001), „Effect of Consumer Goals on Attribute Weighting, Overall Satisfaction, and Product Usage,“ *Psychology & Marketing*, 18 (September), 929–949.

Gardial, Sarah Fisher, D. Scott Clemons, Robert B. Woodruff, David W. Schumann und Mary Jane Burns (1994), „Comparing Consumers' Recall of Prepurchase and Postpurchase Product Evaluation Experiences,“ *Journal of Consumer Research*, 20 (March), 548–560.

Gedenk, Karen und Scott A. Neslin (1999), „The Role of Retail Promotion in Determining Future Brand Loyalty: Its Effect on Purchase Event Feedback,“ *Journal of Retailing*, 75 (Winter), 433–459.

Geertz, Cliffort (2007), *Dichte Beschreibung. Beiträge zum Verstehen kultureller Systeme*, 10. Aufl., Frankfurt am Main: Suhrkamp.

Geisser, Seymour (1974), „A Predictive Approach to the Random Effects Model,“ *Biometrika*, 61 (April), 101–107.

Geistfeld, Loren V., George E. Sproles und Suzanne E. Badenhop (1977), „The Concept and Measurement of a Hierarchy of Product Characteristics,“ *Advances in Consumer Research*, 4, 302–307.

Gengler, Charles E., Michael S. Mulvey und Janet E. Oglethorpe (1999), „A Means-End Analysis of Mothers' Infant Feeding Choices,“ *Journal of Public Policy & Marketing*, 18 (2), 172–188.

Georgi, Dominik (2000), *Entwicklung von Kundenbeziehungen: Theoretische und empirische Analysen unter dynamischen Aspekten*, zugl. Diss., Wiesbaden: Gabler.

Gergen, Kenneth J. (1978), „Toward Generative Theory," *Journal of Personality and Social Psychology*, 36 (November), 1344–1360.

Gigerenzer, Gerd (1991), „From Tools to Theories: A Heuristic of Discovery in Cognitive Psychology," *Psychological Review*, 98 (April), 254–267.

Gioia, Dennis A. und Evelyn Pitre (1990), „Multiparadigm Perspectives on Theory Building," *Academy of Management Review*, 15 (October), 584–602.

Glaser, Barney G. und Anselm L. Strauss (1967), *The Discovery of Grounded Theory: Strategies for Qualitative Research*, Chicago, IL: Aldine.

Glusac, Nikola und Hans H. Hinterhuber (2005), „Wie Miles & More und Payback wirken," *Harvard Business Manager*, 12/2005, 8–10.

Goldman, Arieh (1979), „Publishing Activity in Marketing as an Indicator of Its Structure and Disciplinary Boundaries," *Journal of Marketing Research*, 16 (November), 485–494.

Gordon, Mary Ellen, Kim McKeage und Mark Alexander Fox (1998), „Relationship Marketing Effectiveness: The Role of Involvement," *Psychology & Marketing*, 15 (August), 443–459.

Grayson, Kent und Roland T. Rust (2001), „Interrater Reliability," *Journal of Consumer Psychology*, 10 (1/2), 71–73.

Green, Paul E., Abba M. Krieger und Catherine M. Schaffer (1985), „Quick and Simple Benefit Segmentation," *Journal of Advertising Research*, 25 (June/July), 9–17.

Gremler, Dwayne D. und Kevin P. Gwinner (2000), „Customer-Employee Rapport in Service Relationships," *Journal of Service Research*, 3 (August), 82–104.

Grewal, Dhruv, Julie Baker, Michael Levy und Glenn B. Voss (2003), „The Effects of Wait Expectations and Store Atmosphere Evaluations on Patronage Intentions in Service-Intensive Retail Stores," *Journal of Retailing*, 79 (Winter), 259–268.

Grönroos, Christian (1997), „Value-Driven Relational Marketing: From Products to Resources and Competencies," *Journal of Marketing Management*, 13 (July), 407–419.

Gröppel-Klein, Andrea (2001): „Stichwort ‚Motivation'," in: Hermann Diller (Hrsg.), *Vahlens Großes Marketing-Lexikon*, Bd. 2, 2. Aufl., München: DTV, 1146–1159.

Grove, Stephen J. und Raymond P. Fisk (1997), „The Impact of Other Customers on Service Experiences: A Critical Incident Examination of ‚Getting Along'," *Journal of Retailing*, 73 (Spring), 63–85.

Gruber, Thorsten, Isabelle Szmigin und Rödiger Voss (2006), „Creating Complaint Satisfaction in Personal Complaint Encounters: An Explorative Study of Two Laddering Techniques," in: Dhruv Grewal, Michael Levy und R. Krishna (Hrsg.), *Enhancing Knowledge Development in Marketing: Proceedings of the 2006 AMA Summer Educators' Conference*, Chicago, IL.: American Marketing Association, 47–48.

Gruen, Thomas W., Talai Osmonbekov und Andrew J. Czaplewski (2007), „Customer-to-Customer Exchange: Its MOA Antecedents and Its Impact on Value Creation and Loyalty," *Journal of the Academy of Marketing Science*, 35 (Winter), 537–549.

———, John O. Summers und Frank Acito (2000), „Relationship Marketing Activities, Commitment, and Membership Behaviors in Professional Associations," *Journal of Marketing*, 64 (July), 34–49.

Grunert, Klaus G. (1996), „Automatic and Strategic Processes in Advertising Effects," *Journal of Marketing*, 60 (October), 88–101.

——— und Tino Bech-Larsen (2005), „Explaining Choice Option Attractiveness by Beliefs Elicited by the Laddering Method," *Journal of Economic Psychology*, 26 (April), 223–241.

———, Suzanne C. Beckmann und Elin Sørensen (2001), „Means-End Chains and Laddering: An Inventory of Problems and an Agenda for Research," in: Thomas J. Reynolds und Jerry C. Olson (Hrsg.), *Understanding Consumer Decision Making: A Means-End Approach to Advertising and Marketing Strategy*, Mahwah, NJ: Erlbaum, 63–90.

——— und Suzanne C. Grunert (1995), „Measuring Subjective Meaning Structures by the Laddering Method: Theoretical Considerations and Methodological Problems," *International Journal of Research in Marketing*, 12 (October), 209–225.

Gujarati, Damodar N. (2004), *Basic Econometrics*, 4. Aufl., Boston, MA: McGraw-Hill.

Gummesson, Evert (1997), „Relationship Marketing as a Paradigm Shift: Some Conclusions from the 30R Approach," *Management Decision*, 35 (4), 267–272.

Gupta, Sunil, Donald R. Lehmann und Jennifer Ames Stuart (2004), „Valuing Customers," *Journal of Marketing Research*, 41 (February), 7–18.

——— und Valarie A. Zeithaml (2006), „Customer Metrics and Their Impact on Financial Performance," *Marketing Science*, 25 (November-December), 718–739.

Gustafsson, Anders und Michael D. Johnson (2004), „Determining Attribute Importance in a Service Satisfaction Model," *Journal of Service Research*, 7 (November), 124–141.

———, ——— und Inger Roos (2005), „The Effects of Customer Satisfaction, Relationship Commitment Dimensions, and Triggers on Customer Retention,“ *Journal of Marketing*, 69 (October), 210–218.

Gutenberg, Erich (1951), *Grundlagen der Betriebswirtschaftslehre*, Bd. 1, Berlin und Heidelberg: Springer.

Gutman, Jonathan (1982), „A Means-End Chain Model of Consumer Categorization Processes,“ *Journal of Marketing*, 46 (Spring), 60–72.

——— (1991), „Exploring the Nature of Linkages Between Consequences and Values,“ *Journal of Business Research*, 22 (March), 143–148.

——— (1997), „Means-End Chains as Goal Hierarchies,“ *Psychology & Marketing*, 14 (September), 545–560.

Gwinner, Kevin P., Dwayne D. Gremler und Mary Jo Bitner (1998), „Relational Benefits in Service Industries: The Customer's Perspective,“ *Journal of the Academy of Marketing Science*, 26 (Spring), 101–114.

Hackl, Peter (2003), „Specification Analysis of Structural Equation Models,“ *Proceedings of the PLS'03 International Symposium on PLS and Related Methods*, Paris: Decisia, 127–134.

Häder, Sabine und Siegfried Gabler (1998), „Ein neues Stichprobendesign für telefonische Umfragen in Deutschland,“ in: Siegfried Gabler, Sabine Häder und Jürgen Hoffmeyer-Zlotnik (Hrsg.), *Telefonstichproben in Deutschland*, Opladen: Westdeutscher Verlag, 69–88.

Hage, Jerald (1994), „Sociological Theory: Complex, Fragmented, and Politicized,“ in: Jerald Hage (Hrsg.), *Formal Theory in Sociology*, Albany, NY: State University of New York Press, 52–65.

Halbert, Michael (1965), *The Meaning and Sources of Marketing Theory*, New York, NY: McGraw-Hill.

Haley, Russell I. (1968), „Benefit Segmentation: Decision-Oriented Research Tool,“ *Journal of Marketing*, 32 (July), 30–35.

——— (1984), „Benefit Segments: Backwards and Forwards,“ *Journal of Advertising Research*, 24 (February/March), 19–25.

Hansen, Ursula und Matthias Bode (1997), „Blinde Flecken der Marketingwissenschaft: Das Problemfeld der ‚4 G's',“ in: Manfred Bruhn und Hartwig Steffenhagen (Hrsg.), *Markt-*

orientierte Unternehmensführung. Reflexionen – Denkanstöße – Perspektiven, Gabler: Wiesbaden, 57–83.

——— und ——— (1999), *Marketing und Konsum: Theorie und Praxis von der Industrialisierung bis ins 21. Jahrhundert*, München: Vahlen.

Hanson, Norwood Russell (1971), „The Idea of a Logic of Discovery," in: Stephen Toulmin (Hrsg.), *What I Do Not Believe, and Other Essays*, Dordrecht: Reidel, 288–300.

Harkness, Janet A., Peter Ph. Mohler und Fons J. R. Van de Vijver (2003), „Comparative Research," in: Janet A. Harkness, Fons J. R. Van de Vijver und Peter Ph. Mohler (Hrsg.), *Cross-Cultural Survey Methods*, Hoboken, NJ: Wiley, 3–16.

Hartline, Michael D. und O. C. Ferrell (1996), „The Management of Customer-Contact Service Employees: An Empirical Investigation," *Journal of Marketing*, 60 (October), 52–70.

———, James G. Maxham III. und Daryl O. McKee (2000), „Corridors of Influence in the Dissemination of Customer-Oriented Strategy to Customer Contact Service Employees," *Journal of Marketing*, 64 (April), 35–50.

Heitman, Mark, Donald R. Lehmann und Andreas Herrmann (2007), „Choice Goal Attainment and Decision and Consumption Satisfaction," *Journal of Marketing Research*, 44 (May), 234–250.

Henkoff, Ronald (1994), „Service is Everybody's Business," *Fortune*, 27 (June), 48–60.

Hennig-Thurau, Thorsten, Markus Groth, Michael Paul und Dwayne D. Gremler (2006), „Are All Smiles Created Equal? How Emotional Contagion and Emotional Labor Affect Service Relationships," *Journal of Marketing*, 70 (July), 58–73.

———, Kevin P. Gwinner und Dwayne D. Gremler (2000), „Why Customers Build Relationships with Companies – and Why Not," in: Thorsten Hennig-Thurau und Ursula Hansen (Hrsg.), *Relationship Marketing: Gaining Competitive Advantage through Customer Satisfaction and Customer Retention*, Berlin: Springer, 369–391.

———, ——— und ——— (2002), „Understanding Relationship Marketing Outcomes: An Integration of Relational Benefits and Relationship Quality," *Journal of Service Research*, 4 (February), 230–247.

———, ———, ——— und Michael Paul (2005), „Managing Service Relationships in a Global Economy: Exploring the Impact of National Culture on the Relevance of Customer Relational Benefits for Gaining Loyal Customers," *Advances in International Marketing*, 15, 11–31.

——— und Alexander Klee (1997), „The Impact of Customer Satisfaction and Relationship Quality on Customer Retention: A Critical Reassessment and Model Development," *Psychology & Marketing*, 14 (December), 737–764.

———, Gianfranco Walsh und Ulf Schrader (2004), „VHB-JOURQUAL: Ein Ranking von betriebswirtschaftlich-relevanten Zeitschriften auf der Grundlage von Expertenurteilen," *Zeitschrift für betriebswirtschaftliche Forschung*, 56 (September), 520–545.

Herrmann, Andreas und Frank Huber (2001), „Stichwort ‚Nutzen'," in: Hermann Diller (Hrsg.), *Vahlens Großes Marketing-Lexikon*, Bd. 2, 2. Aufl., München: DTV, 1201–1203.

Heskett, James L., W. Earl Sasser und Leonard A. Schlesinger (1997), *The Service Profit Chain: How Leading Companies Link Profit and Growth to Loyalty, Satisfaction, and Value*, New York, NY: Free Press.

Hirschman, Elizabeth C. (1980), „Attributes of Attributes and Layers of Meaning," *Advances in Consumer Research*, 7, 7–12.

——— (1986), „Humanistic Inquiry in Marketing Research: Philosophy, Method, and Criteria," *Journal of Marketing Research*, 23 (August), 237–249.

Hofstede, Geert (2001), *Culture's Consequences: Comparing Values, Behaviors, Institutions, and Organizations across Nations*, 2. Aufl., Beverly Hills, CA: Sage.

Hogreve, Jens (2007), *Die Wirkung von Dienstleistungsgarantien auf das Konsumentenverhalten – Eine empirische Analyse*, zugl. Diss., Wiesbaden: Gabler.

Holloway, Betsy Bugg und Sharon E. Beatty (2008), „Satisfiers and Dissatisfiers in the Online Environment. A Critical Incident Assessment," *Journal of Service Research*, 10 (May), 347–364.

Holt, Douglas B. (1997), „Poststructuralist Lifestyle Analysis: Conceptualizing the Social Patterning of Consumption in Postmodernity," *Journal of Consumer Research*, 23 (March), 326–350.

Homburg, Christian (2000), „Entwicklungslinien der deutschsprachigen Marketingforschung," in: Klaus Backhaus (Hrsg.), *Deutschsprachige Marketingforschung – Bestandsaufnahme und Perspektiven*, Stuttgart: Schäffer-Poeschel, 339–360.

——— (2007), „Betriebswirtschaftslehre als empirische Wissenschaft – Bestandsaufnahme und Empfehlungen," *Zeitschrift für betriebswirtschaftliche Forschung*, 56 (Sonderheft), 27–60.

——— und Manfred Bruhn (2003), „Kundenbindungsmanagement – Eine Einführung in die theoretischen und praktischen Problemstellungen," in: Manfred Bruhn und Christian Homburg (Hrsg.), *Handbuch Kundenbindungsmanagement: Strategien und Instrumente für ein erfolgreiches CRM*, 4. Aufl., Wiesbaden: Gabler, 3–37.

——— und Andreas Fürst (2005), „How Organizational Complaint Handling Drives Customer Loyalty: An Analysis of the Mechanistic and the Organic Approach," *Journal of Marketing*, 69 (July), 95–114.

——— und Annette Giering (1996), „Konzeptualisierung und Operationalisierung komplexer Konstrukte: Ein Leitfaden für die Marketingforschung," *Marketing – Zeitschrift für Forschung und Praxis*, 18 (1), 5–24.

———, Nicole Koschate und Wayne D. Hoyer (2006), „The Role of Cognition and Affect in the Formation of Customer Satisfaction: A Dynamic Perspective," *Journal of Marketing*, 70 (July), 21–31.

——— und Harley Krohmer (2006), *Marketingmanagement: Strategie – Instrumente – Umsetzung – Unternehmensführung*, 2. überarb. u. erw. Aufl., Wiesbaden: Gabler.

———, Sabine Kuester, Nikolas Beutin und Ajay Menon (2005), „Determinants of Customer Benefits in Business-to-Business Markets: A Cross-Cultural Comparison," *Journal of International Marketing*, 13 (3), 1–31.

———, John P. Workman Jr. und Ove Jensen (2002), „A Configurational Perspective on Key Account Management," *Journal of Marketing*, 66 (April), 38–60.

Horizont (2006), „Bonuskarten etablieren sich beim Verbraucher," *Horizont*, 45/2006, http://www.horizont.net, Zugriff 21.08.2007.

Houston, Mark B. und Beth A. Walker (1996), „Self-Relevance and Purchase Goals: Mapping a Consumer Decision," *Journal of the Academy of Marketing Science*, 24 (Summer), 232–245.

Howard, John A. (1977), *Consumer Behavior: Application of Theory*, New York, NY: Wiley.

——— und Jagdish N. Sheth (1969), *The Theory of Buying Behavior*, New York, NY: Wiley.

Hudson, Laurel Anderson und Julie L. Ozanne (1988), „Alternative Ways of Seeking Knowledge in Consumer Research," *Journal of Consumer Research*, 14 (March), 508–521.

Huffman, Cynthia und Michael J. Houston (1993), „Goal-Oriented Experiences and the Development of Knowledge," *Journal of Consumer Research*, 20 (September), 190–206.

———, S. Ratneshwar und David Glen Mick (2000), „Consumer Goal Structures and Goal-Determination Processes: An Integrative Framework," in: S. Ratneshwar, David Glen Mick und Cynthia Huffman (Hrsg), *The Why of Consumption: Contemporary Perspectives on Consumer Motives, Goals, and Desires*, London: Routledge, 9–35.

Hui, B. S. (1982), „On Building Partial Least Squares Models with Interdependent Inner Relations," in: Karl G. Jöreskog und Herman Wold (Hrsg.), *Systems Under Indirect Observation: Causality, Structure, Prediction*, 1, Amsterdam: North-Holland, 249–271.

Hunt, Shelby D. (1976), „The Nature and Scope of Marketing," *Journal of Marketing*, 40 (July), 17–28.

——— (1983), „General Theories and the Fundamental Explananda of Marketing," *Journal of Marketing*, 47 (Fall), 9–17.

——— (1990), „Truth in Marketing Theory and Research," *Journal of Marketing*, 54 (July), 1–15.

——— (1992), „For Reason and Realism in Marketing," *Journal of Marketing*, 56 (April), 89–102.

——— (2002), *Foundations of Marketing Theory: Toward a General Theory of Marketing*, Armonk, NY und London: M. E. Sharpe.

——— (2003), *Controversy in Marketing Theory: For Reason, Realism, Truth, and Objectivity*, Armonk, NY und London: M. E. Sharpe.

Hunter, John E. (2001), „The Desperate Need for Replications," *Journal of Consumer Research*, 28 (June), 149–158.

Hutchinson, Kenneth D. (1952), „Marketing as a Science: An Appraisal," *Journal of Marketing*, 16 (January), 286–293.

Jacoby, Jacob (1978), „Consumer Research: A State of the Art Review," *Journal of Marketing*, 42 (April), 87–96.

——— und Robert W. Chestnut (1978), *Brand Loyalty: Measurement and Management*, New York, NY: Wiley.

——— und David B. Kyner (1973), „Brand Loyalty vs. Repeat Purchasing Behavior," *Journal of Marketing Research*, 10 (February), 1–9.

James, William (1907), *Pragmatism*, New York, NY: Harper Brothers.

Jarvis, Cheryl Burke, Scott B. MacKenzie und Philip M. Podsakoff (2003), „A Critical Review of Construct Indicators and Measurement Model Misspecification in Marketing and Consumer Research," *Journal of Consumer Research*, 30 (September), 199–218.

Jayachandran, Satish, Subhash Sharma, Peter Kaufman und Pushkala Raman (2005), „The Role of Informational Processes and Technology Use in Customer Relationship Management," *Journal of Marketing*, 69 (October), 177–192.

Jöreskog, Karl G. und Herman Wold (1982), „The ML and PLS Techniques for Modeling with Latent Variables: Historical and Comparative Aspects," in: Karl G. Jöreskog und Herman Wold (Hrsg.), *Systems under Indirect Observation: Causality, Structure, Prediction*, 1, Amsterdam: North-Holland, 263–270.

Johnson, Jeff W. und James M. Lebreton (2004), „History and Use of Relative Importance Indices in Organizational Research," *Organizational Research Methods*, 7 (3), 238–257.

Johnson, Michael D. (1989), „On the Nature of Product Attributes and Attribute Relationships," *Advances in Consumer Research*, 16, 598–604.

——— und Claes Fornell (1987), „The Nature and Methodological Implications of the Cognitive Representation of Products," *Journal of Consumer Research*, 14 (September), 214–228.

———, Andreas Herrmann und Frank Huber (2006), „The Evolution of Loyalty Intentions," *Journal of Marketing*, 70 (April), 122–132.

Jolson, Marvin A. und Walter F. Spath (1973), „Understanding and Fulfilling Shoppers' Requirements: An Anomaly in Retailing," *Journal of Retailing*, 49 (Summer), 38–50.

Jones, Michael A., David L. Mothersbaugh und Sharon E. Beatty (2000), „Switching Barriers and Repurchasing Intentions in Services," *Journal of Retailing*, 76 (Summer), 259–274.

———, ——— und ——— (2003), „The Effects of Locational Convenience on Customer Repurchase Intentions across Service Types," *Journal of Services Marketing*, 17 (6/7), 701–712.

Kahle, Lynn R. (1986), „The Nine Nations of North America and the Value Basis of Geographic Segmentation," *Journal of Marketing*, 50 (April), 37–47.

———, Sharon E. Beatty und Pamela Homer (1986), „Alternative Measurement Approaches to Consumer Values: The List of Values (LOV) and Values and Life Styles (VALS)," *Journal of Consumer Research*, 13 (December), 405–409.

Kalwani, Manohar U. und Alvin J. Silk (1982), „On the Reliability and Predictive Validity of Purchase Intention Measures,“ *Marketing Science*, 1 (Summer), 243–286.

Kalyanaram, Gurumurthy, William T. Robinson und Glen L. Urban (1995), „Order of Market Entry: Established Empirical Generalizations, Emerging Empirical Generalizations, and Future Research,“ *Marketing Science*, 14 (Summer), Part 2 of 2, G212–221.

Kamakura, Wagner A. und José Afonso Mazzon (1991), „Value Segmentation: A Model for the Measurement of Values and Value Systems,“ *Journal of Consumer Research*, 18 (September), 208–218.

——— und Thomas P. Novak (1992), „Value-System Segmentation: Exploring the Meaning of LOV,“ *Journal of Consumer Research*, 19 (June), 119–132.

Kantamneni, S. Prasad und Kevin R. Coulson (1996), „Measuring Perceived Value: Scale Development and Research Findings from a Consumer Survey,“ *Journal of Marketing Management*, 6 (Fall/Winter), 72–86.

Kaplan, Abraham (1964), *The Conduct of Inquiry: Methodology for Behavioral Science*, San Francisco, CA: Chandler.

Karmarkar, Uday (2004), „Will You Survive the Services Revolution,“ *Harvard Business Review*, 82 (June), 100–107.

Keller, Kevin Lane (1993), „Conceptualizing, Measuring, and Managing Customer-Based Brand Equity,“ *Journal of Marketing*, 57 (January), 1–22.

Kelly, George A. (1955), *The Psychology of Personal Constructs*, New York, NY: Norton.

Kilduff, Martin (2006), „Editor's Comments: Publishing Theory,“ *Academy of Management Review*, 31 (April), 252–255.

Kim, Byung-Do, Mengze Shi und Kannan Srinivasan (2001), „Reward Programs and Tacit Collusion,“ *Marketing Science*, 20 (Spring), 99–120.

Kirsch, Werner (1979), „Die verhaltenswissenschaftliche Fundierung der Betriebswirtschaftslehre,“ in: Hans Raffée und Bodo Abel (Hrsg.), *Wissenschaftstheoretische Grundfragen der Wirtschaftswissenschaften*, München: Vahlen, 105–120.

——— (1981), „Über den Sinn der empirischen Forschung in der angewandten Betriebswirtschaftslehre,“ in: Eberhard Witte (Hrsg.), *Der praktische Nutzen empirischer Forschung*, Tübingen: Mohr, 189–229.

Klahr, David und Herbert A. Simon (1999), „Studies of Scientific Discovery: Complementary Approaches and Convergent Findings,“ *Psychological Bulletin*, 125 (5), 524–543.

Klee, Alexander (2000), *Strategisches Beziehungsmanagement: Ein integrativer Ansatz zur strategischen Planung und Implementierung des Beziehungsmanagement*, zugl. Diss., Aachen: Shaker.

Klein, Katherine J., Fred Dansereau und Rosalie J. Hall (1994), „Levels Issues in Theory Development, Data Collection, and Analysis,“ *Academy of Management Review*, 19 (April), 195–229.

Klein, Naomi (1999), *No Logo: Taking Aim at the Brand Bullies*, New York, NY: Picador.

Kleinbaum, David G., Lawrence L. Kupper und Keith E. Muller (1988), *Applied Regression Analysis and Other Multivariable Methods*. 2. Aufl., Boston, MA: PWS-Kent.

Kluckhohn, Florence R. und Fred L. Strodtbeck (1961), *Variations in Value Orientations*, Evanston, IL.: Row, Peterson.

Kotler, Philip, Kevin Lane Keller und Friedhelm Bliemel (2007), *Marketing-Management: Strategien für wertschaffendes Handeln*, 12. aktual. Aufl., München: Pearson.

Kroeber-Riel, Werner und Peter Weinberg (2003), *Konsumentenverhalten*, 8. aktual. u. erg. Aufl., München: Vahlen.

Kruglanski, Arie W., James Y. Shah, Ayelet Fishbach, Ron Friedman, Woo Young Chun und David Sleeth-Keppler (2002), „A Theory of Goal Systems,“ in: Mark P. Zanna (Hrsg.), *Advances in Experimental Social Psychology*, 34, San Diego, CA: Academic Press, 331–378.

Kruskal, William und Ruth Majors (1989), „Concepts of Relative Importance in Recent Scientific Literature,“ *American Statistician*, 43 (1), 2–6.

Kubicek, Herbert (1977), „Heuristische Bezugsrahmen und heuristische Forschungsdesigns als Elemente einer Konstruktionsstrategie empirischer Forschung,“ in: Richard Köhler (Hrsg.), *Empirische und handlungstheoretische Forschungskonzeptionen in der Betriebswirtschaftslehre*, Stuttgart: Schäffer-Poeschel, 3–37.

Kumar, Nirmalya, Lisa K. Scheer und Jan-Benedict E. M. Steenkamp (1995), „The Effects of Supplier Fairness on Vulnerable Resellers,“ *Journal of Marketing Research*, 32 (February), 54–65.

———, ——— und ——— (1998), „Interdependence, Punitive Capability, and the Reciprocation of Punitive Actions in Channel Relationships,“ *Journal of Marketing Research*, 35 (May), 225–235.

Lakatos, Imre (1978), „Falsification and the Methodology of Scientific Research Programs," in: John Worrall und Gregory Currie (Hrsg.), *The Methodology of Scientific Research Programs: Imre Lakatos Philosophical Papers*, 1, Cambridge: Cambridge University Press, 8–101.

Laudan, Larry (1980), „Why Was the Logic of Discovery Abandoned," in: Thomas Nickles (Hrsg.), *Scientific Discovery, Logic, and Rationality*, Dordrecht: Reidel, 173–183.

Lehmann, Donald R., Sunil Gupta und Joel H. Steckel (1998), *Marketing Research*, Reading, MA: Addison-Wesley.

Leischner, Erika (2004), „Entwicklungslinien des Marketing in Deutschland: 25 Jahre im Spiegel der Zeitschrift ‚Marketing ZFP'," *Marketing – Zeitschrift für Forschung und Praxis*, 26 (4), 345–365.

Lemmink, Jos und Jan Mattsson (1998), „Warmth During Non-Productive Retail Encounters: The Hidden Side of Productivity," *International Journal of Research in Marketing*, 15 (December), 505–517.

Lemon, Katherine N., Tiffany Barnett White und Russell S. Winer (2002), „Dynamic Customer Relationship Management: Incorporating Future Considerations into the Service Retention Decision," *Journal of Marketing*, 66 (January), 1–14.

Lenski, Gerhard (1988), „Rethinking Macrosociological Theory," *American Sociological Review*, 53 (April), 163–171.

Leong, Siew Meng (1985), „Metatheory and Metamethodology in Marketing: A Lakatosian Reconstruction," *Journal of Marketing*, 49 (Fall), 23–40.

——— (1989), „A Citation Analysis of the Journal of Consumer Research," *Journal of Consumer Research*, 15 (March), 492–497.

Levitt, Theodore (1960), „Marketing Myopia," *Harvard Business Review*, 38 (July/August), 45–56.

Lewin, Kurt (1945), „The Research Center for Group Dynamics at Massachusetts Institute of Technology," *Sociometry*, 8, 126–135.

Lewis, Marianne W. und Andrew J. Grimes (1999), „Metatriangulation: Building Theories from Multiple Paradigms," *Academy of Management Review*, 24 (October), 672–690.

Lewis, Michael (2004), „The Influence of Loyalty Programs and Short-Term Promotions on Customer Retention," *Journal of Marketing Research*, 41 (August), 281–292.

Lincoln, Yvonna S. und Egon G. Guba (1985), *Naturalistic Inquiry*, Newbury Park, CA: Sage.

Liu, Yuping (2007), „The Long-Term Impact of Loyalty Programs on Consumer Purchase Behavior and Loyalty," *Journal of Marketing*, 71 (October), 19–35.

Lodahl, Janice B. und Gerald Gordon (1972), „The Structure of Scientific Fields and the Functioning of University Graduate Departments," *American Sociological Review*, 37 (February), 57–72.

——— und ——— (1973a), „Differences Between Physical and Social Sciences in University Graduate Departments," *Research in Higher Education*, 1 (Winter), 191–213.

——— und ——— (1973b), „Funding the Sciences in University Departments," *Educational Record*, 54, 74–82.

Lohmöller, Jan-Bernd (1989), *Latent Variable Path Modeling with Partial Least Squares*, Heidelberg: Physica.

Lovelock, Christopher (1983), „Classifying Services to Gain Strategic Marketing Insights," *Journal of Marketing*, 47 (Summer), 9–20.

Luce, Mary Frances, James R. Bettman und John W. Payne (2000), „Minimizing Negative Emotion as a Decision Goal: Investigating Emotional Trade-Off Difficulty," in: S. Ratneshwar, David Glen Mick und Cynthia Huffman (Hrsg.), *The Why of Consumption: Contemporary Perspectives on Consumer Motives, Goals, and Desires*, London: Routledge, 59–80.

Macintosh, Gerrard und Lawrence S. Lockshin (1997), „Retail Relationships and Store Loyalty: A Multi-Level Perspective," *International Journal of Research in Marketing*, 14 (December), 487–497.

MacKenzie, Scott B. (2003), „The Dangers of Poor Construct Conceptualization," *Journal of the Academy of Marketing Science*, 31 (Summer), 323–326.

Maignan, Isabelle und O. C. Ferrell (2004), „Corporate Social Responsibility and Marketing: An Integrative Framework," *Journal of the Academy of Marketing Science*, 31 (Winter), 3–19.

Marketing Doctoral Student Special Interest Group (2008), *Who Went Where & Salary Surveys*, http://docsig.eci.gsu.edu, Zugriff 05.09.2008.

Marketing Science Institute (2008), *2006–2008 Research Priorities*, http://www.msi.org/research/index.cfm?id=43, Zugriff 23.02.2008.

Mathwick, Charla, Caroline Wiertz und Ko De Ruyter (2008), „Social Capital Production in a Virtual P3 Community," *Journal of Consumer Research*, 34 (April), 832–849.

Mayr, Ernst (1969), *Principles of Systematic Zoology*, New York, NY: McGraw-Hill.

Mazis, Michael B., Olli T. Ahtola und R. Eugene Klippel (1975), „A Comparison of Four Multi-Attribute Models in the Prediction of Consumer Attitudes," *Journal of Consumer Research*, 2 (June) 38–52.

Mazumdar, Tridip, S. P. Raj und Indrajit Sinha (2005), „Reference Price Research: Review and Propositions," *Journal of Marketing*, 69 (October), 84–102.

McAlister, Leigh, Ruth N. Bolton und Ross Rizley (Hrsg.) (2006), *Essential Readings in Marketing*, Cambridge, MA: Marketing Science Institute.

McCarthy, E. Jerome (1960), *Basic Marketing: A Managerial Approach*, Homewood, IL: Irwin.

McGrath, Mary Ann, John F. Sherry Jr. und Deborah D. Heisley (1993), „An Ethnographic Study of an Urban Periodic Marketplace: Lessons from the Midville Farmers' Market," *Journal of Retailing*, 69 (Fall), 280–319.

McGrath, Rita Gunther (2007), „No Longer a Stepchild: How the Management Field Can Come into Its Own," *Academy of Management Journal*, 50 (December), 1365–1378.

McIntyre, Shelby H., David B. Montgomery, V. Srinivasan und Barton A. Weitz (1983), „Evaluating the Statistical Significance of Models Developed by Stepwise Regression," *Journal of Marketing Research*, 20 (February), 1–11.

McKinley, William, Mark A. Mone und Gyewan Moon (1999), „Determinants and Development of Schools in Organization Theory," *Academy of Management Review*, 24 (October), 634–648.

McKinney, John C. (1966), *Constructive Typology and Social Theory*, New York, NY: Appleton-Century-Crofts.

Meffert, Heribert (2000), *Marketing: Grundlagen marktorientierter Unternehmensführung; Konzepte – Instrumente – Praxisbeispiele*, 9. überarb. u. erw. Aufl., Wiesbaden: Gabler.

——— und Manfred Bruhn (2000), *Dienstleistungsmarketing: Grundlagen* Gegenstand, Methoden und Konzepte der Betriebswirtschaftslehre *Konzepte – Methoden. Mit Fallstudien*, 3. vollst. überarb. u. erw. Aufl., Wiesbaden: Gabler.

Mellerowicz, Konrad (1952), „Eine neue Richtung in der Betriebswirtschaftslehre," *Zeitschrift für Betriebswirtschaft*, 22, 145–161.

Merton, Robert K. (1967), *On Theoretical Sociology*, New York, NY: Free Press.

Meuter, Matthew L., Mary Jo Bitner, Amy L. Ostrom und Stephen W. Brown (2005), „Choosing Among Alternative Service Delivery Modes: An Investigation of Customer Trial of Self-Service Technologies," *Journal of Marketing*, 69 (April), 61–83.

———, Amy L. Ostrom, Robert I. Roundtree und Mary Jo Bitner (2000), „Self-Service Technologies: Understanding Customer Satisfaction with Technology-Based Service Encounters," *Journal of Marketing*, 64 (July), 50–64.

Meyer, Anton und Dirk Oevermann (1995), „Stichwort ‚Kundenbindung'," in: Bruno Tietz (Hrsg.), *Handwörterbuch des Marketing*, 2. völlig neu gestaltete Aufl., Stuttgart: Schäffer-Poeschel, 1340–1351.

Meyer, Robert und Eric J. Johnson (1995), „Empirical Generalizations in the Modeling of Consumer Choice," *Marketing Science*, 14 (Summer), Part 2 of 2, G180–G189.

Meyers-Levy, Joan und Prashant Malaviya (1999), „Consumers' Processing of Persuasive Advertisements: An Integrative Framework of Persuasion Theories," *Journal of Marketing*, 63 (Special Issue), 45–60.

Miles, Matthew B. und Michael Huberman (1994), *Qualitative Data Analysis: An Expanded Sourcebook*, 2. Aufl., Thousand Oaks, CA: Sage.

Mills, Jamie D., Stephen F. Olejnik und George A. Marcoulides (2005), „The Tabu Search Procedure: An Alternative to the Variable Selection Methods," *Multivariate Behavioral Research*, 40 (July), 351–371.

Mittal, Banwari und Walfried M. Lassar (1996), „The Role of Personalization in Service Encounters," *Journal of Retailing*, 72 (Spring), 95–109.

Mittal, Vikas und Wagner A. Kamakura (2001), „Satisfaction, Repurchase Intent, and Repurchase Behavior: Investigating the Moderating Effect of Customer Characteristics," *Journal of Marketing Research*, 38 (February), 131–142.

———, Pankaj Kumar und Michael Tsiros (1999), „Attribute-Level Performance, Satisfaction, and Behavioral Intentions over Time: A Consumption-System Approach," *Journal of Marketing*, 63 (April), 88–101.

———, William T. Ross und Patrick M. Baldasare (1998), „The Asymmetric Impact of Negative and Positive Attribute-Level Performance on Overall Satisfaction and Repurchase Intentions," *Journal of Marketing*, 62 (January), 33–47.

Mohr, Jakki J., Robert J. Fisher und John R. Nevin (1996), „Collaborative Communication in Interfirm Relationships: Moderating Effects of Integration and Control," *Journal of Marketing*, 60 (July), 103–115.

Mone, Mark A. und William McKinley (1993), „The Uniqueness Value and Its Consequences for Organization Studies," *Journal of Management Inquiry*, 2 (3), 284–296.

Moorman, Christine, Gerald Zaltman und Rohid Deshpandé (1992), „Relationships between Providers and Users of Market Research: The Dynamics of Trust within and between Organizations," *Journal of Marketing Research*, 29 (August), 314–328.

Morgan, Robert M. und Shelby D. Hunt (1994), „The Commitment-Trust Theory of Relationship Marketing," *Journal of Marketing*, 58 (July), 20–38.

Morwitz, Vicki G. und David Schmittlein (1992), „Using Segmentation to Improve Sales Forecasts Based on Purchase Intent: Which ‚Intenders' Actually Buy," *Journal of Marketing Research*, 29 (November), 391–405.

Müller-Hagedorn, Lothar (2000), „Theorie und Praxis im Marketing," in: Klaus Backhaus (Hrsg.), *Deutschsprachige Marketingforschung – Bestandsaufnahme und Perspektiven*, Stuttgart: Schäffer-Poeschel, 21–40.

Muniz Jr., Albert M. und Thomas C. O'Guinn (2001), „Brand Community," *Journal of Consumer Research*, 27 (March), 412–432.

Murray, Jeff B. und Deborah J. Evers (1989), „Theory Borrowing and Reflectivity in Interdisciplinary Fields," *Advances in Consumer Research*, 16, 647–652.

Myers, James H. (1970), „Finding Determinant Buying Attitudes," *Journal of Advertising Research*, 1 (December), 9–12.

——— und Allan D. Shocker (1981), „The Nature of Product-Related Attributes," in: Jagdish N. Sheth (Hrsg.), *Research in Marketing*, 5, Greenwich, CT: JAI, 211–236.

Newell, A. (1990), *Unified Theories of Cognition*, Cambridge, MA: Harvard University Press.

Newman, Joseph W. und Richard A.Werbel (1973), „Multivariate Analysis of Brand Loyalty for Major Household Appliances," *Journal of Marketing Research*, 10 (November), 404–409.

Nickles, Thomas (1985), „Beyond Divorce: Current Status of the Discovery Debate," *Philosophy of Science*, 52 (June), 177–206.

Nieschlag, Robert, Erwin Dichtl und Hans Hörschgen (2002), *Marketing*, 19. überarb. u. erg. Aufl., Berlin: Duncker und Humblot.

Nifadkar, Sushil S. und Anne S. Tsui (2007), „Great Minds in Management: The Process of Theory Development [Book Review]," *Academy of Management Review*, 32 (January), 298–312.

Novak, Thomas P. und Bruce MacEvoy (1990), „On Comparing Alternative Segmentation Schemes: The List of Values (LOV) and Values and Life Styles (VALS)," *Journal of Consumer Research*, 17 (June), 105–109.

Nysveen, Herbjørn, Per E. Pedersen, Helge Thorbjørnsen und Pierre Berthon (2005), „Mobilizing the Brand. The Effects of Mobile Services on Brand Relationships and Main Channel Use," *Journal of Service Research*, 7 (February), 257–276.

Odekerken-Schröder, Gaby, Kristof De Wulf und Kristy E. Reynolds (2005), „A Cross-Cultural Investigation of Relationship Marketing Effectiveness in Retail Services: A Contingency Approach," *Advances in International Marketing*, 15, 33–73.

———, ——— und Patrick Schumacher (2003), „Strengthening Outcomes of Retailer-Consumer Relationships. The Dual Impact of Relationship Marketing Tactics and Consumer Personality," *Journal of Business Research*, 56 (March), 177–190.

Oliver, Richard L. (1997), *Satisfaction. A Behavioral Perspective on the Consumer*, New York, NY: Irwin.

——— (1999), „Whence Consumer Loyalty," *Journal of Marketing*, 63 (Special Issue), 33–44.

———, Roland T. Rust und Sajeev Varki (1997), „Customer Delight: Foundations, Findings, and Managerial Insight," *Journal of Retailing*, 73 (Fall), 311–336.

Olsen, Line Lervik und Michael D. Johnson (2003), „Service Equity, Satisfaction, and Loyalty: From Transaction-Specific to Cumulative Evaluations," *Journal of Service Research*, 5 (February), 184–195.

Olsen, Svein Ottar (2002), „Comparative Evaluation and the Relationship Between Quality, Satisfaction, and Repurchase Loyalty," *Journal of the Academy of Marketing Science*, 30 (Summer), 240–249.

Olson, Jerry C. (1982), „Presidential Address – 1981: Toward a Science of Consumer Behavior," *Advances in Consumer Research*, 9, v–x.

——— und Thomas J. Reynolds (1983), „Understanding Consumers' Cognitive Structures: Implications for Advertising Strategy," in: Larry Percy und Arch G. Woodside (Hrsg.), *Advertising and Consumer Psychology*, Lexington, MA: Prentice-Hall, 77–90.

——— und ——— (2001), „The Means-End Approach to Understanding Consumer Decision Making," in: Thomas J. Reynolds und Jerry C. Olson (Hrsg.), *Understanding Consumer Decision Making: A Means-End Approach to Advertising and Marketing Strategy*, Mahwah, NJ: Erlbaum, 3–24.

Orsingher, Chiara und Gian Luca Marzocchi (2003), „Hierarchical Representation of Satisfactory Consumer Service Experience," *International Journal of Service Industry Management*, 14 (2), 200–216.

Osigweh Yg., Chimezie A. B. (1989), „Concept Fallibility in Organizational Science," *Academy of Management Review*, 14 (October), 579–594.

Overby, Jeffrey W., Sarah Fisher Gardial und Robert B. Woodruff (2004), „French Versus American Consumers' Attachment of Value to a Product in a Common Consumption Context: A Cross-National Comparison," *Journal of the Academy of Marketing Science*, 32 (Fall), 437–460.

Palmatier, Robert W., Rajiv P. Dant, Dhruv Grewal und Kenneth R. Evans (2006), „Factors Influencing the Effectiveness of Relationship Marketing: A Meta-Analysis," *Journal of Marketing*, 70 (October), 136–153.

Pan, Yue und George M. Zinkhan (2006), „Determinants of Retail Patronage: A Meta-Analytical Perspective," *Journal of Retailing*, 82 (September), 229–243.

Parasuraman, A. und Dhruv Grewal (2000), „The Impact of Technology on the Quality-Value-Loyalty Chain: A Research Agenda," *Journal of the Academy of Marketing Science*, 28 (Winter), 168–174.

Park, C. Whan und Daniel C. Smith (1989), „Product-Level Choice: A Top-Down or Bottom-Up Process," *Journal of Consumer Research*, 16 (December), 289–299.

Parvatiyar, A. und Jagdish N. Sheth (2000), „The Domain and Conceptual Foundations of Relationship Marketing," in: A. Parvatiyar und Jagdish N. Sheth (Hrsg.): *Handbook of Relationship Marketing*, Thousand Oaks, CA: Sage, 3–38.

Patton, Michael Quinn (1978), *Utilization-Focused Evaluation*, Beverly Hills, CA: Sage.

Paul, Ellen Frankel, Fred D. Miller und Jeffrey Paul (Hrsg.) (1993), *Altruism*, Cambridge: Cambridge University Press.

Perkins, W. Steven und Thomas J. Reynolds (1988), „The Explanatory Power of Values in Preference Judgements: Validation of the Means-End Perspective," *Advances in Consumer Research*, 15, 122–126.

Peter, J. Paul und Jerry C. Olson (1983), „Is Science Marketing?" *Journal of Marketing*, 47 (Fall), 111–125.

Pfeffer, Jeffrey (1993), „Barriers to the Advance of Organizational Science: Paradigm Development as a Dependent Variable," *Academy of Management Review*, 18 (October), 599–620.

——— und Christina T. Fong (2005), „Building Organization Theory from First Principles: The Self-Enhancement Motive and Understanding Power and Influence," *Organization Science*, 16 (July-August), 372–388.

Pieters, Rik (1993), „A Control View on the Behaviour of Consumers: Turning the Triangle," *European Journal of Marketing*, 27 (8), 17–27.

——— und Hans Baumgartner (2002), „Who Talks to Whom? Intra- and Interdisciplinary Communication of Economics Journals," *Journal of Economic Literature*, 40 (June), 483–509.

———, ——— und Doug Allen (1995), „A Means-End Chain Approach to Consumer Goal Structures," *International Journal of Research in Marketing*, 12 (October), 227–244.

———, Günther Botschen und Eva Thelen (1998), „Customer Desire Expectations about Service Employees: An Analysis of Hierarchical Relations," *Psychology & Marketing*, 15 (December), 755–773.

Pitts, Robert E. und Arch G. Woodside (1983), „Personal Value Influences on Consumer Product Class and Brand Preferences," *Journal of Social Psychology*, 119 (February), 37–53.

Poole, Marshall Scott und Andrew H. Van de Ven (1989), „Using Paradox to Build Management and Organization Theories," *Academy of Management Review*, 14 (October), 562–578.

Popper, Karl R. (2005), *Logik der Forschung*, 11. durchgesehene u. erg. Aufl., Tübingen: Mohr.

Poser, Hans (2001), *Wissenschaftstheorie: Eine philosophische Einführung*, Stuttgart: Reclam.

Powers, William T. (1973), *Behavior: The Control of Perception*, Chicago, IL: Aldine.

Preß, Bettina (1997), „Kaufverhalten in Geschäftsbeziehungen," in: Michael Kleinaltenkamp und Wulff Plinke (Hrsg.), *Geschäftsbeziehungsmanagement*, Berlin: Springer, 63–111.

Price, Linda L. und Eric J. Arnould (1999), „Commercial Friendships: Service Provider-Client Relationships in Context," *Journal of Marketing*, 63 (October), 38–56.

Pritchard, Mark P., Mark E. Havitz und Dennis R. Howard (1999), „Analyzing the Commitment-Loyalty Link in Service Contexts," *Journal of the Academy of Marketing Science*, 27 (Summer), 333–348.

Quillian, M. Ross (1968), „Semantic Memory," in: Marvin Minsky (Hrsg.), *Semantic Information Processing*, Cambridge, MA: MIT Press, 216–270.

Rabin, Matthew (1998), „Psychology and Economics," *Journal of Economic Literature*, 36 (March), 11–46.

Raffée, Hans (1993), „Gegenstand, Methoden und Konzepte der Betriebswirtschaftslehre," in: Michael Bitz, Klaus Dellmann und Michel E. Domsch (Hrsg.), *Vahlens Kompendium der Betriebswirtschaftslehre*, München: Vahlen, 1–46.

——— und Bodo Abel (1979), „Aufgaben und aktuelle Tendenzen der Wissenschaftstheorie in den Wirtschaftswissenschaften," in: Hans Raffée und Bodo Abel (Hrsg.), *Wissenschaftstheoretische Grundfragen der Wirtschaftswissenschaften*, München: Vahlen, 1–10.

Ralston, David A. und David H. Holt (1997), „The Impact of National Culture and Economic Ideology on Managerial Work Values: A Study of the United States, Russia, Japan, and China," *Journal of International Business Studies*, 28 (1), 177–207.

Ratchford, Brian T. (2001), „The Economics of Consumer Knowledge," *Journal of Consumer Research*, 27 (March), 397–411.

Ratneshwar, S., Allan D. Shocker, June Cotte und Rajendra K. Srivastava (1999), „Product, Person, and Purpose: Putting the Consumer Back into Theories of Dynamic Market Behaviour," *Journal of Strategic Marketing*, 7 (September), 191–208.

———, Luk Warlop, David Glen Mick und Gail Seeger (1997), „Benefit Salience and Consumers' Selective Attention to Product Features," *International Journal of Research in Marketing*, 14 (July), 245–259.

Ravald, Annika und Christian Grönroos (1996), „The Value Concept and Relationship Marketing," *European Journal of Marketing*, 30 (2), 19–30.

Reed II., Americus, Karl Aquino und Eric Levy (2007), „Moral Identity and Judgments of Charitable Behaviors," *Journal of Marketing*, 71 (January), 178–193.

Reichenbach, Hans (1938), *Experience and Prediction: An Analysis of the Foundations and the Structure of Knowledge*, Chicago, IL: University of Chicago Press.

Reichheld, Frederick F. (2003), „The One Number You Need to Grow," *Harvard Business Review*, 81 (December), 46–54.

——— und W. Earl Sasser Jr. (1990), „Zero Defections: Quality Comes to Services," *Harvard Business Review*, 68 (September/October), 105–111.

——— und Thomas Teal (1996), *The Loyalty Effect: The Hidden Force behind Growth, Profits, and Lasting Value*, Boston, MA: Harvard Business School Press.

Reinartz, Werner J. und V. Kumar (2000), „On the Profitability of Long-Life Customers in a Noncontractual Setting: An Empirical Investigation and Implications for Marketing," *Journal of Marketing*, 64 (October), 17–35.

——— und ——— (2003), „The Impact of Relationship Characteristics on Profitable Lifetime Duration," *Journal of Marketing*, 67 (January), 77–99.

———, Jacquelyn S. Thomas und V. Kumar (2005), „Balancing Acquisition and Retention Resources to Maximize Customer Profitability," *Journal of Marketing*, 69 (January), 63–79.

Rescher, Nicholas (1973), *The Coherence Theory of Truth*, Oxford: Oxford University Press.

Reynolds, Kristy E. und Sharon E. Beatty (1999a), „Customer Benefits and Company Consequences of Customer-Salesperson Relationships in Retailing," *Journal of Retailing*, 75 (Spring), 11–32.

——— und ——— (1999b), „A Relationship Customer Typology," *Journal of Retailing*, 75 (Winter), 509–523.

Reynolds, Thomas J. (2006), „Methodological and Strategy Development Implications of Decision Segmentation," *Journal of Advertising Research*, 46 (December), 445–461.

——— und Alice Byrd Craddock (1988), „The Application of the MECCAS Model to the Development and Assessment of Advertising Strategy," *Journal of Advertising Research*, 28 (April/May), 43–54.

———, Charles E. Gengler und Daniel J. Howard (1995), „A Means-End Analysis of Brand Persuasion through Advertising," *International Journal of Research in Marketing*, 12 (October), 257–266.

——— und Jonathan Gutman (1984), „Advertising is Image Management," *Journal of Advertising Research*, 24 (February/March), 27–37.

——— und ——— (1988), „Laddering Theory, Method, Analysis, and Interpretation," *Journal of Advertising Research*, 28 (February/March), 11–31.

——— und Jerry C. Olson (Hrsg.) (2001), *Understanding Consumer Decision Making: A Means-End Approach to Advertising and Marketing Strategy*, Mahwah, NJ: Erlbaum.

——— und John P. Rochon (2001), „Consumer Segmentation Based on Cognitive Orientations: The ChemLawn Case," in: Thomas J. Reynolds und Jerry C. Olson (Hrsg.), *Understanding Consumer Decision Making: A Means-End Approach to Advertising and Marketing Strategy*, Mahwah, NJ: Erlbaum, 283–298.

Rich, Philip (1992), „The Organizational Taxonomy: Definition and Design," *Academy of Management Review*, 17 (October), 758–781.

Richins, Marsha L. (2004), „The Material Values Scale: Measurement Properties and Development of a Short Form," *Journal of Consumer Research*, 31 (June), 209–219.

Rieger, Wilhelm (1928), *Einführung in die Privatwirtschaftslehre*, Nürnberg: Verlag der Hochschulbuchhandlung Korsche & Co.

Ringberg, Torsten, Gaby Odekerken-Schröder und Glenn L. Christensen (2007), „A Cultural Models Approach to Service Recovery," *Journal of Marketing*, 71 (July), 194–214.

Ringle, Christian Marc, Sven Wende und Alexander Will (2005), *SmartPLS 2.0 (beta)*, University of Hamburg.

Rokeach, Milton (1973), *The Nature of Human Values*, New York, NY: Free Press.

Roland Berger (2003), *Kundenbindungsprogramme in großen deutschen Unternehmen. Studienergebnisse*, http://www.rolandberger.com/pdf/rb_press/public/ RB_Studie_Kundenbindung_final_20030509.pdf, Zugriff 21.08.2007.

Rosch, Eleanor (1978), „Principles of Categorization," in: Eleanor Rosch und Barbara B. Lloyd (Hrsg.), *Cognition and Categorization*, Hillsdale, NJ: Erlbaum, 27–48.

——— und Carolyn B. Mervis (1975), „Family Resemblances: Studies in the Internal Structure of Categories," *Cognitive Psychology*, 7 (Oktober), 573–605.

———, ———, Wayne D. Gray, David M. Johnson und Penny Boyes-Braem (1976), „Basic Objects in Natural Categories," *Cognitive Psychology*, 8 (July), 382–439.

Rosenbaum, Mark (2006), „Exploring the Social Supportive Role of Third Places in Consumers' Lives," *Journal of Service Research*, 9 (August), 1–14.

Rosenberg, Milton J. (1956), „Cognitive Structure and Attitudinal Affect," *The Journal of Abnormal and Social Psychology*, 53 (November), 367–372.

Ross, Brian H. und Gregory L. Murphy (1999), „Food for Thought: Cross-Classification and Category Organization in a Complex Real-World Domain,“ *Cognitive Psychology*, 38 (June), 495–553.

Ross, William T. und Diana C. Robertson (2007), „Compound Relationships between Firms,“ *Journal of Marketing*, 71 (July), 108–123.

Rossi, Peter E., Greg M. Allenby und Rob McCulloch (2006), *Bayesian Statistics and Marketing*, New York, NY: Wiley.

Roth, Stefan und Markus Gmür (2004), „Strukturen und Entwicklungslinien der Marketingforschung,“ *Marketing – Zeitschrift für Forschung und Praxis*, 26 (2), 141–158.

Rudner, Richard (1966), *Philosophy of Social Science*, Englewood Cliffs, NJ: Prentice-Hall.

Rust, Roland T. (2006), „From the Editor: The Maturation of Marketing as an Academic Discipline,“ *Journal of Marketing*, 70 (July), 1–2.

——— and Bruce Cooil (1994), „Reliability Measures for Qualitative Data: Theory and Implications,“ *Journal of Marketing Research*, 31 (February), 1–14.

———, Katherine N. Lemon und Valarie A. Zeithaml (2004), „Return on Marketing: Using Customer Equity to Focus Marketing Strategy,“ *Journal of Marketing*, 68 (January), 109–127.

——— und Richard L. Oliver (1994), „Service Quality. Insights and Managerial Implications from the Frontier,“ in: Roland T. Rust und Richard L. Oliver (Hrsg.), *Service Quality: New Directions in Theory and Practice*, Thousand Oaks, CA: Sage, 1–19.

——— und Peter C. Verhoef (2005), „Optimizing the Marketing Interventions Mix in Intermediate-Term CRM,“ *Marketing Science*, 24 (Summer), 477–489.

——— und Anthony J. Zahorik (1993), „Customer Satisfaction, Customer Retention, and Market Share,“ *Journal of Retailing*, 69 (Summer), 193–215.

———, Valarie A. Zeithaml und Katherine N. Lemon (2000), *Driving Customer Equity: How Customer Lifetime Value Is Reshaping Corporate Strategy*, New York, NY: Free Press.

Sawyer, Alan G. und A. Dwayne Ball (1981), „Statistical Power and Effect Size in Marketing Research,“ *Journal of Marketing Research*, 18 (August), 275–290.

Schanz, Günther (1975), *Einführung in die Methodologie der Betriebswirtschaftslehre*, Köln: Kiepenheuer & Witsch.

——— (1979), „Die Betriebswirtschaftslehre und ihre sozialwissenschaftlichen Nachbardisziplinen: Das Integrationsproblem,“ in: Hans Raffée und Bodo Abel (Hrsg.), *Wissen-*

schaftstheoretische Grundfragen der Wirtschaftswissenschaften, München: Vahlen, 121–137.

Schenk, A. (2001), *Implementierung der Partial Least Squares Regression (PLS) unter Verwendung von Gauss und Anwendung der Methode auf ein kausalanalytisches Branchenmodell zur Messung von Kundenzufriedenheit im österreichischen Lebensmitteleinzelhandel*, Diplomarbeit, Wirtschaftsuniversität Wien.

Schmalenbach, Eugen (1911/12), „Die Privatwirtschaftslehre als Kunstlehre," *Zeitschrift für handelswissenschaftliche Forschung*, 6, 304–316.

Schneider, Klaus und Hans-Dieter Schmalt (2000), *Motivation*, 3. überarb. u. erw. Aufl., Stuttgart: Kohlhammer.

Schneider, Walter und Richard M. Shiffrin (1977), „Controlled and Automatic Human Information Processing: I. Detection, Search, and Attention," *Psychological Review*, 84 (January), 1–66.

Scholderer, Joachim, Karen Brunsø und Klaus G. Grunert (2002), „Means-End Theory of Lifestyle Gegenstand, Methoden und Konzepte der Betriebswirtschaftslehre A Replication in the UK," *Advances in Consumer Research*, 29, 551–557.

——— und Klaus G. Grunert (2005), „Do Means-End Chains Exist? Experimental Tests of Their Hierarchicity, Automatic Spreading Activation, Directionality, and Self-Relevance," *Advances in Consumer Research*, 32, 530–532.

Schwartz, Shalom H. (1992), „Universals in the Content and Structure of Values: Theoretical Advances and Empirical Tests in 20 Countries," in: Mark P. Zanna (Hrsg.), *Advances in Experimental Social Psychology*, 25, New York, NY: Academic Press, 1–65.

——— und Wolfgang Bilsky (1987), „Toward a Universal Psychological Structure of Human Values," *Journal of Personality and Social Psychology*, 53 (September), 550–562.

——— und ——— (1990), „Toward a Theory of the Universal Content and Structure of Values: Extensions and Cross-Cultural Replications," *Journal of Personality and Social Psychology*, 58 (May), 878–891.

——— und Tammy Rubel (2005), „Sex Differences in Value Priorities: Cross-Cultural and Multimethod Studies," *Journal of Personality and Social Psychology*, 89 (December), 1010–1028.

Seiders, Kathleen, Glenn B. Voss, Andrea L. Godfrey und Dhruv Grewal (2007), „SERV-CON: Development and Validation of a Multidimensional Service Convenience Scale,“ *Journal of the Academy of Marketing Science*, 35 (Spring), 144–156.

———, ———, Dhruv Grewal und Andrea L. Godfrey (2005), „Do Satisfied Customers Buy More? Examining Moderating Influences in a Retailing Context,“ *Journal of Marketing*, 69 (October), 26–43.

Sharp, Byron und Anne Sharp (1997), „Loyalty Programs and Their Impact on Repeat-Purchase Loyalty Patterns,“ *International Journal of Research in Marketing*, 14 (December), 473–486.

Sheth, Jagdish N., David M. Gardner und Dennis E. Garrett (1988), *Marketing Theory: Evolution and Evaluation*, New York, NY: Wiley.

———, Banwari Mittal und Bruce I. Newman (1999), *Customer Behavior: Consumer Behavior and Beyond*, Fort Worth, TX: Dryden.

———, Bruce I. Newman und Barbara L. Gross (1991), „Why We Buy What We Buy: A Theory of Consumption Values,“ *Journal of Business Research*, 22 (March), 159–170.

——— und A. Parvatiyar (1995), „Relationship Marketing in Consumer Markets: Antecedents and Consequences,“ *Journal of the Academy of Marketing Science*, 23 (Fall), 255–271.

——— und Rajendra S. Sisodia (1999), „Revisiting Marketing's Lawlike Generalizations,“ *Journal of the Academy of Marketing Science*, 27 (Winter), 71–87.

Shimp, Terence A. und Subhash Sharma (1987), „Consumer Ethnocentrism: Construction and Validation of the CETSCALE,“ *Journal of Marketing Research*, 24 (August), 280–289.

Shocker, Allan D. und V. Srinivasan (1979), „Multiattribute Approaches for Product Concept Evaluation and Generation: A Critical Review,“ *Journal of Marketing Research*, 16 (May), 159–180.

Shugan, Steven M. (2003), „Defining Interesting Research Problems,“ *Marketing Science*, 22 (Winter), 1–15.

——— und Jinhong Xie (2000), „Advance Pricing of Services and Other Implications of Separating Purchase and Consumption,“ *Journal of Service Research,* 2 (February), 227–39.

Simon, Herbert A. (1973), „Does Scientific Discovery Have a Logic,“ *Philosophy of Science*, 40 (September), 471–480.

——— (1992), „Rational Choice and the Structure of the Environment," in: Herbert A. Simon, Massimo Egidi, Robin L. Marris und Riccardo Viale (Hrsg.), *Economics, Bounded Rationality, and the Cognitive Revolution*, Aldershot: Elgar, 39–54.

Simonson, Itamar (2005), „Determinants of Customers' Responses to Customized Offers: Conceptual Framework and Research Propositions," *Journal of Marketing*, 69 (January), 32–45.

Sirdeshmukh, Deepak, Jagdip Singh und Barry Sabol (2002), „Consumer Trust, Value, and Loyalty in Relational Exchanges," *Journal of Marketing*, 66 (January), 15–37.

Sirohi, Niren, Edward W. McLaughlin und Dick R. Wittink (1998), „A Model of Consumer Perceptions and Store Loyalty Intentions for a Supermarket Retailer," *Journal of Retailing*, 74 (Summer), 223–245.

Soofi, Ehsan S., Joseph J. Retzer und Masoud Yasai-Ardekani (2000), „A Framework for Measuring the Importance of Variables with Applications to Management Research and Decision Models," *Decision Sciences*, 31 (Summer), 595–625.

Spake, Deborah F., Sharon E. Beatty, Beverly K. Brockman und Tammy Neal Crutchfield (2003), „Consumer Comfort in Service Relationships," *Journal of Service Research*, 5 (May), 316–333.

Spiggle, Susan (1994), „Analysis and Interpretation of Qualitative Data in Consumer Research," *Journal of Consumer Research*, 21 (Dezember), 491–503.

Spreng, Richard A. und Richard W. Olshavsky (1993), „A Desires Congruency Model of Consumer Satisfaction," *Journal of the Academy of Marketing Science*, 21 (Summer), 169–178.

Srnka, Katharina J. (2007), „Integration qualitativer und quantitativer Forschungsmethoden," *Marketing – Zeitschrift für Forschung und Praxis*, 29 (4), 247–260.

Steenkamp, Jan-Benedict E. M., Frenkel Ter Hofstede und Michel Wedel (1999), „A Cross-National Investigation into the Individual and National Cultural Antecedents of Consumer Innovativeness," *Journal of Marketing*, 63 (April), 55–69.

——— und Hans C. M. Van Trijp (1997), „Attribute Elicitation in Marketing Research: A Comparison of Three Procedures," *Marketing Letters*, 8 (April), 153–166.

Stern, Barbara B., Craig J. Thompson und Eric J. Arnould (1998), „Narrative Analysis of a Marketing Relationship: The Consumer's Perspective," *Psychology & Marketing*, 15 (May), 195–214.

Stewart, David W. und George M. Zinkhan (2006), „Enhancing Marketing Theory in Academic Research," *Journal of the Academy of Marketing Science*, 34 (September), 477–480.

Stone, Mervyn (1974), „Cross-Validatory Choice and Assessment of Statistical Predictions," *Journal of the Royal Statistical Society*, 36 (2), 111–147.

Sudman, Seymour und Edward Blair (1998), „Sampling in the Twenty-First Century," *Journal of the Academy of Marketing Science*, 27 (Spring), 269–277.

Summers, John O. (2001), „Guidelines for Conducting Research and Publishing in Marketing: From Conceptualization through the Review Process," *Journal of the Academy of Marketing Science*, 29 (Fall), 405–415.

Sutton, Robert I. und Barry M. Staw (1995), „What Theory Is Not," *Administrative Science Quarterly*, 40 (September), 371–384.

Sweeney, Jillian C. und David A. Webb (2007), „How Functional, Psychological, and Social Relationship Benefits Influence Individual and Firm Commitment to the Relationship," *Journal of Business & Industrial Marketing*, 22 (7), 474–488.

Tajfel, Henri und John C. Turner (1985), „The Social Identity Theory of Intergroup Behavior," in: Steven Worchel und William G. Austin (Hrsg.), *Psychology of Intergroup Relations*, Chicago, IL: Nelson-Hall, 6–24.

Tarski, Alfred (1956), *Logic, Semantics, Metamathematics*, Oxford: Clarendon Press.

Tax, Stephen S., Stephen W. Brown und Murali Chandrashekaran (1998), „Customer Evaluations of Service Complaint Experiences: Implications for Relationship Marketing," *Journal of Marketing*, 62 (April), 60–76.

Taylor, Shirley (1994), „Waiting for Services: The Relationship between Delays and Evaluations of Service," *Journal of Marketing*, 58 (April), 56–69.

Taylor, Weldon J. (1965), „Is Marketing a Science? Revisited," *Journal of Marketing*, 29 (July), 49–53.

Teas, R. Kenneth und Kay M. Palan (1997), „The Realms of Scientific Meaning Framework for Constructing Theoretically Meaningful Nominal Definitions of Marketing Concepts," *Journal of Marketing*, 61 (April), 52–67.

Ter Hofstede, Frenkel, Anke Audenaert, Jan-Benedict E. M. Steenkamp und Michel Wedel (1998), „An Investigation into the Association Pattern Technique as a Quantitative Approach to Measuring Means-End Chains," *International Journal of Research in Marketing*, 15 (February), 37–50.

———, Jan-Benedict E. M. Steenkamp und Michel Wedel (1999), „International Market Segmentation Based on Consumer-Product Relations," *Journal of Marketing Research*, 36 (February), 1–17.

Thibaut, John W. und Harold H. Kelley (1959), *The Social Psychology of Groups*, New York, NY: Wiley.

Thompson, Craig J. (1997), „Interpreting Consumers: A Hermeneutical Framework for Deriving Marketing Insights from the Texts of Consumers' Consumption Stories," *Journal of Marketing Research*, 34 (November), 438–455.

——— und Zeynep Arsel (2004), „The Starbucks Brandscape and Consumers' (Anticorporate) Experiences of Globalization," *Journal of Consumer Research*, 31 (December), 631–642.

———, William B. Locander und Howard R. Pollio (1989), „Putting Consumer Experience Back into Consumer Research: The Philosophy and Method of Existential-Phenomenology," *Journal of Consumer Research*, 16 (September), 133–146.

——— und Maura Troester (2002), „Consumer Value Systems in the Age of Postmodern Fragmentation: The Case of the Natural Health Microculture," *Journal of Consumer Research*, 28 (March), 550–571.

Thomson, Matthew (2006), „Human Brands: Investigating Antecedents to Consumers' Strong Attachments to Celebrities," *Journal of Marketing*, 70 (July), 104–119.

Trommsdorff, Volker (2003), *Konsumentenverhalten*, 5. Aufl., Stuttgart: Kohlhammer.

Tsang, Eric W. K. und Kai-Man Kwan (1999), „Replication and Theory Development in Organizational Science: A Critical Realist Perspective," *Academy of Management Review*, 24 (October), 759–780.

Ulrich, Peter und Wilhelm Hill (1979), „Wissenschaftstheoretische Grundlagen der Betriebswirtschaftslehre," in: Hans Raffée und Bodo Abel (Hrsg.), *Wissenschaftstheoretische Grundfragen der Wirtschaftswissenschaften*, München: Vahlen, 160–190.

Valette-Florence, Pierre und Bernard Rapacchi (1991), „Improvements in Means-End Chain Analysis – Using Graph Theory and Correspondence Analysis," *Journal of Advertising Research*, 31 (February/March), 30–45.

Vallacher, Robin R. und Daniel M. Wegner (1985), *Theory of Action Identification*, Hillsdale, NJ: Erlbaum.

——— und ——— (1987), „What Do People Think They're Doing? Action Identification and Human Behavior," *Psychological Review*, 94 (January), 3–15.

Van de Ven, Andrew H. (1997), „The Buzzing, Blooming, Confusing World of Organization and Management Theory: A View from Lake Wobegon University," *Journal of Management Inquiry*, 8 (2), 118–125.

Van Rekom, Johan und Berend Wierenga (2007), „On the Hierarchical Nature of Means–End Relationships in Laddering Data," *Journal of Business Research*, 60 (April), 401–410.

Van Waterschoot, Walter und Christophe Van den Bulte (1992), „The 4P Classification of the Marketing Mix Revisited," *Journal of Marketing*, 56 (October), 83–93.

Varadarajan, P. Rajan (1986), „Horizontal Cooperative Sales Promotion: A Framework for Classification and Additional Perspectives," *Journal of Marketing*, 50 (April), 61–73.

——— (2003), „Musings on Relevance and Rigor of Scholarly Research in Marketing," *Journal of the Academy of Marketing Science*, 31 (Fall), 368–376.

——— (2006), „Musings on the Need for Reform in Marketing," in: Jagdish N. Sheth und Rajendra S. Sisodia (Hrsg.), *Does Marketing Need Reform? Fresh Perspectives on the Future*, Armonk, NY und London: M. E. Sharpe, 270–281.

Vargo, Stephen L. und Robert F. Lusch (2004), „Evolving to a New Dominant Logic for Marketing," *Journal of Marketing*, 68 (January), 1–17.

Varki, Sajeev und Mark Colgate (2001), „The Role of Price Perceptions in an Integrated Model of Behavioral Intentions," *Journal of Service Research*, 3 (February), 232–240.

——— und Shirley Wong (2003), „Consumer Involvement in Relationship Marketing of Services," *Journal of Service Research*, 6 (August), 83–91.

Vázquez-Carrasco, Rosario und Gordon R. Foxall (2006), „Influence of Personality Traits on Satisfaction, Perception of Relational Benefits, and Loyalty in a Personal Service Context," *Journal of Retailing & Consumer Services*, 13 (May), 205–219.

Venkatesh, Alladi (1985), „Is Marketing Ready for Kuhn," in: Nikhilesh Dholakia und Johan Arndt (Hrsg.), *Research in Marketing*, 2 (Supplement 2), Greenwich, CT: JAI, 45–67.

Verhoef, Peter C. (2003), „Understanding the Effect of Customer Relationship Management Efforts on Customer Retention and Customer Share Development," *Journal of Marketing*, 67 (October), 30–45.

———, Philip Hans Franses und Janny C. Hoekstra (2001), „The Impact of Satisfaction and Payment Equity on Cross-Buying: A Dynamic Model for a Multi-Service Provider," *Journal of Retailing*, 77 (Fall), 359–378.

———, ——— und ——— (2002), „The Effect of Relational Constructs on Customer Referrals and Number of Services Purchased from a Multiservice Provider: Does Age of Relationship Matter," *Journal of the Academy of Marketing Science*, 30 (Summer), 202–216.

———, Jenny Van Doorn und Matilda Dorotic (2007), „Customer Value Management: An Overview and Research Agenda," *Marketing – Journal of Research and Management*, 3 (2), 105–120.

VHB (2008), *Verband der Hochschullehrer für Betriebswirtschaft e.V.*, http://pbwi2www.uni-paderborn.de/WWW/VHB/VHB-Online.nsf/id/DE_Home, Zugriff 31.03.2008.

Vinson, Donald E., Jerome E. Scott und Lawrence M. Lamont (1977), „The Role of Personal Values in Marketing and Consumer Behavior," *Journal of Marketing*, 41 (April), 44–50.

Völckner, Franziska und Henrik Sattler (2006), „Drivers of Brand Extension Success," *Journal of Marketing*, 70 (April), 18–34.

Wagner, Tillmann (2007), „Shopping Motivation Revised: A Means-End Chain Analytical Perspective," *International Journal of Retail & Distribution Management*, 35 (7), 569–582.

Walker, Beth A. und Jerry C. Olson (1991), „Means-End Chains: Connecting Products with Self," *Journal of Business Research*, 22 (March), 111–118.

Wallace, Walter L. (1969), *Sociological Theory*, Chicago, IL: Aldine.

Walsh, Gianfranco und Sharon E. Beatty (2007), „Customer-Based Corporate Reputation of a Service Firm: Scale Development and Validation," *Journal of the Academy of Marketing Science*, 35 (Spring), 127–143.

Wathne, Kenneth H., Harald Biong und Jan B. Heide (2001), „Choice of Supplier in Embedded Markets: Relationship and Marketing Program Effects," *Journal of Marketing*, 65 (April), 54–66.

Weick, Karl E. (1989), „Theory Construction as Disciplined Imagination," *Academy of Management Review*, 14 (October), 516–531.

——— (1995), „What Theory Is Not, Theorizing Is,“ *Administrative Science Quarterly*, 40 (September), 385–390.

——— (1999), „Theory Construction as Disciplined Reflexivity: Tradeoffs in the 90s,“ *Academy of Management Review*, 24 (October), 797–806.

Whetten, David A. (1989), „What Constitutes a Theoretical Contribution,“ *Academy of Management Review*, 14 (October), 490–495.

Whitley, Richard (1982), „The Establishment and Structure of the Sciences as Reputational Organizations,“ in: Norbert Elias, Herminio Martins und Richard Whitley (Hrsg.), *Scientific Establishments and Hierarchies*, Dordrecht: Reidel.

——— (1984), „The Development of Management Studies as a Fragmented Adhocracy,“ *Social Science Information*, 23 (4/5), 125–146.

Wierenga, Berend (2008), „Decision Support Systems as the Bridge between Marketing Models and Marketing Practice,“ *Marketing – Journal of Research and Management*, 4 (1), 38–44.

Wilkie, William L. und Elizabeth S. Moore (1999), „Marketing's Contribution to Society,“ *Journal of Marketing*, 63 (Special Issue), 198–218.

——— und ——— (2003), „Scholarly Research in Marketing: Exploring the ‚4 Eras' of Thought Development,“ *Journal of Public Policy & Marketing*, 22 (Fall), 116–146.

Williamson, Oliver E. (1979), „Transaction-Cost Economies: The Governance of Contractual Relations,“ *The Journal of Law and Economics*, 22 (October), 233–263.

Witte, Eberhard (1977), „Lehrgeld für empirische Forschung: Notizen während einer Diskussion,“ in: Richard Köhler (Hrsg.), *Empirische und handlungstheoretische Forschungskonzeptionen in der Betriebswirtschaftslehre*, Stuttgart: Schäffer-Poeschel, 269–282.

——— (1981), „Nutzungsanspruch und Nutzungsvielfalt,“ in: Eberhard Witte (Hrsg.), *Der praktische Nutzen empirischer Forschung*, Tübingen: Mohr, 13–40.

Woodruff, Robert B. (1997), „Customer Value: The Next Source for Competitive Advantage,“ *Journal of the Academy of Marketing Science*, 25 (Spring), 139–153.

Yi, Youjae und Hoseong Jeon (2003), „Effects of Loyalty Programs on Value Perception, Program Loyalty, and Brand Loyalty,“ *Journal of the Academy of Marketing Science*, 31 (Summer), 229–240.

Young, Martin R., Wayne S. DeSarbo und Vicki G. Morwitz (1998), „The Stochastic Modeling of Purchase Intentions and Behavior,“ *Management Science*, 44 (February), 188–202.

Young, Shirley und Barbara Feigin (1975), „Using the Benefit Chain for Improved Strategy Formulation,“ *Journal of Marketing*, 39 (July), 72–74.

Zaichkowsky, Judith Lynne (1985), „Measuring the Involvement Construct,“ *Journal of Consumer Research*, 12 (December), 341–352.

Zaltman, Gerald, Karen Lemasters und Michael Heffring (1982), *Theory Construction in Marketing: Some Thoughts on Thinking*, New York, NY: Wiley.

———, Christian R. A. Pinson und Reinhard Angelmar (1973), *Metatheory and Consumer Research*, New York, NY: Holt, Rinehart and Winston.

Zammuto, Raymond F. und Terry Connolly (1984), „Coping with Disciplinary Fragmentation,“ *Organizational Behavior Teaching Review*, 9 (2), 30–37.

Zeithaml, Valarie A. (1988), „Consumer Perceptions of Price, Quality, and Value: A Means-End Model and Synthesis of Evidence,“ *Journal of Marketing*, 52 (July), 2–22.

——— (2000), „Service Quality, Profitability, and the Economic Worth of Customers: What We Know and What We Need to Learn,“ *Journal of the Academy of Marketing Science*, 28 (Winter), 67–85.

———, Leonard L. Berry und A. Parasuraman (1996), „The Behavioral Consequences of Service Quality,“ *Journal of Marketing*, 60 (April), 31–46.

Zinkhan, George M. und Rudy Hirschheim (1992), „Truth in Marketing Theory and Research: An Alternative Perspective,“ *Journal of Marketing*, 56 (April), 80–88.

———, Martin S. Roth und Mary Jane Saxton (1992), „Knowledge Development and Scientific Status in Consumer-Behavior Research: A Social Exchange Perspective,“ *Journal of Consumer Research*, 19 (September), 282–291.

Zuckerman, Harriet A. und Robert K. Merton (1973), „Age, Aging, and Age Structure in Science,“ in: Robert K. Merton (Hrsg.), *The Sociology of Science*, Chicago, IL.: University of Chicago Press, 460–496.

Anhangsverzeichnis

Appendix 1: Halb-standardisierter Fragebogen für Ladderinginterviews 253

Appendix 2: Fragebogen für Expertenbefragung 254

Appendix 3 CATI-Fragebogen 260

Appendix 1: Halb-standardisierter Fragebogen für Ladderinginterviews

Fragebogen-Nr.:
Datum:
Uhrzeit Beginn:
Uhrzeit Ende:

p:m+m
Professur für Marketing und Medien
Bauhaus-Universität Weimar

KUNDENTREUE BEI DIENSTLEISTUNGSANBIETERN

1. Nachfolgend sehen Sie eine Liste mit alphabetisch sortierten Dienstleistungsangeboten. Bitte wählen Sie aus dieser Liste diejenige Dienstleistung aus, bei der Sie sich am ehesten als „treuer Kunde" eines ganz bestimmten Anbieters bezeichnen würden. Gemeint sind Anbieter und Beziehungen, die Ihnen persönlich wichtig sind.

2. Wie ist der Name des Anbieters, bei dem Sie ein „treuer Kunde" sind?

3. Wie lange sind Sie bereits Kunde bei diesem Anbieter? _______ Jahre

4. Wie oft haben Sie die Leistungen dieses Anbieters in den vergangenen 12 Monaten genutzt? ___ Mal

5. Was konkret macht ihr Anbieter xy, dass Sie ein „treuer Kunde" bei ihm sind? Vielleicht hilft es Ihnen, wenn Sie dabei an Unterschiede zwischen Ihrem favorisierten und anderen Anbietern denken.

Abschließend habe ich noch einige Fragen zu Ihrer Person, damit wir unsere Ergebnisse verallgemeinern können.

6. Wie alt sind Sie? [ ] Jahre

7. Familienstand: [ ] ledig [ ] verheiratet [ ] verwitwet/geschieden

8. Ausbildung: [ ] Hauptschule [ ] Realschule [ ] Abitur
[ ] abgeschlossenes Studium

9. Beruf/Tätigkeit: [ ] Arbeiter/in [ ] Arbeitslose/r [ ] Angestellte/r [ ] Beamte/r
[ ] Rentner/in [ ] Selbständige/r [ ] Student/in [ ] Sonstiges

10. Postleitzahl des Wohnortes [ ]

11. Geschlecht: [ ] weiblich [ ] männlich

Appendix 2: Fragebogen für Expertenbefragung

Dear Colleague,

We would like to request your assistance on an issue related to one of our research projects. We anticipate this request will take 10–15 minutes for you to complete and we would greatly appreciate your help. On the following pages, we ask you to use your expertise in service marketing and to carry out two short assignment tasks.

The first task deals with what we refer to as "service attributes". These attributes are characteristics that, in our research, are most frequently mentioned by service customers as attributes that they look for in relationships with providers. Here, we provide you with definitions of 28 attributes (e.g., cleanliness) as well as definitions of 6 service attribute dimensions or groups (e.g., service product). Please read the definitions carefully and assign each attribute to ONE (and only one!) attribute dimension by checking the appropriate box.

The second and final task is very similar to the first. The only difference is that this time we provide you with definitions of 12 "service benefits" and 3 benefits dimensions (or higher-level benefits). These benefits have been identified by customers as the consequences they receive from the attributes we have identified. As with the first task, we ask you to, based on your reading of the definitions, assign each service benefit to ONE (and only one!) of the benefit dimensions. Again, please indicate your judgment by marking the appropriate box.

Thank you very much for your support and input. We very much appreciate sharing your expert knowledge with us and your contribution to our research on service attributes and benefits.

Best regards, and again: Thank you!

Dwayne Gremler (Bowling Green State University and Maastricht University)

Kevin Gwinner (Kansas State University)

Thorsten Hennig-Thurau (Bauhaus-University of Weimar)

Michael Paul (Bauhaus-University of Weimar)

ATTRIBUTE DIMENSIONS (TASK 1): DEFINITIONS

ATTRIBUTE DIMENSION	DEFINITION
Service product	Attributes that refer to the service as it is designed to be delivered.
Service delivery	Attributes that refer to the customer-employee interaction through which the service is produced.
Service environment	Attributes that refer to the ambience in which the service is delivered.
Service location	Attributes that refer to the geographical location where the service is provided.
Relationship characteristics	Attributes that refer to an ongoing relationship, which the service provider maintains with a customer and with other persons of importance to this customer.
Company characteristics	Attributes that refer to the company *overall* (not to the quality of the services provided by the company).

BENEFIT DIMENSIONS (TASK 2): DEFINITIONS

BENEFIT DIMENSION	DEFINITION
Functional benefits	Benefits which are of a utilitarian or tangible kind.
Psychological benefits	Benefits which satisfy important intrinsic goals of the consumer that are self-oriented and/or symbolic.
Social benefits	Benefits which make people feel closer to each other or portray a desired image to others.

TASK 1: ATTRIBUTE ASSIGNMENT

Please indicate for each of the individual attributes described below to which of the six attribute dimensions (listed in the columns of the table) it should be classified to. Please check one (and only one!) box per row.

NOTE: Please see the separate page for definitions of the attribute dimensions.

	ATTRIBUTE	DEFINITION	DIMENSION (for definitions, please see separate sheet!) Service product	Service delivery	Service environment	Service location	Relationship characteristics	Company characteristics
1	**Assortment**	Depth and breadth of products and services offered	[ ]	[ ]	[ ]	[ ]	[ ]	[ ]
2	**Audience**	Other customers contributing to a good service atmosphere	[ ]	[ ]	[ ]	[ ]	[ ]	[ ]
3	**Authenticity**	Employees' natural and authentic emotional display toward all customers	[ ]	[ ]	[ ]	[ ]	[ ]	[ ]
4	**Cleanliness**	Clean service setting	[ ]	[ ]	[ ]	[ ]	[ ]	[ ]
5	**Connection**	Customer having a personal connection to an employee or a symbolic connection to the place	[ ]	[ ]	[ ]	[ ]	[ ]	[ ]
6	**Corporate social responsibility**	Service provider supporting its employees, the community, and the environment	[ ]	[ ]	[ ]	[ ]	[ ]	[ ]
7	**Customer history**	Service provider storing and using information about the individual customer gathered during previous visits	[ ]	[ ]	[ ]	[ ]	[ ]	[ ]
8	**Customization**	Tailoring of service outcome according to customer needs offered to all customers	[ ]	[ ]	[ ]	[ ]	[ ]	[ ]
9	**Empathy**	Employees taking care of and showing interest in all customers	[ ]	[ ]	[ ]	[ ]	[ ]	[ ]
10	**Equipment and materials**	Technical equipment and materials used to produce the service offering	[ ]	[ ]	[ ]	[ ]	[ ]	[ ]
11	**Expertise**	Employees' technical and advice-giving competence	[ ]	[ ]	[ ]	[ ]	[ ]	[ ]
12	**Fairness**	Integrity, honesty, and equity of service provider toward all customers with	[ ]	[ ]	[ ]	[ ]	[ ]	[ ]

ATTRIBUTE	DEFINITION	DIMENSION (for definitions, please see separate sheet!) Service product	Service delivery	Service environ-ment	Service location	Rela-tionship charac-teristics	Com-pany charac-teristics
	regard to the service offered						
13 **Location**	Geographical location where the service is provided	[ ]	[ ]	[ ]	[ ]	[ ]	[ ]
14 **Low pressure**	Employees not pressuring customers to buy	[ ]	[ ]	[ ]	[ ]	[ ]	[ ]
15 **Low price**	Prices being lower than alternative offerings	[ ]	[ ]	[ ]	[ ]	[ ]	[ ]
16 **Motivation**	Employees' good job attitude and demonstration of effort in service provision to all customers	[ ]	[ ]	[ ]	[ ]	[ ]	[ ]
17 **Price-quality ratio**	Price of service offering relative to quality received is better than alternative offerings	[ ]	[ ]	[ ]	[ ]	[ ]	[ ]
18 **Quickness**	Prompt service provision and short waiting time	[ ]	[ ]	[ ]	[ ]	[ ]	[ ]
19 **Reliability**	Consistent, accurate, and dependable service outcome	[ ]	[ ]	[ ]	[ ]	[ ]	[ ]
20 **Reputation**	Service provider's good public reputation	[ ]	[ ]	[ ]	[ ]	[ ]	[ ]
21 **Servicescape**	Good overall physical surroundings and atmosphere	[ ]	[ ]	[ ]	[ ]	[ ]	[ ]
22 **Significant others**	Friends or relatives of the customer also being customers (but may not necessarily visit the service provider at the same time)	[ ]	[ ]	[ ]	[ ]	[ ]	[ ]
23 **Similarity**	Customer liking the employee and/or having something in common with him/her	[ ]	[ ]	[ ]	[ ]	[ ]	[ ]
24 **Small and local company**	Service provider being small, privately owned, and local	[ ]	[ ]	[ ]	[ ]	[ ]	[ ]
25 **Special treatment**	Treatment of regular customers by the service provider is better than treatment of non-regular customers	[ ]	[ ]	[ ]	[ ]	[ ]	[ ]
26 **Temporal availability**	Times when service offerings are available (e.g., opening hours, flexible	[ ]	[ ]	[ ]	[ ]	[ ]	[ ]

ATTRIBUTE	DEFINITION	DIMENSION (for definitions, please see separate sheet!) Service product	Service delivery	Service environment	Service location	Relationship characteristics	Company characteristics
	appointments, permanent access by telephone or online)						
27 **Uniqueness**	Rare or unique service offering	[ ]	[ ]	[ ]	[ ]	[ ]	[ ]
28 **Value-added services**	Additional service offerings provided above and beyond the core service	[ ]	[ ]	[ ]	[ ]	[ ]	[ ]

TASK 2: BENEFIT ASSIGNMENT

Please indicate for each of the individual benefits described below to which of the three benefits dimensions (listed in the columns of the table) it should be classified to. Please check one (and only one!) box per row.

NOTE: Please see the separate page for definitions of the benefits dimensions.

			DIMENSION (for definitions, please see separate sheet!)		
	BENEFIT	DEFINITION	**Functional benefits**	**Psychological benefits**	**Social benefits**
1	**Affiliation**	The customer benefits because s/he has feelings of affiliation, connectedness, or identification with the service provider or other customers	[ ]	[ ]	[ ]
2	**Altruism**	The customer benefits because s/he can help others as a consequence of using the service provider	[ ]	[ ]	[ ]
3	**Autonomy**	The customer benefits because s/he feels that the service provider allows him/her to decide and act on his/her own with regard to using the service	[ ]	[ ]	[ ]
4	**Comfort**	The customer benefits because her/his anxiety concerning a service encounter has been eased, and s/he enjoys peace of mind and is worry free	[ ]	[ ]	[ ]
5	**Communication**	The customer benefits because of enjoyable social interactions and communication with the service employees or other customers	[ ]	[ ]	[ ]
6	**Community**	The customer benefits because s/he can support the sustainability of the community s/he lives in as a consequence of using the service provider	[ ]	[ ]	[ ]
7	**Confidence**	The customer benefits because s/he has more confidence and feelings of trust in the service provider	[ ]	[ ]	[ ]
8	**Convenience**	The customer benefits because s/he saves time and effort	[ ]	[ ]	[ ]
9	**Knowledge**	The customer benefits because s/he gains expert knowledge and information about the service	[ ]	[ ]	[ ]
10	**Money savings**	The customer benefits because s/he saves money	[ ]	[ ]	[ ]
11	**Privilege**	The customer benefits because as a loyal customer s/he feels privileged and special compared to other customers	[ ]	[ ]	[ ]
12	**Welcomeness**	The customer benefits because s/he feels welcome, appreciated, or being cared for at the service provider	[ ]	[ ]	[ ]

Appendix 3: CATI-Fragebogen

Q1:
Guten Tag, mein Name ist [VORNAME, NAME]. Ich rufe im Auftrag der Uni Weimar an. Wir führen derzeit im Rahmen eines internationalen Forschungsprojektes eine wissenschaftliche Untersuchung zum Thema Kundentreue bei Dienstleistungsunternehmen durch. Bin ich mit einem Privathaushalt verbunden? [WENN „NEIN", DANN Q1F; WENN „JA", DANN WEITER MIT Q2]

Q1a:
Können Sie mich mit **der Person** aus Ihrem Haushalt verbinden, die zuletzt Geburtstag hatte?
[ ] Ja [ ] Nein, ist gerade nicht da [ ] Nein, will nicht
[WENN „NEIN, WILL NICHT", DANN WEITER MIT Q1D; WENN „NEIN, IST GERADE NICHT DA", DANN WEITER MIT Q1C; WENN „JA", DANN WEITER MIT Q1B SOBALD ZIELPERSON AM TELEFON]

Q1b:
Guten Tag, mein Name ist [VORNAME, NAME]. Ich rufe im Auftrag der Uni Weimar an. Wir führen derzeit im Rahmen eines internationalen Forschungsprojektes eine wissenschaftliche Untersuchung zum Thema Kundentreue bei Dienstleistungsunternehmen durch. Die Befragung dauert etwa 15 Minuten. Die Universität Weimar garantiert Ihnen die Vertraulichkeit und Anonymität Ihrer Angaben. Die Teilnahme ist natürlich freiwillig, aber es wäre wichtig, dass alle ausgewählten Personen teilnehmen, damit die Umfrage ein möglichst genaues Ergebnis liefert. Wir stellen Ihnen gerne, nachdem die Auswertung erfolgt ist, eine Kurzfassung der Ergebnisse zur Verfügung. Hätten Sie gerade kurz Zeit für mich?
[ ] Ja [ ] Keine Zeit [ ] Nein, will nicht
[WENN „NEIN, WILL NICHT", DANN WEITER MIT Q1D; [WENN „KEINE ZEIT" DANN WEITER MIT Q1C; WENN „JA", DANN WEITER MIT 3]

Q1c:
Darf ich zu einem späteren Zeitpunkt noch einmal bei Ihnen anrufen?
[ ] Ja [ ] Nein
[WENN „NEIN", DANN WEITER MIT Q1D; WENN „JA", DANN WEITER MIT Q1E]

Q1d:
Entschuldigen Sie bitte die Störung. Danke schön und auf Wiederhören.

Q1e:
[TERMIN VEREINBAREN]. Danke schön. Eine Kollegin oder ich werden Sie dann zum vereinbarten Zeitpunkt wieder anrufen. Auf Wiederhören.

Q1f:
Dann darf ich Sie leider nicht befragen, da wir die Umfrage nur in Privathaushalten durchführen. Entschuldigen Sie bitte die Störung. Ich wünsche Ihnen noch einen schönen Tag.

Q2:
Um einen möglichst genauen Querschnitt der Bevölkerung zu erreichen, müsste ich mit der Person aus Ihrem Haushalt sprechen, die zuletzt Geburtstag hatte und mindestens 18 Jahre alt ist. Wer ist das denn bei Ihnen?
[ ] Ja [ ] Nein
[WENN „ZIELPERSON NICHT AM TELEFON", DANN WEITER MIT Q1A; WENN „ZIELPERSON AM TELEFON", DANN WEITER MIT Q2A]

Q2a:
Die Befragung dauert etwa 15 Minuten. Die Universität Weimar garantiert Ihnen die Vertraulichkeit und Anonymität Ihrer Angaben. Die Teilnahme ist natürlich freiwillig, aber es wäre wichtig, dass alle ausgewählten Personen teilnehmen, damit die Umfrage ein möglichst genaues Ergebnis liefert. Wir stellen Ihnen gerne, nachdem die Auswertung erfolgt ist, eine Kurzfassung der Ergebnisse zur Verfügung. Hätten Sie gerade kurz Zeit für mich?
[ ] Ja [ ] Keine Zeit [ ] Nein, will nicht

[WENN „NEIN, WILL NICHT", DANN WEITER MIT Q1D; WENN „KEINE ZEIT" DANN WEITER MIT Q1C; WENN „JA", DANN WEITER MIT Q3]

Q3:
Bei unserer Befragung geht es um Dienstleistungen und speziell um [A], [A] und [A]. Sind Sie **treuer Kunde** eines ganz bestimmten Anbieters bei **einer** der genannten Dienstleistungen? Damit ist gemeint, ob Sie [B], [B] oder [B] regelmäßig aufsuchen.

[ES SOLL JE EINE DIENSTLEISTUNG VON JEDEM SERVICETYP ZUFÄLLIG AUSGEWÄHLT WERDEN]

Servicetyp 1	[Kernnutzen DL]	[A]	[B]	[C]	[Z]
Arzt/Zahnarzt	... es mir hilft, gesund zu sein oder gut auszusehen.	Ärzte/ Zahnärzte	einen speziellen Arzt/ Zahnarzt	Arzt/ Zahnarzt	[ANBIETER] die bestmögliche technische Ausstattung und/oder Materialien einsetzt.
Frisör oder Kosmetiker	... es mir hilft, gut auszusehen oder zu entspannen.	Frisöre/ Kosmetiker	einen speziellen Frisör/ Kosmetiker	Frisör/ Kosmetiker	[ANBIETER] die bestmögliche technische Ausstattung und/oder Materialien einsetzt.
Restaurant (Full-Service, d.h. mit Bedienung am Tisch)	... es mir hilft, gutes Essen oder Getränke zu bekommen.	Restaurants (mit Bedienung am Tisch)	ein spezielles Restaurant	Restaurant	[ANBIETER] die bestmögliche technische Ausstattung und/oder Zutaten einsetzt.
Reisebüro	... es mir hilft, gute Reisen zu buchen.	Reisebüros (*wenn nicht Internet*)	ein spezielles Reisebüro	Reisebüro	[ANBIETER] die bestmögliche technische Ausstattung einsetzt.
Servicetyp 2	[Kernnutzen DL]	[A]	[B]	[C]	[Z]
Bank	... es mir hilft, mein Geld gut zu verwalten.	Banken (*wenn nicht Internet)*	eine spezielle Bank	Bank	[ANBIETER] die bestmögliche technische Ausstattung einsetzt.
Kfz-Werkstatt	... es mir hilft, mein Fahrzeug gut in Schuss zu halten.	Autowerkstätten	eine spezielle Autowerkstatt	Autowerkstatt	[ANBIETER] die bestmögliche technische Ausstattung und/oder Materialien einsetzt.
Schuhreparatur	... es mir hilft, meine Schuhe gut in Schuss zu halten.	Schuster	einen speziellen Schuster	Schuster	[ANBIETER] die bestmögliche technische Ausstattung und/oder Materialien einsetzt.
Tierarzt	... es mir hilft, gesunde Tiere zu haben.	Tierärzte	einen speziellen Tierarzt	Tierarzt	[ANBIETER] die bestmögliche technische Ausstattung einsetzt.
Servicetyp 3	[Kernnutzen DL]	[A]	[B]	[C]	[Z]
Apotheke/ Drogerie	... es mir hilft, die Produkte zu bekommen, die ich möchte.	Apotheken/ Drogerien (*wenn nicht Internet*)	eine spezielle Apotheke/ Drogerie	Apotheke/ Drogerie	[ANBIETER] die bestmögliche technische Ausstattung einsetzt.
Buchhandlung	... es mir hilft, die Produkte zu bekommen, die ich möchte.	Buchhandlungen (*wenn nicht Internet*)	eine spezielle Buchhandlung	Buchhandlung	[ANBIETER] die bestmögliche technische Ausstattung einsetzt.
Café/Kneipe	... es mir hilft, gutes Essen oder Getränke zu bekommen.	Cafés/ Kneipen	ein spezielles Café/ Kneipe	Café/ Kneipe	[ANBIETER] die bestmögliche technische Ausstattung und/oder Zutaten einsetzt.
Supermarkt	... es mir hilft, die Produkte zu bekommen, die ich möchte.	Supermärkte (*wenn nicht Internet*)	einen speziellen Supermarkt	Supermarkt	[ANBIETER] die bestmögliche technische Ausstattung einsetzt.

[WENN „JA“ ENTSPRECHENDE DIENSTLEISTUNG ANKREUZEN, DANN WEITER MIT Q4] [*WENN DER BEFRAGTE MEHRERE DIENSTLEISTUNGEN NENNT, BITTE NACHFRAGEN:* „Bitte wählen Sie **eine** Dienstleistung, bei der Sie ein **besonders** treuer Kunde eines Anbieters sind“. BITTE DIE ENTSPRECHENDE DIENSTLEISTUNG ANKREUZEN UND WEITER MIT Q4] [WENN „NEIN“ WEITER MIT Q3A]

Q3a:
[ES SOLLEN DREI WEITERE DIENSTLEISTUNGEN VON JEDEM SERVICETYP ZUFÄLLIG AUSGEWÄHLT WERDEN] Und wie ist es mit [A], [A] und [A]. Sind Sie **treuer Kunde** eines ganz bestimmten Anbieters bei **einer** der genannten Dienstleistungen? Damit ist gemeint, ob Sie [B], [B] oder [B] regelmäßig aufsuchen. [WENN „JA“ ENTSPRECHENDE DIENSTLEISTUNG ANKREUZEN, DANN WEITER MIT Q4] [*WENN DER BEFRAGTE MEHRERE DIENSTLEISTUNGEN NENNT, BITTE NACHFRAGEN:* „Bitte wählen Sie **eine** Dienstleistung, bei der Sie ein **besonders** treuer Kunde eines Anbieters sind“. BITTE DIE ENTSPRECHENDE DIENSTLEISTUNG ANKREUZEN UND WEITER MIT Q4] [WENN „NEIN“, DANN WEITER MIT Q3B]

Q3b:
[ES SOLLEN DREI WEITERE DIENSTLEISTUNGEN VON JEDEM SERVICETYP ZUFÄLLIG AUSGEWÄHLT WERDEN] Und wie ist es mit [A], [A] und [A]. Sind Sie **treuer Kunde** eines ganz bestimmten Anbieters bei **einer** der genannten Dienstleistungen? Damit ist gemeint, ob Sie [B], [B] oder [B] regelmäßig aufsuchen. [WENN „JA“ ENTSPRECHENDE DIENSTLEISTUNG ANKREUZEN, DANN WEITER MIT Q4] [*WENN DER BEFRAGTE MEHRERE DIENSTLEISTUNGEN NENNT, BITTE NACHFRAGEN:* „Bitte wählen Sie **eine** Dienstleistung, bei der Sie ein **besonders** treuer Kunde eines Anbieters sind“. BITTE DIE ENTSPRECHENDE DIENSTLEISTUNG ANKREUZEN UND WEITER MIT Q4] [WENN „NEIN“, DANN BEDANKEN UND MITTEILEN, DASS DIE PERSON LEIDER NICHT IN DIE ZIELGRUPPE PASST UND GESPRÄCH BEENDEN]

Q4:
Es geht nun nachfolgend ausschließlich um Ihr/e/n [C]. Wie heißt der/die/das [C], dem/der Sie treu sind? *[ES SOLLEN AUSSCHLIEßLICH INSTITUTIONEN UND KEINE EINZELPERSONEN ALS ANBIETER EINGETRAGEN WERDEN. EIN ARZT MIT DEM NAMEN DR. MARTIN MÜLLER WÄRE DANN Z.B, ALS „PRAXIS DR. MARTIN MÜLLER“ EINZUTRAGEN.]* [*WENN BEFRAGTER NAMEN NICHT NENNEN WILL, DANN SAGEN:* „Befragung ist anonym, Name wird nach Befragung gelöscht und wird nur gebraucht, um den Fragebogen auf Sie zuzuschneiden“]
[ ] BEFRAGTER *WILL* NAMEN DES ANBIETERS NICHT NENNEN
[ ] BEFRAGTER *KANN* NAMEN DES ANBIETERS NICHT NENNEN => BEDANKEN UND INTERVIEW BEENDEN
[FALLS NAME DES ANBIETERS NICHT GENANNT WIRD, [ANBIETER] = „ANBIETER“]

Wie lange sind Sie bereits Kunde bei [ANBIETER]?
[ ] Jahre [ ] Monate [ ] Keine Angabe

Alles in allem: Wie oft haben Sie [ANBIETER] in den **letzten 12 Monaten** genutzt? Hierzu zählt auch, wenn Sie bei ihm angerufen haben oder seinen Service im Internet oder an Automaten genutzt haben.
[*Je nachdem wie der Befragte seine Angaben macht in entsprechendes Feld eintragen.*]
[ ] Mal/Jahr [ ] Mal/Monat [ ] Mal/Woche [ ] Keine Angabe

Und wie oft haben Sie in den letzten 12 Monaten **andere [A]** als [ANBIETER] genutzt? [*HINWEIS BEI NACHFRAGEN: DIE INANSPRUCHNAHME VON LEISTUNGEN ANDERER ANBIETER, DIE EIN ANBIETER NICHT ERBRINGEN* ***KANN*** *(Z.B. ÄRZTE ANDERER FACHRICHTUNG), ZÄHLEN NICHT DAZU.*] [*Je nachdem wie der Befragte seine Angaben macht in entsprechendes Feld eintragen.*]
[ ] Mal/Jahr [ ] Mal/Monat [ ] Mal/Woche [ ] Keine Angabe

Q5:
Es gibt viele Gründe, warum man einem Dienstleister treu sein kann. Im Folgenden interessieren uns **Ihre persönlichen** Gründe, warum Sie [ANBIETER] regelmäßig nutzen. Wir suchen den **wichtigsten** Grund für **Ihre** Treue zu [ANBIETER].

Ich werde Ihnen jetzt eine Reihe von möglichen Gründen vorlesen. Bitte sagen Sie mir jeweils, ob die Aussage, die ich Ihnen vorlese, für **Ihre persönliche Treue** zu **[ANBIETER]** „ein äußerst wichtiger Grund ist“, „ein wichtiger Grund ist“, „ein nicht so wichtiger Grund ist“, „eher *kein* Grund ist“ oder „überhaupt kein Grund ist“. Soll ich die möglichen Antworten noch einmal vorlesen? [FALLS „NEIN“ WEITER IM TEXT, BEI „JA“ SKALA NOCH

EINMAL VORLESEN] Es kann übrigens sein, dass manche Aussagen für **Sie persönlich** keinen Sinn ergeben. Für die Ergebnisse unserer Studie ist es aber **sehr** wichtig, eben **dies** von **Ihnen persönlich** zu erfahren.

[*IN FOLGENDEN FÄLLEN 1 = „IST ÜBERHAUPT KEIN GRUND" ANKREUZEN: (1) DER BEFRAGTE MEINT, EINE AUSSAGE PASST* ***GRUNDSÄTZLICH NICHT*** *AUF [ANBIETER] ODER [A]; (2) DER BEFRAGTE SAGT, DASS ER DIE AUSSAGE* ***NICHT BEURTEILEN KANN****, WEIL ER NICHT WEIß, OB DIES BEI [ANBIETER] DER FALL IST.*] [*WENN DER BEFRAGTE IRRITIERT ODER AMÜSIERT AUF FRAGEN REAGIERT, KANN FOLGENDER HINWEIS WIEDERHOLT WERDEN:* „Es ist durchaus möglich, dass einige Aussagen für **Sie persönlich** ganz und gar nicht zutreffen. Für die Ergebnisse unserer Studie ist es aber äußerst wichtig, eben **dies** von **Ihnen persönlich** zu erfahren."] [*WENN ZWEIFEL BESTEHEN, DASS DEM BEFRAGTEN KLAR IST, DASS ES AUSSCHLIEßLICH UM DIE* ***GRÜNDE*** *FÜR SEINE* ***TREUE*** *GEHT, DANN* ***ANTWORTEN WIEDERHOLEN****, WIE Z.B.:* „Dies ist also ein entscheidender Grund **dafür**, dass Sie persönlich [Anbieter] regelmäßig nutzen?"] [*WENN DER BEFRAGTE MEHRMALS HINTEREINANDER 5 = „IST EIN ÄUßERST WICHTIGER GRUND" ANGIBT, DANN NACHFRAGEN:* „Sie haben jetzt mehrmals hintereinander angegeben, das ein Grund äußerst wichtig ist". Verstehe ich Sie da richtig: All diese Gründe sind äußerst wichtig **dafür**, dass Sie persönlich **[Anbieter] regelmäßig nutzen**?"]

[FRAGENBLÖCKE UND DIE FRAGEN INNERHALB DER BLÖCKE MÜSSEN ROTIEREN!]
Jetzt geht es um die Leistungen und Produkte von [ANBIETER].

Ich nutze [ANBIETER] regelmäßig, weil ...

		Ist ein äußerst wichtiger Grund	Ist ein wichtiger Grund	Ist ein nicht so wichtiger Grund	Ist eher kein Grund	Ist überhaupt kein Grund
1	... [ANBIETER] ein exzellentes Preis-Leistungs-Verhältnis bietet.	[5]	[4]	[3]	[2]	[1]
2	... [ANBIETER] Sachen anbietet, die ansonsten nur sehr schwer zu bekommen sind.	[5]	[4]	[3]	[2]	[1]
3	... [ANBIETER] seinen/ihren Kunden besonders tolle Services zusätzlich zur eigentlichen Leistung bietet.	[5]	[4]	[3]	[2]	[1]
4	... [ANBIETER] eine tolle Auswahl an Produkten und Dienstleistungen hat.	[5]	[4]	[3]	[2]	[1]
5	... [ANBIETER] sehr billig ist.	[5]	[4]	[3]	[2]	[1]

Jetzt geht es um die Mitarbeiter und die Art und Weise, wie die Leistung erbracht wird. Mit „Mitarbeitern" sind **alle** Personen gemeint, die bei [ANBIETER] arbeiten, auch der Inhaber oder Geschäftsführer.

Ich nutze [ANBIETER] regelmäßig, weil ...

		Ist ein äußerst wichtiger Grund	Ist ein wichtiger Grund	Ist ein nicht so wichtiger Grund	Ist eher kein Grund	Ist überhaupt kein Grund
6	... die Mitarbeiter besonders fachkompetent sind und/ oder hervorragend beraten.	[5]	[4]	[3]	[2]	[1]
7	... die Mitarbeiter sich riesig ins Zeug legen, um einen guten Job zu tun.	[5]	[4]	[3]	[2]	[1]
8	... ich die Mitarbeiter sehr mag, und/oder wir viel gemeinsam haben.	[5]	[4]	[3]	[2]	[1]
9	... die Mitarbeiter sich durch und durch natürlich verhalten.	[5]	[4]	[3]	[2]	[1]
10	... die Mitarbeiter sich sehr um mich kümmern.	[5]	[4]	[3]	[2]	[1]
11	... [ANBIETER] seine/ihre Kunden außergewöhnlich fair behandelt.	[5]	[4]	[3]	[2]	[1]
12	... mir dort absolut nichts aufgedrängt wird.	[5]	[4]	[3]	[2]	[1]
13	... es sehr schnell geht und/oder die Wartezeiten sehr kurz sind.	[5]	[4]	[3]	[2]	[1]
14	... [ANBIETER] außerordentlich zuverlässig ist.	[5]	[4]	[3]	[2]	[1]
15	... [ANBIETER] den Service im starken Maße auf	[5]	[4]	[3]	[2]	[1]

	die individuellen Wünsche der Kunden zuschneidet.					
16	... ich bei [ANBIETER] im Vergleich zu anderen Kunden ganz besonders behandelt werde.	[5]	[4]	[3]	[2]	[1]
17	... man bei [ANBIETER] aus früheren Besuchen ganz genau weiß, was ich brauche.	[5]	[4]	[3]	[2]	[1]

Jetzt geht es um die Lage, die Ausstattung und die Atmosphäre von [ANBIETER].

Ich nutze [ANBIETER] regelmäßig, ...

		Ist ein äußerst wichtiger Grund	Ist ein wichtiger Grund	Ist ein nicht so wichtiger Grund	Ist eher kein Grund	Ist überhaupt kein Grund
18	... weil [Z]	[5]	[4]	[3]	[2]	[1]
19	... weil [ANBIETER] eine tolle Einrichtung und/oder Atmosphäre hat.	[5]	[4]	[3]	[2]	[1]
20	... weil es dort außergewöhnlich sauber ist.	[5]	[4]	[3]	[2]	[1]
21	...wegen der anderen Kunden.	[5]	[4]	[3]	[2]	[1]
22	... weil [ANBIETER] sehr gut gelegen ist.	[5]	[4]	[3]	[2]	[1]
23	... weil [ANBIETER] stets erreichbar ist, wenn ich ihn/sie brauche.	[5]	[4]	[3]	[2]	[1]

Jetzt geht es um Merkmale Ihrer Beziehung zu [ANBIETER] und um andere Kunden von [ANBIETER].

Ich nutze [ANBIETER] regelmäßig, weil ...

		Ist ein äußerst wichtiger Grund	Ist ein wichtiger Grund	Ist ein nicht so wichtiger Grund	Ist eher kein Grund	Ist überhaupt kein Grund
24	... ich mit [ANBIETER] sehr vertraut bin und/oder man mich dort gut kennt.	[5]	[4]	[3]	[2]	[1]
25	... Familienmitglieder und/oder Freunde auch dort Kunden sind.	[5]	[4]	[3]	[2]	[1]

Jetzt geht es um einige mögliche Eigenschaften von [ANBIETER].

Ich nutze [ANBIETER] regelmäßig, weil ...

		Ist ein äußerst wichtiger Grund	Ist ein wichtiger Grund	Ist ein nicht so wichtiger Grund	Ist eher kein Grund	Ist überhaupt kein Grund
26	... [ANBIETER] besonders sozial engagiert und/oder umweltbewusst ist.	[5]	[4]	[3]	[2]	[1]
27	... es sich um einen kleinen und/oder lokalen Anbieter handelt.	[5]	[4]	[3]	[2]	[1]
28	... [ANBIETER] einen hervorragenden Ruf hat.	[5]	[4]	[3]	[2]	[1]

Q5a:
[WENN MEHRERE GLEICHE HÖCHSTWERTE] Sie haben verschiedene Gründe als wichtig für Ihre Treue zu [ANBIETER] angegeben. Welcher der Gründe ist Ihnen nun am allerwichtigsten für Ihre Treue zu [ANBIETER]? Ich lese Ihnen die relevanten Gründe noch einmal der Reihe nach vor und Sie nennen mir den allerwichtigsten Grund. [ALLE GRÜNDE MIT DEM HÖCHSTEN WERT VORLESEN]

Q6:
[WICHTIGSTES ATTRIBUT NACH D]. Ich möchte gerne von **Ihnen** wissen, [WICHTIGSTES ATTRIBUT NACH E]. Ich lese Ihnen nachfolgend wieder eine Reihe von Aussagen vor, und Sie sagen mir bitte, inwieweit jede einzelne Aussage **auf Sie persönlich** zutrifft. Eine Aussage kann dabei auf Sie „voll und ganz zutreffen", „eher zutreffen", „zum Teil zutreffen", „eher *nicht* zutreffen" oder „überhaupt nicht zutreffen". Soll ich die möglichen Ant-

worten noch einmal vorlesen? [FALLS „NEIN" WEITERVORLESEN, BEI „JA" SKALA NOCH EINMAL VORLESEN] [*In folgenden Fällen bitte 1 = „TRIFFT ÜBERHAUPT NICHT ZU" ANKREUZEN:(1) DER BEFRAGTE MEINT, EINE AUSSAGE TRIFFT* ***GRUNDSÄTZLICH NICHT*** *AUF [ANBIETER] ODER [A] ZU; (2) DER BEFRAGTE SAGT, DASS ER KEINEN ZUSAMMENHANG ZWISCHEN DER JEWEILIGEN KONSEQUENZ UND DEM ATTRIBUT SIEHT*] [*Wenn der Befragte ständig Höchstwerte vergibt, bitte die Attribut-Konsequenz-Kette in umgekehrter Reihenfolge - also Konsequenz-Attribut wiederholen. z.B.* „Weil es Ihnen hilft, Geld zu sparen, finden Sie es also wichtig, dass der Anbieter sehr billig ist. "][*WENN DER BEFRAGTE IRRITIERT ODER AMÜSIERT AUF FRAGEN REAGIERT, KANN FOLGENDER HINWEIS GEGEBEN WERDEN:* „Es ist durchaus möglich, dass einige Aussagen für **Sie persönlich** ganz und gar nicht zutreffen. Für die Ergebnisse unserer Studie ist es aber äußerst wichtig, eben **dies** von **Ihnen persönlich** zu erfahren."]

[STATEMENTS SOLLEN ROTIEREN. NUR DIE FRAGE [KERNNUTZEN DL] SOLL IMMER ALS LETZTE BEFRAGT WERDEN.]

[WICHTIGSTES ATTRIBUT NACH Y], weil...

		Trifft voll und ganz zu	Trifft eher zu	Trifft zum Teil zu	Trifft eher nicht zu	Trifft überhaupt nicht zu
1	... es mir hilft, Geld zu sparen.	[5]	[4]	[3]	[2]	[1]
2	... es mir hilft, Zeit und Mühe zu sparen.	[5]	[4]	[3]	[2]	[1]
3	... es mir hilft, [ANBIETER] zu vertrauen.	[5]	[4]	[3]	[2]	[1]
4	... es mir das Gefühl gibt, ein bevorzugter Kunde zu sein.	[5]	[4]	[3]	[2]	[1]
5	... es mir das Gefühl gibt, als Kunde willkommen zu sein.	[5]	[4]	[3]	[2]	[1]
6	... es mir ermöglicht, gute Gespräche mit den Mitarbeitern oder anderen Menschen dort zu führen.	[5]	[4]	[3]	[2]	[1]
7	... es ein Gefühl der Verbundenheit mit [ANBIETER] oder anderen Menschen dort schafft.	[5]	[4]	[3]	[2]	[1]
8	... es mir ermöglicht, [ANBIETER] oder anderen etwas Gutes zu tun.	[5]	[4]	[3]	[2]	[1]
9	... es dazu beiträgt, dass ich in einer attraktiven Stadt oder Gemeinde leben kann.	[5]	[4]	[3]	[2]	[1]
10	... es mir ermöglicht, selbst entscheiden und handeln zu können.	[5]	[4]	[3]	[2]	[1]
11	... es dazu beiträgt, dass ich mich informiert fühle.	[5]	[4]	[3]	[2]	[1]
12	... es mir hilft, innerlich weniger angespannt zu sein, wenn ich dort bin.	[5]	[4]	[3]	[2]	[1]
13	... [Kernnutzen DL].	[5]	[4]	[3]	[2]	[1]

	[D]
1	Dass ein Anbieter ein exzellentes Preis-Leistungs-Verhältnis bietet, kann aus ganz unterschiedlichen Gründen wichtig sein
2	Dass ein Anbieter sehr billig ist, kann aus ganz unterschiedlichen Gründen wichtig sein
3	Dass ein Anbieter Sachen anbietet, die ansonsten nur sehr schwer zu bekommen sind, kann aus ganz unterschiedlichen Gründen wichtig sein
4	Dass ein Anbieter seinen Kunden besonders tolle Services zusätzlich zur eigentlichen Leistung bietet, kann aus ganz unterschiedlichen Gründen wichtig sein
5	Dass ein Anbieter eine tolle Auswahl an Produkten und Dienstleistungen hat, kann aus ganz unterschiedlichen Gründen wichtig sein
6	Dass die Mitarbeiter bei einem Anbieter besonders fachkompetent sind oder hervorragend beraten, kann aus ganz unterschiedlichen Gründen wichtig sein
7	Dass die Mitarbeiter bei einem Anbieter sich riesig ins Zeug legen, um einen guten Job zu tun, kann aus ganz unterschiedlichen Gründen wichtig sein
8	Dass man die Mitarbeiter bei einem Anbieter sehr mag oder man viel gemeinsam hat, kann aus ganz unterschiedlichen Gründen wichtig sein
9	Dass die Mitarbeiter bei einem Anbieter sich durch und durch natürlich verhalten, kann aus ganz unterschiedlichen Gründen wichtig sein
10	Dass die Mitarbeiter bei einem Anbieter sich sehr um einen kümmern, kann aus ganz unterschiedlichen

	Gründen wichtig sein
11	Dass ein Anbieter seine Kunden außergewöhnlich fair behandelt, kann aus ganz unterschiedlichen Gründen wichtig sein
12	Dass bei einem Anbieter einem absolut nichts aufgedrängt wird, kann aus ganz unterschiedlichen Gründen wichtig sein
13	Dass es bei einem Anbieter sehr schnell geht oder die Wartezeiten sehr kurz sind, kann aus ganz unterschiedlichen Gründen wichtig sein
14	Dass ein Anbieter außerordentlich zuverlässig ist, kann aus ganz unterschiedlichen Gründen wichtig sein
15	Dass ein Anbieter den Service im starken Maße auf die individuellen Wünsche der Kunden zuschneidet, kann aus ganz unterschiedlichen Gründen wichtig sein
16	Dass man bei einem Anbieter im Vergleich zu anderen Kunden ganz besonders behandelt wird, kann aus ganz unterschiedlichen Gründen wichtig sein
17	Dass man bei einem Anbieter aus früheren Besuchen ganz genau weiß, was die einzelnen Kunden brauchen, kann aus ganz unterschiedlichen Gründen wichtig sein
18	Dass ein Anbieter die bestmögliche Ausstattung oder Materialien/Zutaten einsetzt, kann aus ganz unterschiedlichen Gründen wichtig sein
19	Dass ein Anbieter eine tolle Einrichtung oder Atmosphäre hat, kann aus ganz unterschiedlichen Gründen wichtig sein
20	Dass es bei einem Anbieter außergewöhnlich sauber ist, kann aus ganz unterschiedlichen Gründen wichtig sein
21	Die anderen Kunden von einem Anbieter können aus ganz unterschiedlichen Gründen wichtig sein
22	Dass ein Anbieter sehr gut gelegen ist, kann aus ganz unterschiedlichen Gründen wichtig sein
23	Dass ein Anbieter stets erreichbar ist, wenn man ihn braucht, kann aus ganz unterschiedlichen Gründen wichtig sein
24	Dass man mit einem Anbieter sehr vertraut ist oder man einen dort gut kennt, kann aus ganz unterschiedlichen Gründen wichtig sein
25	Dass Familienmitglieder oder Freunde auch Kunden bei einem Anbieter sind, kann aus ganz unterschiedlichen Gründen wichtig sein
26	Dass ein Anbieter besonders sozial engagiert und umweltbewusst ist, kann aus ganz unterschiedlichen Gründen wichtig sein
27	Dass es sich bei einem Anbieter um einen kleinen oder lokalen Anbieter handelt, kann aus ganz unterschiedlichen Gründen wichtig sein
28	Dass ein Anbieter einen hervorragenden Ruf hat, kann aus ganz unterschiedlichen Gründen wichtig sein

	[E]
1	warum es für **Sie persönlich wichtig** ist, dass [ANBIETER] ein exzellentes Preis-Leistungs-Verhältnis bietet
2	warum es für **Sie persönlich wichtig** ist, dass [ANBIETER] sehr billig ist
3	warum es für **Sie persönlich wichtig** ist, dass [ANBIETER] Sachen anbietet, die ansonsten nur sehr schwer zu bekommen sind
4	warum es für **Sie persönlich wichtig** ist, dass [ANBIETER] seinen/ihren Kunden besonders tolle Services zusätzlich zur eigentlichen Leistung bietet
5	warum es für **Sie persönlich wichtig** ist, dass [ANBIETER] eine tolle Auswahl an Produkten und Dienstleistungen hat
6	warum es für **Sie persönlich wichtig** ist, dass die Mitarbeiter bei [ANBIETER] besonders fachkompetent sind und/oder hervorragend beraten
7	warum es für **Sie persönlich wichtig** ist, dass die Mitarbeiter bei [ANBIETER] sich riesig ins Zeug legen, um einen guten Job zu tun
8	warum es für **Sie persönlich wichtig** ist, dass Sie die Mitarbeiter bei [ANBIETER] sehr mögen und/oder sie viel gemeinsam haben
9	warum es für **Sie persönlich wichtig** ist, dass die Mitarbeiter bei [ANBIETER] sich durch und durch natürlich verhalten
10	warum es für **Sie persönlich wichtig** ist, dass die Mitarbeiter bei [ANBIETER] sich sehr um Sie kümmern
11	warum es für **Sie persönlich wichtig** ist, dass [ANBIETER] seine/ihre Kunden außergewöhnlich fair behandelt
12	warum es für **Sie persönlich wichtig** ist, dass Ihnen bei [ANBIETER] absolut nichts aufgedrängt wird
13	warum es für **Sie persönlich wichtig** ist, dass es bei [ANBIETER] sehr schnell geht und/oder die Wartezeiten sehr kurz sind
14	warum es für **Sie persönlich wichtig** ist, dass [ANBIETER] außerordentlich zuverlässig ist

15	warum es für **Sie persönlich wichtig** ist, dass [ANBIETER] den Service im starken Maße auf die individuellen Wünsche der Kunden zuschneidet
16	warum es für **Sie persönlich wichtig** ist, dass Sie bei [ANBIETER] im Vergleich zu anderen Kunden ganz besonders behandelt werden
17	warum es für **Sie persönlich wichtig** ist, dass man bei [ANBIETER] aus früheren Besuchen ganz genau weiß, was Sie brauchen
18	warum es für **Sie persönlich wichtig** ist, dass [Z]
19	warum es für **Sie persönlich wichtig** ist, dass [ANBIETER] eine tolle Einrichtung und/oder Atmosphäre hat
20	warum es für **Sie persönlich wichtig** ist, dass es bei [ANBIETER] außergewöhnlich sauber ist
21	warum die anderen Kunden von [ANBIETER] für **Sie persönlich wichtig** sind
22	warum es für **Sie persönlich wichtig** ist, dass [ANBIETER] sehr gut gelegen ist
23	warum es für **Sie persönlich wichtig** ist, dass [ANBIETER] stets erreichbar ist, wenn Sie ihn/sie brauchen
24	warum es für **Sie persönlich wichtig** ist, dass Sie mit [ANBIETER] sehr vertraut sind und/oder man Sie bei [ANBIETER] gut kennt
25	warum es für **Sie persönlich wichtig** ist, dass Familienmitglieder und/oder Freunde auch Kunden bei [ANBIETER] sind
26	warum es für **Sie persönlich wichtig** ist, dass [ANBIETER] besonders sozial engagiert und/oder umweltbewusst ist
27	warum es für **Sie persönlich wichtig** ist, dass es sich bei [ANBIETER] um einen kleinen und/oder lokalen Anbieter handelt
28	warum es für **Sie persönlich wichtig** ist, dass [ANBIETER] einen hervorragenden Ruf hat

	[Y]
1	Dass [ANBIETER] ein exzellentes Preis-Leistungs-Verhältnis bietet, ist wichtig für mich
2	Dass [ANBIETER] sehr billig ist, ist wichtig für mich
3	Dass [ANBIETER] Sachen anbietet, die ansonsten nur sehr schwer zu bekommen sind, ist wichtig für mich
4	Dass [ANBIETER] seinen/ihren Kunden besonders tolle Services zusätzlich zur eigentlichen Leistung bietet, ist wichtig für mich
5	Dass [ANBIETER] eine tolle Auswahl an Produkten und Dienstleistungen hat, ist wichtig für mich
6	Dass die Mitarbeiter bei [ANBIETER] besonders fachkompetent sind und/oder hervorragend beraten, ist wichtig für mich
7	Dass die Mitarbeiter bei [ANBIETER] sich riesig ins Zeug legen, um einen guten Job zu tun, ist wichtig für mich
8	Dass ich die Mitarbeiter bei [ANBIETER] sehr mag und/oder wir viel gemeinsam haben, ist wichtig für mich
9	Dass die Mitarbeiter bei [ANBIETER] sich durch und durch natürlich verhalten, ist wichtig für mich
10	Dass die Mitarbeiter bei [ANBIETER] sich sehr um mich kümmern, ist wichtig für mich
11	Dass [ANBIETER] seine/ihre Kunden außergewöhnlich fair behandelt, ist wichtig für mich
12	Dass mir bei [ANBIETER] absolut nichts aufgedrängt wird, ist wichtig für mich
13	Dass es bei [ANBIETER] sehr schnell geht und/oder die Wartezeiten sehr kurz sind, ist wichtig für mich
14	Dass [ANBIETER] außerordentlich zuverlässig ist, ist wichtig für mich
15	Dass [ANBIETER] den Service im starken Maße auf die individuellen Wünsche der Kunden zuschneidet, ist wichtig für mich
16	Dass ich bei [ANBIETER] im Vergleich zu anderen Kunden ganz besonders behandelt werde, ist wichtig für mich
17	Dass man bei [ANBIETER] aus früheren Besuchen ganz genau weiß, was ich brauche, ist wichtig für mich
18	Dass [Z], ist wichtig für mich
19	Dass [ANBIETER] eine tolle Einrichtung und/oder Atmosphäre hat, ist wichtig für mich
20	Dass es bei [ANBIETER] außergewöhnlich sauber ist, ist wichtig für mich
21	Die anderen Kunden von [ANBIETER] sind wichtig für mich
22	Dass [ANBIETER] sehr gut gelegen ist, ist wichtig für mich
23	Dass [ANBIETER] stets erreichbar ist, wenn ich ihn/sie brauche, ist wichtig für mich
24	Dass ich mit [ANBIETER] sehr vertraut bin und/oder man mich bei [ANBIETER] gut kennt, ist wichtig für mich
25	Dass Familienmitglieder und/oder Freunde auch Kunden bei [ANBIETER] sind, ist wichtig für mich
26	Dass [ANBIETER] besonders sozial engagiert und/oder umweltbewusst ist, ist wichtig für mich
27	Dass es sich bei [ANBIETER] um einen kleinen und/oder lokalen Anbieter handelt, ist wichtig für mich
28	Dass [ANBIETER] einen hervorragenden Ruf hat, ist wichtig für mich

Q6a:

[WENN MEHRERE GLEICHE HÖCHSTWERTE] Sie haben verschiedene Gründe dafür angegeben, [WICHTIGSTE ATTRIBUT NACH E]. Welcher der Gründe ist Ihnen nun am allerwichtigsten? Ich lese Ihnen die entsprechenden Gründe noch einmal der Reihe nach vor, und Sie nennen mir bitte den allerwichtigsten Grund. [ALLE GRÜNDE MIT DEM HÖCHSTEN WERT VORLESEN]

[WENN [KERNNUTZEN DL] = HÖCHSTWERT, DANN [WICHTIGSTE KONSEQUENZ] = KONSEQUENZ MIT NÄCHSTHÖCHSTEM/ GLEICH HOHEM WERT; WENN DIESE KONSEQUENZ > 3, DANN WEITER MIT Q7]

[WENN [KERNNUTZEN DL] = HÖCHSTWERT, DANN [WICHTIGSTE KONSEQUENZ] = KONSEQUENZ MIT NÄCHSTHÖCHSTEM/ GLEICH HOHEM WERT; WENN MEHRERE GLEICHE HÖCHSTWERTE UND ALLE > 3] Sie haben verschiedene Gründe dafür angegeben, [WICHTIGSTE ATTRIBUT NACH E]. Welcher der Gründe ist Ihnen nun am allerwichtigsten? Ich lese Ihnen die relevanten Gründe noch einmal der Reihe nach vor und Sie nennen mir den allerwichtigsten Grund. [ALLE GRÜNDE MIT DEM HÖCHSTEN WERT VORLESEN]

[WENN [KERNNUTZEN DL] = HÖCHSTWERT UND ALLE ANDEREN KONSEQUENZEN < 4, DANN ZWEITWICHTIGSTES ATTRIBUT WÄHLEN. WENN ZWEITWICHTIGSTES ATTRIBUT > 3, DANN WEITER MIT Q6 OHNE EINLEITUNGSTEXT UND SAGEN „Nun möchte ich gerne von Ihnen wissen, [ZWEITWICHTIGSTES ATTRIBUT NACH E]".]

[WENN [KERNNUTZEN DL] = HÖCHSTWERT UND ALLE ANDEREN KONSEQUENZEN < 4, DANN ZWEITWICHTIGSTES ATTRIBUT WÄHLEN; WENN MEHRERE ZWEITWICHTIGSTE ATTRIBUTE > 3, DANN EINES DURCH ZUFALLSAUSWAHL BESTIMMEN UND WEITER MIT Q6 OHNE EINLEITUNGSTEXT UND SAGEN „Nun möchte ich gerne von Ihnen wissen, [ZWEITWICHTIGSTES ATTRIBUT NACH E]".]

[WENN [KERNNUTZEN DL] = HÖCHSTWERT UND ALLE ANDEREN KONSEQUENZEN < 4, DANN ZWEITWICHTIGSTES ATTRIBUT WÄHLEN; WENN ZWEITWICHTIGSTES ATTRIBUT < 4, DANN BEDANKEN UND VERABSCHIEDEN].

Q7:

Im letzten Teil unserer Befragung interessiert uns noch, warum es für Sie persönlich von **allgemeiner Bedeutung im Leben** ist, [WICHTIGSTE KONSEQUENZ NACH F]. Ich lese Ihnen nachfolgend einige Gründe dafür vor. Bitte sagen Sie mir wieder, inwieweit die Aussagen für Sie persönlich zutreffen. Eine Aussage kann dabei wieder „voll und ganz zutreffen", „eher zutreffen", „zum Teil zutreffen", „eher nicht zutreffen" oder „überhaupt nicht zutreffen".

[STATEMENTS MÜSSEN ROTIEREN!]

[WICHTIGSTE KONSEQUENZ NACH G] ist wichtig für mich, weil ...

		Trifft voll und ganz zu	Trifft eher zu	Trifft zum Teil zu	Trifft eher nicht zu	Trifft überhaupt nicht zu
1	... es mir hilft, das Leben zu genießen.	[5]	[4]	[3]	[2]	[1]
2	... es mir hilft, ein aufregendes Leben mit viel Abwechslung zu führen.	[5]	[4]	[3]	[2]	[1]
3	... es mir hilft, unabhängig zu sein oder meine eigenen Ziele im Leben zu wählen.	[5]	[4]	[3]	[2]	[1]
4	... es mir hilft, etwas zu leisten im Leben oder erfolgreich zu sein.	[5]	[4]	[3]	[2]	[1]
5	... es mir hilft, von anderen anerkannt zu werden oder andere zu beeinflussen.	[5]	[4]	[3]	[2]	[1]
6	... es mir hilft, ein sicheres oder stabiles Leben zu führen.	[5]	[4]	[3]	[2]	[1]
7	... es meinem Streben entspricht, Freunden oder Bekannten etwas Gutes zu tun und meine Beziehungen zu Ihnen zu pflegen.	[5]	[4]	[3]	[2]	[1]
8	... es meinem Streben nach Frieden, Gerechtigkeit, Toleranz - oder dem Schutz der Natur entspricht.	[5]	[4]	[3]	[2]	[1]
9	... es meinem Streben entspricht, Andere nicht zu verärgern oder zu verletzen.	[5]	[4]	[3]	[2]	[1]

10	... es meinem Streben entspricht, Traditionen zu respektieren.	[5]	[4]	[3]	[2]	[1]

	[F]
1	Geld zu sparen
2	Zeit und Mühe zu sparen
3	Vertrauen zu haben
4	das Gefühl zu haben, ein bevorzugter Kunde zu sein
5	das Gefühl zu haben, als Kunde willkommen zu sein
6	gute Gespräche zu führen
7	sich anderen Menschen verbunden zu fühlen
8	anderen etwas Gutes zu tun
9	in einer attraktiven Stadt oder Gemeinde zu leben
10	selbst entscheiden und handeln zu können
11	sich informiert zu fühlen
12	innerlich weniger angespannt zu sein

	[G]
1	Geld zu sparen
2	Zeit und Mühe zu sparen
3	Vertrauen zu haben
4	Das Gefühl ein bevorzugter Kunde zu sein
5	Das Gefühl als Kunde willkommen zu sein
6	Gute Gespräche zu führen
7	Mich anderen Menschen verbunden zu fühlen
8	Anderen etwas Gutes zu tun
9	In einer attraktiven Stadt oder Gemeinde zu leben
10	Selbst entscheiden und handeln zu können
11	Mich informiert zu fühlen
12	Innerlich weniger angespannt zu sein

Q8:
Jetzt benötige ich noch ein paar Aussagen von Ihnen zu [ANBIETER], damit wir unsere Ergebnisse verallgemeinern können. Sagen Sie mir bitte noch einmal, inwieweit die Aussagen auf Sie zutreffen. Natürlich sind alle Informationen absolut anonym und werden niemals in Verbindung mit Ihnen oder [ANBIETER] gebracht.

		Trifft voll und ganz zu	Trifft eher zu	Trifft zum Teil zu	Trifft eher nicht zu	Trifft überhaupt nicht zu
1	[ANBIETER] nutze ich überwiegend, weil es notwendig oder praktisch ist.	[5]	[4]	[3]	[2]	[1]
2	Bei [ANBIETER] ist die Leistung auf meine individuellen Bedürfnisse zugeschnitten.	[5]	[4]	[3]	[2]	[1]
3	Bei [ANBIETER] wird die Leistung hauptsächlich von technischen Geräten oder Automaten erbracht.	[5]	[4]	[3]	[2]	[1]
4	Bei [ANBIETER] habe ich intensiven Kontakt zu den Mitarbeitern.	[5]	[4]	[3]	[2]	[1]

Q9:
Und inwieweit treffen die folgenden Aussagen auf [ANBIETER] zu?

		Trifft voll und ganz zu	Trifft eher zu	Trifft zum Teil zu	Trifft eher nicht zu	Trifft überhaupt nicht zu
1	Im Allgemeinen bin ich sehr zufrieden mit [ANBIETER].	[5]	[4]	[3]	[2]	[1]
2	Aufgrund der Erfahrungen, die ich insgesamt mit [ANBIETER] gemacht habe, bin ich sehr zufrieden mit	[5]	[4]	[3]	[2]	[1]

		Trifft voll und ganz zu	Trifft eher zu	Trifft zum Teil zu	Trifft eher nicht zu	Trifft überhaupt nicht zu
	[ANBIETER].					
3	Die Beziehung zu [ANBIETER] liegt mir am Herzen.	[5]	[4]	[3]	[2]	[1]
4	Ich fühle mich [ANBIETER] gefühlsmäßig verbunden.	[5]	[4]	[3]	[2]	[1]
5	Es würde mich mehr kosten als nützen [C] zu wechseln, sodass ich bei [ANBIETER] bleibe.	[5]	[4]	[3]	[2]	[1]
6	Ich bin ein treuer Kunde bei [ANBIETER], weil ich die Vorteile nicht verlieren möchte, die ich dort bekomme.	[5]	[4]	[3]	[2]	[1]

		Trifft voll und ganz zu	Trifft eher zu	Trifft zum Teil zu	Trifft eher nicht zu	Trifft überhaupt nicht zu
7	Ich habe vor, [ANBIETER] auch in Zukunft zu nutzen.	[5]	[4]	[3]	[2]	[1]
8	[ANBIETER] ist meine erste Wahl, wenn es um [A] geht.	[5]	[4]	[3]	[2]	[1]
9	Ich werde auch dann Kunde bei [ANBIETER] bleiben, wenn [ANBIETER] seine/ihre Preise leicht erhöht.	[5]	[4]	[3]	[2]	[1]
10	Für das, was ich von [ANBIETER] bekomme, bin ich bereit mehr zu bezahlen als bei vergleichbaren Anbietern.	[5]	[4]	[3]	[2]	[1]

		Trifft voll und ganz zu	Trifft eher zu	Trifft zum Teil zu	Trifft eher nicht zu	Trifft überhaupt nicht zu
11	Ich empfehle [ANBIETER] weiter, wenn mich jemand um Rat fragt.	[5]	[4]	[3]	[2]	[1]
12	Ich berichte anderen Leuten Positives über [ANBIETER].	[5]	[4]	[3]	[2]	[1]
13	Ich bin grundsätzlich eine Person, die es mag, treuer Kunde bei ein und demselben [C] zu sein.	[5]	[4]	[3]	[2]	[1]
14	Mir gefällt es, stets den gleichen [C] zu nutzen.	[5]	[4]	[3]	[2]	[1]

Q10:
Wie wichtig sind Ihnen [A] im Allgemeinen?

		Trifft voll und ganz zu	Trifft eher zu	Trifft zum Teil zu	Trifft eher nicht zu	Trifft überhaupt nicht zu
1	[A] sind für mich von großer Bedeutung.	[5]	[4]	[3]	[2]	[1]
2	[A] sind wichtig für mich.	[5]	[4]	[3]	[2]	[1]

Q11:
Zum Abschluss noch einige Fragen zur Standardstatistik:

In welchem Jahr sind Sie geboren? [ ] [JAHR EINTRAGEN] [ ] Keine Angabe

Q12:
Wie viele Personen leben in Ihrem Haushalt, Sie selbst mit eingeschlossen?
[ ] [ANZAHL EINTRAGEN] [ ] Keine Angabe

Q13:
Sind Sie berufstätig? [WENN „JA" DANN WEITER MIT Q13A; [WENN „NEIN" DANN WEITER MIT Q13B]

Q13a:
Welchen beruflichen Status haben Sie zurzeit? [KATEGORIEN NICHT VORLESEN; IM ZWEIFEL VOR ZUORDNUNG NACHFRAGEN]
[ ] Arbeiter(in) [ ] Angestellte(r) [ ] Beamte(r) [ ] Selbstständige(r) [ ] Sonstiges [ ] Keine Angabe

Q13b:
Was machen Sie zurzeit? [KATEGORIEN NICHT VORLESEN; IM ZWEIFEL VOR ZUORDNUNG NACHFRAGEN]
[ ] Arbeitslos oder in Umschulung [ ] Hausfrau-/ mann [ ] Lehrling, Wehr- oder Zivildienstleistender
[ ] Rentner [ ] Schüler(in) [ ] Student(in) [ ] Sonstiges [ ] Keine Angabe

Q14:
Was ist Ihr höchster Schul- bzw. Hochschulabschluss? [KATEGORIEN NICHT VORLESEN; IM ZWEIFEL VOR ZUORDNUNG NACHFRAGEN]
[ ] Volks- oder Hauptschulabschluss bzw. Polytechnische Oberschule mit Abschluss 8. oder 9. Klasse
[ ] Realschulabschluss bzw. Polytechnische Oberschule mit Abschluss 10. Klasse
[ ] Fachhochschulreife [ ] Abitur bzw. Erweiterte Oberschule mit Abschluss 12. Klasse
[ ] Abgeschlossenes Studium [ ] Keinen Schulabschluss [ ] Keine Angabe

Q15:
Geschlecht [NUR NACHFRAGEN, WENN NICHT SICHER, ANSONSTEN EINFACH EINTRAGEN]
[ ] Weiblich [ ] Männlich [ ] Keine Angabe

Q16:
Wie gesagt, stellen wir Ihnen nach Abschluss der Auswertungen im September eine Ergebniszusammenfassung zur Verfügung. Diese finden Sie unter folgender Internetadresse: www.uni-weimar.de/medien/marketing. Möchten Sie, dass wir Sie zum gegebenen Zeitpunkt per E-Mail informieren? (ja/nein) [Falls ja] Dazu benötigen wir Ihre E-Mail-Adresse, die natürlich getrennt von Ihren bisherigen Angaben aufbewahrt und nach Ihrer Benachrichtigung gelöscht wird.

Q17:
Vielen Dank für Ihre Mitwirkung und auf Wiederhören.

Q18:
Diese Frage ist ***vom Interviewer*** *nach Beendigung des Interviews auszufüllen:*

	Überhaupt nicht verstanden	Teilweise verstanden	Voll und ganz verstanden
Inwieweit hat der Befragte verstanden, dass es ausschließlich um die **Gründe für seine Treue** zu [ANBIETER] geht?	[1]	[2]	[3]